多目标优化理论与非线性标量化

赵克全　夏远梅　著

科学出版社

北　京

内 容 简 介

多目标优化理论与方法是运筹学和数学优化研究的重要内容. 本书系统地介绍了多目标优化数学模型、发展概况、最优性理论和几类非线性标量化方法. 主要内容包括: 多目标优化问题可微和不可微条件下的最优性条件、精确解与近似解的 Delta 型非线性标量化、近似解的 Gerstewitz 型非线性标量化和精确解与近似解的 Tchebycheff 型非线性标量化.

本书可以作为运筹学、应用数学和管理科学等相关专业高年级本科生和研究生的教材和教学参考书, 也可供从事这些专业的教学科研工作者参考.

图书在版编目(CIP)数据

多目标优化理论与非线性标量化 / 赵克全, 夏远梅著. -- 北京 : 科学出版社, 2025. 1. -- ISBN 978-7-03-079252-5

I. O242.23

中国国家版本馆 CIP 数据核字第 2024ZL8136 号

责任编辑: 胡庆家 贾晓瑞 / 责任校对: 彭珍珍
责任印制: 张 伟 / 封面设计: 无极书装

科学出版社 出版
北京东黄城根北街 16 号
邮政编码: 100717
http://www.sciencep.com

北京中石油彩色印刷有限责任公司印刷
科学出版社发行 各地新华书店经销
*

2025 年 1 月第 一 版 开本: 720×1000 1/16
2025 年 1 月第一次印刷 印张: 13 1/4
字数: 266 000

定价: 98.00 元
(如有印装质量问题, 我社负责调换)

前　　言

多目标优化是运筹学学科的重要分支, 最优性理论与标量化方法是多目标优化领域中非常基础且重要的方向. 随着多目标优化研究的不断深入, 国内各高等院校和科研院所也相继开设了多目标优化及其相关的讲习班或专题课程, 以提升多目标优化研究水平, 促进运筹学及其相关学科的科学研究与人才培养. 本书结合我们近年来对多目标优化研究取得的部分成果, 对正则性条件下多目标优化的最优性理论和非线性标量化方法进行总结, 为从事多目标优化研究和运筹学及其相关专业研究生学习提供参考.

本书共 6 章, 重点对正则性条件下多目标优化的最优性理论和各类精确解与近似解的几类非线性标量化方法进行阐述. 第 1 章主要介绍城市交通网络信号控制、电子商务网站设计、卫星设备布局优化、工业过程控制等领域中一些典型问题的多目标优化建模. 第 2 章主要介绍多目标优化问题的一般模型、各类解的定义和发展概况. 第 3 章主要介绍多目标优化的正则性条件与最优性理论, 包括可微情形下、Clarke 次微分下和 Mordukhovich 次微分下的正则性条件及相应的最优性必要条件与充分条件. 第 4 章主要介绍多目标优化各类精确解与近似解的 Delta 非线性标量化方法. 第 5 章主要介绍多目标优化几类近似解的 Gerstewitz 非线性标量化方法, 包括 Gerstewitz 非线性标量化的推广形式——弹性 Pascoletti-Serafini 标量化方法和改进 Pascoletti-Serafini 标量化方法. 第 6 章主要介绍多目标优化各类精确与近似解的广义 Tchebycheff 标量化方法.

本书的撰写得到了重庆师范大学数学科学学院、重庆国家应用数学中心领导和同仁的支持, 在此表示感谢! 同时, 向为本书的编写和出版提出宝贵意见与辛勤努力的老师们、参与本书录入与校对的重庆师范大学数学科学学院部分研究生致以诚挚的谢意!

本书的部分研究成果得到国家自然科学基金 (项目号: 11991024, 11431004, 11671062, 12171063, 11301574, 12101096) 和重庆市数学一流学科的资助, 也在此表示感谢!

本书在编写过程中参考了国内外出版的一些相关文献著作, 也在此一并表示感谢! 由于多目标优化理论与标量化方法内容非常广泛, 还不断涌现出新的研究成果, 书中难免有不足之处, 恳请读者批评指正.

作　者

2023 年 5 月

目　　录

符 号 表

$\mathbb{R}^p$	p 维欧氏空间
$\mathbb{R}^p_+$	p 维欧氏空间中的非负象限锥
$\mathbb{R}^p_{++}$	p 维欧氏空间中的正象限锥
$r(x,y)$	向量 x 与 y 的相关系数
$\mathrm{int}A$	集合 A 的拓扑内部
$\mathrm{core}A$	集合 A 的代数内部
$\mathrm{cl}A$	集合 A 的拓扑闭包
$\mathrm{bd}A$	集合 A 的边界
$\mathrm{cone}A$	集合 A 的锥包
$\mathrm{span}A$	集合 A 的生成空间
$\mathrm{conv}A$	集合 A 的凸包
$\inf A$	集合 A 的下确界
$\sup A$	集合 A 的上确界
$A \setminus B$	集合 A 与集合 B 的差集
K°	集合 K 的极锥
K^+	集合 K 的非负对偶锥
K^{+i}	集合 K 的严格正对偶锥
$\langle x,y \rangle$	向量 x 和 y 的内积
$\nabla f(x)$	函数 f 在 x 的梯度
x^{T}	向量 x 的转置
$\|x\|$	向量 x 的范数
$d(x,A)$	x 到集合 A 的距离
$\liminf$	下极限
$\limsup$	上极限

第 1 章　多目标优化数学建模

多目标优化是指在某些限制或约束条件下同时对多个目标求最大或最小的一类重要数学问题, 这些目标之间通常是相互冲突、相互竞争的, 一个目标性能的改善往往同时引起另一个或者另几个目标性能的降低. 多目标优化是数值最优化问题的推广, 是数学优化领域中一个十分重要的研究方向, 其数学模型、基本理论与方法已在解决工程设计、环境保护、医疗健康、金融经济、国防军事、交通控制、生产管理等众多领域所出现的复杂实际问题发挥着越来越重要的作用[1-10]. 正因如此, 如何从众多具有重大应用背景的典型问题中进行数学抽象并构建恰当的多目标优化模型是研究多目标优化理论、方法及其应用的基础, 特别是如何针对典型应用问题构建具有非凸性、非光滑性、大规模性等特点的复杂多目标优化模型. 本章主要以城市交通网络信号控制、电子商务网站结构设计、卫星设备布局优化、工业过程控制、结构优化设计、通信系统控制等典型应用场景为例, 介绍多目标优化问题的数学建模过程与方法[11-22].

1.1　城市交通网络中的多目标优化

近几十年来, 随着经济社会的快速发展, 城市交通网络中的拥堵越来越成为困扰城市高质量发展和影响人们生产生活的重要问题. 由于大量的交通拥堵产生于有信号控制的十字路口, 因此通过对十字路口的信号控制进行优化设计, 往往可以显著改善交通网络的性能. 基于车辆在十字路口的转向、合并和分流行为, 为了使在同一时间内通过路口的车辆数尽可能多且不发生安全事故和拥堵, 一般可采用描述交通流的元胞传输模型等模拟城市交通, 即将每条道路看成单元格序列, 长度为自由流动速度和时间步长的乘积, 进而可构建以交通网络系统的吞吐量最大化、出行延误最小化、交通安全和避免溢出效应等为目标的多目标优化模型.

假设某城市交通网络中有 9 个交叉口, 包含 12 个起点和目的地, 每条道路具有相同的长度, 且选择从起点 i 到目的地 j 的合适路径长度 l_m^{ij} 被限制以消除不必要的绕路, 即

$$l_m^{ij} < L^{ij} + l_{\max},$$

其中 L^{ij} 表示起点 i 到目的地 j 的最短距离, $l_{\max}$ 为预定参数.

交通网络性能的控制目标包含: (i) 最大吞吐量; (ii) 最小行程延迟; (iii) 最大限度的交通安全; (iv) 最小溢出量. 基于交通网络性能的控制目标和表 1.1, 下面建立城市交通网络的多目标优化模型.

表 1.1　城市交通问题中的符号说明

符号	解释说明
v_{free}	自由流动速度
ω	反向波速 (m/s)
t	时间步长
l_m^{ij}	编号为 m 的那条路从起始点 i 到目的地 j 的合适路径长度
L^{ij}	起点 i 到目的地 j 的最短距离
$l_{\max}$	预定参数
$q_i(t)$	网络单元格 i 在时间 t 时的流出量
$n_i(t)$	网络单元格 i 在时间 t 时的已有量
$Q_i(t)$	信号控制单元格 i 在时间 t 时的流出量
N_i	网络单元格 i 的最大容纳量
T_{cell}	交通网络中终端单元格集
f_{all}	交通网络吞吐量
d_{all}	交流网络中所有链接的总行程延迟
n_{emerg}	交通网络模拟周期内的左转紧急次数
n_{spill}	交通网络模拟周期内的溢出次数
L_i, T_i	路口 $i \in \{1, 2, 3, 4\}$ 方向中的左转、直行

吞吐量: 把交叉口的交通网络看成网络单元格, 以网络中的终端单元格为边界, 将每个终端单元格的所有流出量相加, 则可得交通网络吞吐量为

$$f_{\text{all}} = \sum_{i \in T_{\text{cell}}} \sum_t q_i(t),$$

其中 T_{cell} 表示交通网络中终端单元格集, $q_i(t)$ 表示网络单元格 i 在时间 t 时的流出量, 也是网络单元格 $i+1$ 在时间 t 时的流入量, 其计算公式为

$$q_i(t) = \min\left\{n_i(t), Q_i(t), (N_{i+1} - n_{i+1}(t))\frac{\omega}{v_{\text{free}}}\right\},$$

其中 $n_i(t)$ 表示网络单元格 i 在时间 t 时的已有量, $Q_i(t)$ 表示信号控制单元格 i 在时间 t 时的流出量, 同时流出量也受限于下一个单元格 $i+1$ 的可用空间 (即最大容纳量 N_{i+1} 与流入量 $n_{i+1}(t)$ 之差) 乘以反向波速 ω 与自由流动速度 v_{free} 的比值.

在确定所有网络单元格的流出量后, 每个单元格的已有量 $n_i(t)$ 可更新为

$$n_i(t+1) = n_i(t) + q_{i-1}(t) - q_i(t).$$

此外, 令

$$f_{\text{traffic}} = f_{\text{max}} - f_{\text{all}},$$

其中 $f_{\max} > 0$ 一般是一个较大参数, 使得 f_{traffic} 为正, 以便更好地表示优化结果. 当 f_{traffic} 越小时, 表明交通网络吞吐量 f_{all} 越大.

行程延迟: 时间 t 时车辆在每个网络单元格中的行程延迟可通过网络单元格的已有量减去网络单元格的流出量进行估算. 一旦在网络单元格确定了延迟, 则行程延迟可以通过相关网络单元格的延迟相加. 因此, 整个交流网络中所有链接的总行程延迟 d_{all} 可表达为

$$d_{\text{all}} = \sum_i \sum_t (n_i(t) - q_i(t)).$$

交通安全: 当使用左转信号时, 左转和反向通行共用一个绿灯相位, 这可能会导致冲突, 从而出现交通安全. 因此, 可定义该路口左转信号为绿灯时出现交通安全紧急情况为

$$n_{L_1} + n_{T_2} > n_{\text{emerg,cri}} \quad \text{或} \quad n_{L_2} + n_{T_1} > n_{\text{emerg,cri}},$$

其中 $n_{L_1}, n_{L_2}, n_{T_1}, n_{T_2}$ 表示路口 $1,2$ 方向左转和直行的流出量, $n_{\text{emerg,cri}}$ 为临界参数. 此处交通安全仅考虑左转交通与对向直行交通之间的潜在冲突, 不考虑信号控制对交通安全的其他影响.

在交通网络的模拟周期内, 网络单元格 i 在时间 t 时若触发上述交通安全紧急情况, 则记录一次左转紧急次数 $n_{\text{emerg}}^i(t) = 1$, 否则不记录, 即

$$n_{\text{emerg}}^i(t) = \begin{cases} 1, & \text{当 } n_{L_1} + n_{T_2} > n_{\text{emerg,cri}} \text{ 或 } n_{L_2} + n_{T_1} > n_{\text{emerg,cri}} \text{ 时}, \\ 0, & \text{其他}. \end{cases}$$

因此, 交通网络模拟周期内的左转紧急次数为

$$n_{\text{emerg}} = \sum_i \sum_t n_{\text{emerg}}^i(t).$$

溢出量: 溢出是指下游路口的车辆向后溢出到当前路口的情况, 这会导致十字路口堵塞, 甚至出现交通堵塞. 当路口 $1,2$ 方向的绿色相位 (左转或直行) 激活时, 路口 $3,4$ 方向的左转或直行的流出量满足

$$n_{T_3}(t) > 0 \quad \text{或} \quad n_{T_4}(t) > 0 \quad \text{或} \quad n_{L_3}(t) > 0 \quad \text{或} \quad n_{L_4}(t) > 0$$

时, 网络单元格 i 在时间 t 时记录一次溢出次数 $n_{\text{spill}}^i(t) = 1$, 否则不记录, 即

$$n_{\text{spill}}^i(t) = \begin{cases} 1, & \text{当 } n_{T_3}(t) > 0 \text{ 或 } n_{T_4}(t) > 0 \text{ 或 } n_{L_3}(t) > 0 \text{ 或 } n_{L_4}(t) > 0 \text{ 时}, \\ 0, & \text{其他}. \end{cases}$$

因此, 交通网络模拟周期内的溢出次数可表达为

$$n_{\text{spill}} = \sum_i \sum_t n_{\text{spill}}^i(t).$$

此外, 还可以对目标函数施加适当约束或限制, 使得交通网络性能保持在可接受的范围内. 综上分析, 可构建如下具约束的多目标优化模型:

$$\min \quad (f_{\text{traffic}}, d_{\text{all}}, n_{\text{emerg}}, n_{\text{spill}})$$

$$\text{s.t.} \begin{cases} f_{\text{traffic}} < f_{\text{traffic,lim}}, \\ d_{\text{all}} < d_{\text{all,lim}}, \\ n_{\text{emerg}} < n_{\text{emerg,lim}}, \\ n_{\text{spill}} < n_{\text{spill,lim}}, \end{cases}$$

其中 $f_{\text{traffic,lim}}, d_{\text{all,lim}}, n_{\text{emerg,lim}}, n_{\text{spill,lim}}$ 为相应的限制参数.

1.2   电子商务网站中的多目标优化

网站作为电子商务的交易平台, 其结构设计是否合理对企业的电子商务经营具有非常重要的影响, 结构设计合理的网站既可以为用户寻找感兴趣的商品节省时间, 也会给经营者带来良好的效益和信誉. 因此, 研究电子商务网站结构优化具有重要应用意义与价值. 电子商务网站结构优化问题一般可分为网站的页面结构优化问题和网站的链接结构优化问题.

由于优化电子商务网站链接结构设计的目的是增加网站的收益率, 提高用户的满意度, 因此, 在构建网站链接结构设计优化的数学模型时, 可将网站收益率和网站访问率作为两个重要因素, 主要从网页的可达性和网页收益率的相关性以及网页的平均载入时间和网页访问率的相关性等方面进行考虑. 下面基于表 1.2 建立电子商务网站链接结构设计的多目标优化模型.

按照方便网站用户, 提高网站收益的原则, 电子商务网站调整链接结构的原则应该是使得访问率较高的网页保持较少的载入时间, 即使得网页的访问率与载入时间两者之间保持较大的负相关性. 收益率较高的网页保持较大可达性, 即网页的收益率与可达性之间保持较强的正相关性. 相关性是两组变量 $\alpha = (\alpha_0, \alpha_1, \cdots, \alpha_{N-1}), \beta = (\beta_0, \beta_1, \cdots, \beta_{N-1})$ 保持一致性程度的衡量标准, 其计算式为

$$r(\alpha, \beta) = \frac{\sum\limits_{i=1}^{N-1} (\alpha_i - \bar{\alpha})(\beta_i - \bar{\beta})}{\sqrt{\sum\limits_{i=1}^{N-1} (\alpha_i - \bar{\alpha})^2 (\beta_i - \bar{\beta})^2}},$$

其中 $\bar{\alpha}, \bar{\beta}$ 分别为两组变量的平均值.

表 1.2　电子商务网站问题中的符号说明

符号	解释说明	符号	解释说明
$u_{ij}=1$	网页 i 与 j 之间相关	AL_{ij}	链接 (i,j) 的可达性
$u_{ij}=0$	网页 i 与 j 之间不相关	AP_i	网页 i 的可达性
$a_{ij}=1$	初始链接 (i,j) 存在	L_{il}	到达网页 i 的第 l 条路径所需步数
$a_{ij}=0$	初始链接 (i,j) 不存在	Tl_i	网页 i 的载入时间
$b_{ij}=1$	基本链接	m_i	网页 i 的大小
$b_{ij}=0$	附加链接	$\overline{v}$	网页的平均传输速度
$x_{ij}=1$	网站链接 (i,j) 存在	W	网页收益率
$x_{ij}=0$	网站链接 (i,j) 不存在	Q	网页访问率
N_i	到达网页 i 的路径数	R_i	网页 i 增删链接的个数
J_{ilj}	网页 i 到达网页 j 的第 l 条路径	C_i	增删指向网页 i 的链接个数

此外, 对电子商务网站的链接结构进行优化调整时, 为了保持网站链接结构的稳定性和完整性, 每个页面上增加或删除的链接个数不能太多. 链接变化过多往往会影响网站的整体稳定性, 许多用户经常访问的熟悉路径也会导致不可用, 会极大影响用户的使用. 同时也要保证增加或删除的链接过多地集中于少数页面上. 同时, 在增加链接时最好保证被链接的网页之间在内容上存在相关性, 避免造成网站的业务逻辑混乱.

首先定义链接 (i,j) 的可达性 AL_{ij} 为

$$AL_{ij} = \frac{x_{ij}}{\sum\limits_{j=0}^{N-1} x_{ij}}, \quad i = 0,1,\cdots,N-1.$$

进一步将网页 i 的可达性 AP_i 定义为

$$AP_i = \sum_{l=1}^{N_i} \prod_{j=1}^{L_{il}} AL_{J_{i,l,j} J_{i,l,j+1}}, \quad i = 0,1,\cdots,N-1.$$

电子商务网站中每个网页 i 的载入时间 Tl_i 是由到达此网页的可达路径数以及可达路径上所有网页的下载时间共同决定的, 即

$$Tl_i = \frac{1}{N_i}\left(\sum_{l=1}^{N_i} \sum_{j=1}^{L_{i,l+1}} \frac{m_{J_{ijl}}}{\overline{v}}\right), \quad i = 0,1,\cdots,N-1.$$

综上分析, 可构建网站链接结构优化的如下多目标优化模型:

$$\min \quad (-f_1(X), f_2(X))$$

$$\text{s.t.} \begin{cases} \sum_{j=0}^{N-1} |x_{ij} - a_{ij}| \leqslant R_i, & i = 0, 1, \cdots, N-1, \\ \sum_{j=0}^{N-1} |x_{ji} - a_{ji}| \leqslant C_i, & i = 0, 1, \cdots, N-1, \\ x_{ij} - b_{ij} \geqslant 0, & i, j = 0, 1, \cdots, N-1, \\ u_{ij} - x_{ij} \geqslant 0, & i, j = 0, 1, \cdots, N-1, \end{cases} \tag{1.2.1}$$

其中

$$X = \{x_{ij} | i, j = 0, 1, \cdots, N-1\},$$

$$f_1(X) = r\left((AP_0, AP_1, \cdots, AP_{N-1}), W\right),$$

$$f_2(X) = r\left((Tl_0, Tl_1, \cdots, Tl_{N-1}), Q\right).$$

W, Q, R_i, C_i 均为常量, 第一个目标函数表示极大化网页可达性与网页收益率的相关性, 第二个目标函数表示极小化网页载入时间与网页访问率的相关性. 约束 (1.2.1) 中第一式表示在每个网页上增删链接的个数, 第二式表示增删指向每个网页的链接个数, 第三式表示电子商务网站的基本链接不可删除, 第四式表示新增链接所链接的两个网页之间必须存在内容上的相关性.

1.3　卫星设备布局中的多目标优化

载人航天领域中一个非常重要的目标就是要完成空间站各舱段的研制, 并发展空间站的在轨组装、建造和运营. 这类多舱段航天器 (含卫星) 的设备布局优化问题是指如何将一批给定的设备、仪器、装置 (简称组件或待布物) 合理布置在航天器各舱段内的 3D 约束空间内, 使整体布局设计技术或性能指标满足设计许用值并尽可能优化, 同时满足各舱段空间不干涉性约束等条件. 这是一类典型的系统级多目标优化问题, 一般需要考虑多个设计目标, 如平衡性、惯性、稳定性、振动、电磁和温度场等, 并满足复杂的不干涉约束条件.

多舱段卫星设备布局问题的设计技术主要指标包括质心距、卫星舱系统 (含舱体和设备) 的转动惯量和平衡性, 布局方案要求将 N 个组件安装在支撑板面上, 并且满足组件之间、组件与舱壁之间互不干涉, 即互不重叠. 为了简化问题, 假定所有待布物都是规则几何体, 给定所有待布物的几何尺寸、质量和质心位置, 则可建立以组件质心的空间位置 $X = \{X_i | i = 1, 2, \cdots, N\}$ 为系统设计变量的多舱段卫星设备布局多目标优化模型, 其中组件 i 的设计变量 $X_i = \{x_i, y_i, z_i, \alpha_i, S_{ij}\}$, x_i, y_i, z_i 分别为组件 i 的质心在参考坐标系中的坐标. $\alpha_i \in [0, \pi]$ 为各组件自身

坐标系的 x'' 轴与参考坐标系的 x 轴的夹角. 若给定组件分配方案, 则 S_{ij} 可视为设计参数. 进一步, 基于表 1.3 建立多舱段卫星设备布局的多目标优化模型.

表 1.3　卫星设备布局问题的符号说明

符号	解释说明	符号	解释说明
N	组件个数	$O''x''y''z''$	计算单元自身坐标系
m_i	第 i 个组件的质量	$J_{x'}(X)$	对 x' 轴的转动惯量
r_i	第 i 个圆柱体组件的底面半径	$J_{y'}(X)$	对 y' 轴的转动惯量
a_i	长方体组件 i 的长	$J_{z'}(X)$	对 z' 轴的转动惯量
b_i	长方体组件 i 的宽	$\theta_{x'}(X)$	全舱惯性主轴对 x' 轴方向的夹角
h_i	组件 i 的高度	$\theta_{y'}(X)$	全舱惯性主轴对 y' 轴方向的夹角
S_{ij}	组件 i 放在第 j 个承受基面	$\theta_{z'}(X)$	全舱惯性主轴对 z' 轴方向的夹角
$Oxyz$	参考坐标系	X_h	系统期望质心的坐标值
$O'x'y'z'$	星体坐标系	$\Delta V_{ij}(X)$	组件 i 和 j 的干涉体积和组件 i 与卫星设备内壁 (容器) 的干涉体积之和, $j=0$ 表示容器, $i \neq j$

(i) 卫星舱系统的质心距.

卫星舱系统质心在参考坐标系下的坐标 (x_c, y_c, z_c) 的计算式为

$$x_c = \frac{\sum\limits_{i=0}^{N} m_i x_i}{\sum\limits_{i=0}^{N} m_i}, \quad y_c = \frac{\sum\limits_{i=0}^{N} m_i y_i}{\sum\limits_{i=0}^{N} m_i}, \quad z_c = \frac{\sum\limits_{i=0}^{N} m_i z_i}{\sum\limits_{i=0}^{N} m_i}.$$

(ii) 卫星舱系统的转动惯量.

$J_{x''i}$, $J_{y''i}$ 和 $J_{z''i}$ 分别表示第 i 个组件绕其自身坐标系 x'' 轴, y'' 轴和 z'' 轴的转动惯量, 圆柱体组件 i 的转动惯量计算式为

$$J_{x''i} = \frac{m_i}{12}\left(3r_i^2 + h_i^2\right), \quad J_{y''i} = \frac{m_i}{12}\left(3r_i^2 + h_i^2\right), \quad J_{z''i} = \frac{1}{2}m_i r_i^2.$$

长方体组件 i 的转动惯量计算式为

$$J_{x''i} = \frac{1}{12}m_i\left(b_i^2 + h_i^2\right), \quad J_{y''i} = \frac{1}{12}m_i\left(a_i^2 + h_i^2\right), \quad J_{z''i} = \frac{1}{12}m_i(a_i^2 + b_i^2).$$

卫星舱系统绕各轴的转动惯量计算式为

$$J_{x'}(X) = \sum_{i=0}^{N}\left(J_{x''i}\cos\alpha_i^2 + J_{y''i}\sin\alpha_i^2\right) + \sum_{i=0}^{N} m_i\left(y_i^2 + z_i^2\right) - \left(y_c^2 + z_c^2\right)\sum_{i=0}^{N} m_i,$$

$$J_{y'}(X) = \sum_{i=0}^{N}\left(J_{y''i}\cos\alpha_i^2 + J_{x''i}\sin\alpha_i^2\right) + \sum_{i=0}^{N} m_i\left(x_i^2 + z_i^2\right) - \left(x_c^2 + z_c^2\right)\sum_{i=0}^{N} m_i,$$

$$J_{z'}(X) = \sum_{i=0}^{N} J_{z''i} + \sum_{i=0}^{N} m_i \left(x_i^2 + y_i^2\right) - \left(x_c^2 + y_c^2\right) \sum_{i=0}^{N} m_i.$$

(iii) 卫星舱系统的平衡性.

全舱的动平衡度用惯性夹角 $\theta_{x'}(X)$, $\theta_{y'}(X)$ 和 $\theta_{z'}(X)$ 来衡量, 其计算式为

$$\theta_{x'}(X) = \frac{\arctan\left(\dfrac{2J_{x'y'}(X)}{J_{x'}(X) - J_{y'}(X)}\right)}{2},$$

$$\theta_{y'}(X) = \frac{\arctan\left(\dfrac{2J_{x'z'}(X)}{J_{x'}(X) - J_{z'}(X)}\right)}{2},$$

$$\theta_{z'}(X) = \frac{\arctan\left(\dfrac{2J_{y'z'}(X)}{J_{y'}(X) - J_{z'}(X)}\right)}{2},$$

其中 $J_{x'y'}(X)$, $J_{x'z'}(X)$ 和 $J_{y'z'}(X)$ 分别代表全舱对星体坐标系的惯性积, 其计算式为

$$J_{x'y'}(X) = \sum_{i=0}^{N} \left[m_i x_i y_i + \frac{J_{x''i} + m_i\left(y_i^2 + z_i^2\right) - J_{y''i} - m_i\left(x_i^2 + z_i^2\right)}{2} \sin 2\alpha_i\right]$$

$$- x_c y_c \sum_{i=0}^{N} m_i,$$

$$J_{x'z'}(X) = \sum_{i=0}^{N} m_i x_i z_i - x_c z_c \sum_{i=0}^{N} m_i,$$

$$J_{y'z'}(X) = \sum_{i=0}^{N} m_i y_i z_i - y_c z_c \sum_{i=0}^{N} m_i.$$

综上分析, 可建立以系统的转动惯量、惯性夹角和质心偏差最小为目标的多舱段卫星设备布局多目标优化模型:

$$\min \quad F(X) = (F_1(X), F_2(X), F_3(X))$$
$$\text{s.t.} \quad g(X) \leqslant 0,$$

其中

$$F_1(X) = J_{x'}(X) + J_{y'}(X) + J_{z'}(X),$$

$$F_2(X) = |\theta_{x'}(X)| + |\theta_{y'}(X)| + |\theta_{z'}(X)|,$$

$$F_3(X) = |x_c - x_h|(X) + |y_c - y_h|(X),$$

$$g(X) = \sum_{i=0}^{N-1} \sum_{j=i+1}^{N} \Delta V_{ij}(X),$$

$X_h = (x_h, y_h, z_h)$ 为系统期望质心的坐标值, $\Delta V_{ij}(X)$ 为任意两个组件 i 和 j 的干涉体积和任一组件 i 与卫星设备内壁 (容器) 的干涉体积之和, $j = 0$ 表示容器, $i \neq j$. 干涉体积的计算有两种处理方法[15]: 一是定序定位方法, 自然不产生干涉; 二是随机全部填装寻优法. 后者多用于带性能约束的复杂布局优化问题, 不仅需要判断是否干涉, 而且需要计算干涉量, 因此计算比较复杂, 但比定序定位法计算质量较高.

1.4 工业过程控制中的多目标优化

工业过程是由一个或多个工业装备组成的生产工序, 其功能是将进入的原料加工成为下道工序所需要的半成品材料, 多个生产工序构成了全流程生产线. 因此, 工业过程控制系统的功能不仅要求回路控制层的输出很好地跟踪控制回路设定值, 使反映该加工过程的运行指标, 即表征加工半成品材料的质量和效率、资源消耗和加工成本的工艺参数在目标值范围内, 反映加工半成品材料的质量和效率的运行指标尽可能高, 反映资源消耗和加工成本的运行指标尽可能低, 而且要按照生产制造全流程优化控制系统的指令与其他工序的过程控制系统实现协同优化, 从而实现全流程生产线的综合生产指标, 包括产品质量、产量、消耗、成本、排放的优化控制.

运行指标目标值范围的决策往往依赖于工艺工程师, 运行过程的异常工况判别和处理仍然依靠运行工程师凭经验知识处理. 因此, 难以实现与其他工序控制系统的协同优化, 难以决策出优化运行指标目标值. 目前, 工业过程控制、优化和故障诊断与自愈控制的研究是分别进行的. 工业过程控制的研究主要集中在工业过程回路控制和运行优化与控制两方面. 工业过程运行优化与控制的被控对象的动态模型由回路控制的被控对象模型和其被控变量与反映产品在该装置加工过程中质量、效率与能耗、物耗等运行指标的运行动态模型组成. 回路控制被控对象动态模型和运行过程动态模型具有不同时间尺度, 运行动态模型与领域知识密切相关, 往往因机理不清, 难以建立准确的数学模型, 运行指标难以在线检测.

考虑如图 1.1 所示的工业运行控制过程, 工艺工程师根据计划调度部门确定的运行指标的目标值 $r_i^*(i = 1, 2, 3)$, 其中 r_1^* 表示质量指标, r_2^* 表示效率指标, r_3^* 表示消耗指标, 其目标值范围

$$r_{i,\min} < r_i(t) < r_{i,\max}, \quad i = 1,2,3,$$

以及实际的运行指标 $r_i(t)$ 决策出控制器的设定值 $y_j^*(j=1,2,\cdots,n)$, 控制器产生输入 $u_j(t)$, 作用于被控对象, 使其输出 $y_j(t)\,(j=1,2,\cdots,n)$ 跟踪决策的设定值 y_j^*, 从而使运行指标 $r_i(t)(i=1,2,3)$ 在目标值范围内.

工业过程运行优化控制的目标是在保证安全运行的条件下, 尽可能提高反映产品质量与效率的运行指标并尽可能降低反映产品在加工过程中消耗的运行指标. 运行优化控制的动态模型由运行层的动态模型和控制层被控对象动态模型组成. 工业运行过程及反馈控制流程如图 1.1 所示.

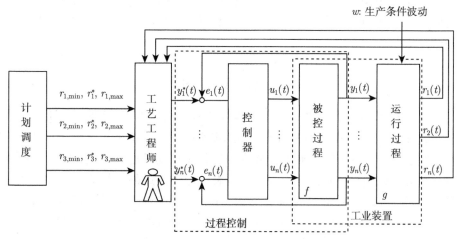

图 1.1   工业运行过程及反馈控制示意图

运行层的动态模型可描述为

$$\dot{r}(t) = g\left(r(t), y(t), d_r(t)\right),$$

其中 $d_r(t)$ 表示原料成分波动、设备磨损等有界未知干扰, $g(\cdot)$ 为未知非线性函数, 实际过程中可以在运行点稳态附近线性化.

控制层被控对象动态模型可描述为

$$\dot{y}(t) = f\left(y(t), u(t), d_y(t)\right),$$

其中 $d_y(t)$ 为被控对象受到的测量噪声等有界未知干扰, $f(\cdot)$ 为未知非线性函数.

在工业过程实际控制中, 控制器的输入和输出及其相应变化率是受限的, 即

$$y_{\min}^* \leqslant y(t) \leqslant y_{\max}^*,$$

$$\Delta y_{\min}^* \leqslant y(t) - y(t-1) \leqslant \Delta y_{\max}^*,$$

$$u_{\min} \leqslant u(t) \leqslant u_{\max},$$

$$\Delta u_{\min} \leqslant u(t) - u(t-1) \leqslant \Delta u_{\max}.$$

运行优化控制的决策变量为控制回路设定值 $y^*(t)$ 和控制律

$$u(t) = p(y^*(t) - y(t)),$$

其中 p 表示控制函数.

综上分析, 可建立以产品质量与效率的运行指标尽可能大、产品加工过程中消耗运行指标尽可能低为目标的多目标优化模型:

$$\min \quad (-r_1(t), -r_2(t), r_3(t))$$

$$\text{s.t.} \begin{cases} \dot{r}(t) = g(r(t), y(t), d_r(t)), \\ \dot{y}(t) = f(y(t), u(t), d_y(t)), \\ y_{\min}^* \leqslant y(t) \leqslant y_{\max}^*, \\ \Delta y_{\min}^* \leqslant y(t) - y(t-1) \leqslant \Delta y_{\max}^*, \\ u_{\min} \leqslant u(t) \leqslant u_{\max}, \\ \Delta u_{\min} \leqslant u(t) - u(t-1) \leqslant \Delta u_{\max}, \\ r_{i,\min} < r_i(t) < r_{i,\max}, \quad i = 1, 2, 3, \end{cases}$$

其中 d_r, d_y 为干扰.

1.5 结构优化设计中的多目标优化

随着结构优化方法在众多领域的实际应用, 如何求得多个具有多样性和可竞争性的解就具有了重要理论与应用意义. 以吸能管的优化设计为例, 因汽车碰撞会威胁公众的生命和财产安全, 故在汽车的设计中, 广泛采用吸能管连接保险杠和汽车主承力框架, 以作为碰撞过程中的动能耗散系统. 这种动能耗散系统被设计为某种特殊的几何构型, 以最大限度地保护乘客的安全和车身主要结构的完整性.

在冲击荷载作用下, 吸能管的变形过程是一个非常复杂的物理过程, 包括非线性、几何变形等复杂问题. 对于吸能管的优化设计通常需要同时借助数值模拟和优化方法. 由于数值模拟计算量较大, 因此需要采用代理模型进行优化设计. 在结构优化设计领域中, 代理模型除了可以较小的计算代价得到近似优化设计外, 还能帮助研究人员对整个设计空间内的结构性能响应进行概览.

一般来说, 采用代理模型进行结构优化设计的问题应该具有连续的目标函数和约束函数. 在构造吸能管优化问题时, 最小化峰值载荷和最大化比吸能这两个目标通常被用来作为衡量吸能管优劣的性能指标. 由于吸能管的设计也包含了模型简化、制作工艺水平与不确定、斜撞时的结构性能等潜在要求, 故可采用基于代理模型的多样性可竞争设计方法对预折纹吸能管进行结构优化设计.

假定所有设计的潜在性能同时失效效率相等且模拟重锤的刚性板初始速度与实验中重锤的初始速度一样. 下面基于表 1.4 建立吸能管设计的多目标优化模型.

表 1.4   结构优化设计问题中的符号说明

符号	解释说明
$F_{\max}$	峰值载荷
E	结构塑形变形吸收的能量
m	吸能结构的质量
$F(s)$	瞬时撞击力
s	压缩位移
E/m	结构单位重量所吸收的能量, 即比吸能
X	一个吸能管的设计变量所构成的向量
β	权重系数
$(E/m)_{\max}$	优化得到的比吸能上限
$(F_{\max})_{\max}$	优化得到的峰值载荷上限
$(E/m)_{\min}$	优化得到的比吸能下限
$(F_{\max})_{\min}$	优化得到的峰值载荷下限
$\text{index}(E/m)$	归一化后的比吸能
$\text{index}(F_{\max})$	归一化后的峰值载荷

为了获得吸能管优化设计的最优参数, 可构建以最大比吸能和最小化峰值载荷为目标的多目标优化模型:

$$\max \quad (-F_{\max}, E/m)$$
$$\text{s.t.} \quad X^L \leqslant X \leqslant X^U,$$

其中峰值载荷 $F_{\max}$ 表示 "载荷-位移" 曲线上的第一个峰值, 吸能管要求不能出现过高的峰值载荷. 我们通过实验获得与有限元模拟结果相似的 "载荷-位移" 曲线, 从而得到峰值载荷. 吸能量 E 是衡量吸能结构吸收撞击能量的一个重要指标, 其计算表达式为

$$E = \int_0^s F(s)ds,$$

式中 $F(s)$ 为瞬时撞击力, 是压缩位移 s 的函数. 注意到第一个目标函数要求最小化峰值载荷, 第二个目标函数要求比吸能最大,

$$X = (X_1, X_2, \cdots, X_n)^{\mathrm{T}}$$

是 n 个设计变量所组成的向量,

$$X^L = (X_1^L, X_2^L, \cdots, X_n^L)^{\mathrm{T}}$$

表示 n 个设计变量的下限,

$$X^U = (X_1^U, X_2^U, \cdots, X_n^U)^{\mathrm{T}}$$

表示 n 个设计变量的上限.

定义函数 f 同时考虑这两个目标函数, 其中 $f(X)$ 是吸能管的比吸能和峰值载荷归一化后的加权之和, 其表达式为

$$f(X) = \beta \cdot \mathrm{index}(E/m) + (1 - \beta) \cdot \mathrm{index}(F_{\max}),$$

其中 β 为权重系数, $\mathrm{index}(E/m)$ 表示归一化后的比吸能, $\mathrm{index}(F_{\max})$ 表示归一化后的峰值载荷.

归一化后的比吸能公式为

$$\mathrm{index}(E/m) = \frac{E/m(X) - (E/m)_{\min}}{(E/m)_{\max} - (E/m)_{\min}}.$$

显然

$$0 \leqslant \mathrm{index}(E/m) \leqslant 1,$$

其中 $E/m(X)$ 表示吸能管设计变量的比吸能.

归一化后的峰值载荷公式为

$$\mathrm{index}(F_{\max}) = -\frac{F_{\max}(X) - (F_{\max})_{\max}}{(F_{\max})_{\max} - (F_{\max})_{\min}}.$$

显然

$$0 \leqslant \mathrm{index}(F_{\max}) \leqslant 1,$$

其中 $F_{\max}(X)$ 表示吸能管设计变量的峰值载荷.

1.6 风险投资组合中的多目标优化

风险投资是一种提供资金给初创企业或高成长性企业, 以尽可能获得最佳预期收益的资本投资方式, 是现代投资领域中非常普遍典型的投资形式之一. 与一般的投资方式不同, 风险投资往往具有高风险性、高收益性等显著特点. 因此, 风险投资者最关心的问题是投资收益率的高低以及投资风险的大小这两个核心要素. 根据投资者的不同投资习惯, 一般可将风险投资者分为风险爱好型、风险厌恶型等类型. 对风险厌恶型投资者来说, 其投资目标一般是在给定容忍风险条件下追求投资收益最大, 或者在给定投资收益目标水平情况下尽可能将风险控制到最

小, Markowitz 均值-方差模型就是描述这类问题的经典数学模型, 是一种用于构建投资组合模式的经典最优化方法, 能够针对风险厌恶型投资者提供比较科学的投资决策建议. 从投资的角度来看, 这类问题也可理解为既要求期望投资收益最大, 同时也要求投资风险最小, 即 Markowitz 均值-方差模型也可描述为典型的多目标优化模型.

考虑如下基本假定:

(i) 市场是有效的, 资产或证券的价格反映了资产或证券的内在价值, 每个投资者都能同时充分掌握与资产价格有关的免费信息, 了解每种证券的期望收益率及标准差;

(ii) 各种资产的收益率之间有一定的相关性, 其相关性程度用协方差表示;

(iii) 投资者以期望收益率及收益率的方差作为选择或评价资产的依据, 把风险视为收益的代价, 并完全依据均值-方差确定其有效投资组合;

(iv) 每种证券的收益率都服从正态分布;

(v) 所有资产或证券都具有无限可分性;

(vi) 所有投资者都有相同的单一投资期间.

基于以上分析和表 1.5, 可构建以投资期望收益最大和投资风险最小为目标的多目标优化模型:

$$\min \quad (-E(r), \sigma^2)$$
$$\text{s.t.} \quad \sum_{i=1}^{n} x_i = 1, \quad x_i \geqslant 0,$$

其中

$$E(r) = X^{\mathrm{T}} R = x_1 R_1 + x_2 R_2 + \cdots + x_n R_n,$$

表 1.5   投资组合问题中的符号说明

符号	解释说明
$r = (r_1, r_2, \cdots, r_n)^{\mathrm{T}}$	投资组合的预期收益率向量
r_i	投资组合中第 i 个投资项目的预期收益率
$E(r)$	投资组合预期收益率的总期望值
$R = (R_1, R_2, \cdots, R_n)^{\mathrm{T}}$	投资组合预期收益率的期望向量
R_i	投资组合中第 i 个投资项目预期收益率的期望值
$X = (x_1, x_2, \cdots, x_n)^{\mathrm{T}}$	投资组合的权重向量
x_i	投资组合中第 i 个投资项目投资权重
$\Sigma = (\sigma_{ij})_{n \times n}$	收益率向量 R 的协方差矩阵
σ_{ij}	第 i 个投资项目与第 j 个投资项目之间的收益率协方差
σ^2	投资组合的收益率方差之和

$$\sigma^2 = X^{\mathrm{T}}\Sigma X = (x_1, x_2, \cdots, x_n) \begin{pmatrix} \sigma_1^2 & \sigma_{12} & \cdots & \sigma_{1n} \\ \sigma_{21} & \sigma_2^2 & \cdots & \sigma_{2n} \\ \vdots & \vdots & & \vdots \\ \sigma_{n1} & \sigma_{n2} & \cdots & \sigma_n^2 \end{pmatrix} \begin{pmatrix} x_1 \\ x_2 \\ \vdots \\ x_n \end{pmatrix}.$$

该模型的目标函数分别表示最大化投资组合的预期收益率和最小化投资组合的风险. 模型中的约束条件表示投资组合权重之和为 1, 即确保整个投资组合中每个项目的投资金额之和等于预先设定的总投资金额.

1.7 通信系统控制中的多目标优化

多用户单输入单输出干扰信道是一种多用户通信系统, 用户之间只通过一条链路传输数据, 并且不同链路之间存在信号互相干扰的情况. 在这种通信系统中, 所有用户共享同一频率带宽, 因此需要对用户的信号发射功率进行合理的分配和控制, 以最优化通信系统的总体性能. 信号的功率可以描述其在传输过程中所携带的能量大小, 同时信号在传输过程中会受到噪声和多种干扰的影响, 造成信号传输质量的下降. 信噪比是描述接收信号质量的重要指标, 信噪比越高, 则表示信号质量越好. 多用户单输入单输出干扰信道上的联合功率和接纳控制问题, 主要研究如何保证支持的链路数量最大, 使更多用户之间能够建立通信连接, 同时还要保证总发射功率最小, 这是通信系统控制领域中非常典型的多目标优化问题.

考虑如下基本假定:

(i) 信道增益的分布是已知的;

(ii) 只有信道分布信息可用, 能够反映信道特征和规律, 而非瞬时信道状态信息;

(iii) 所有协调和计算由一个中央控制器完成, 该控制器了解所有链路的信道信息;

(iv) 每个用户只使用一部通信设备, 即用户数就是整个通信系统中的设备数.

基于以上分析和表 1.6, 可构建基于概率约束且支持链路的数量最大和总传输功率最小为目标的双目标优化模型:

$$\max_{p, S} \quad (|S|, -e^{\mathrm{T}}p)$$

$$\text{s.t.} \quad \begin{cases} P(\mathrm{SINR}_k(p) \geqslant \gamma_k) \geqslant 1 - \epsilon, \\ \mathrm{SINR}_k(p) = \dfrac{g_{k,k}p_k}{\eta_k + \sum\limits_{j \neq k} g_{k,j}p_j}, \\ k \in S \subset \mathscr{K}, \quad 0 \leqslant p \leqslant \bar{p}. \end{cases}$$

表 1.6　通信系统控制问题中的符号说明

符号	解释说明
S	支持链路的集合, 即用户间成功建立的通信链接
$|S|$	支持链路的数量
$\mathscr{K}$	通信系统中的总用户集合
K	通信系统支持的用户数量
$g_{k,j} \geqslant 0$	发射机 j 到接收机 k 的信号在传输中增强或衰减的系数, 简称信道增益
$g_{k,k} \geqslant 0$	第 k 个接收机的实际信道增益
$\eta_k > 0$	第 k 个接收机的噪声功率
$\gamma_k > 0$	接收机 k 所需要达到的最小接收信噪比, 简称信噪比阈值
$p = (p_1, \cdots, p_K)^{\mathrm{T}}$	功率分配向量, 其中每个分量表示对应的接收机分配到的发射功率
$\bar{p} = (\bar{p}_1, \cdots, \bar{p}_K)^{\mathrm{T}}$	功率预算向量, 其中每个分量表示对应的接收机的功率预算
e^{T}	每个分量全为 1 的 K 阶列向量
$\mathrm{SINR}_k(p)$	第 k 个接收机上的信噪比

该模型的目标函数分别表示最大化通信系统的支持链路数量 S 和最小化系统总发射功率 $e^{\mathrm{T}}p$. 第一个约束表示第 k 个接收机上的信噪比不低于目标值 γ_k 的概率尽可能接近 1, 即信噪比失效概率被限制在指定的容差范围内. 第二个约束给出了第 k 个接收机的信噪比表达式, 其中 $g_{k,j}$ 和 $g_{k,k}$ 表示信道增益. 由假设 (i), 因其分布已知, 故可根据具体的信道模型进行计算. 分子 $g_{k,k}p_k$ 表示第 k 个接收机分配到的发射功率 p_k 经 $g_{k,k}$ 增强或衰弱后接收到信号的实际功率, 分母 $\eta_k + \sum_{j \neq k} g_{k,j}p_j$ 表示第 k 个接收机接收到的噪声和来自其他链路信号干扰. 第三个约束给出了 k 的取值范围和功率约束.

1.8　军事物流选址中的多目标优化

军事物流选址选择问题不仅要考虑位置恰当、交通方便、经济环境等条件, 还要考虑安全性等要素. 将油库以及用油单位看作网络中的节点, 假设每个油库 $i \in \{1, 2, \cdots, n\}$ 的固定建设费用和用油单位 $j \in \{1, 2, \cdots, m\}$ 的用油需求量已知. 要求从 M 个备选油库中选择若干个油库向用油单位运输油料, 使得油库的建设费用以及配送油料的运输成本和最小, 同时考虑油库的安全问题. 此外, 除考虑经济目标与安全目标外, 往往还需要考虑运输效率, 一般可通过用油单位的满意度刻画运输效率. 因此, 在满足油库数量、运输方式等约束条件下, 可建立同时描述物流成本、用油单位满意度和油库安全性的多目标优化模型.

假定每个用油单位有且仅有一个油库为其供油, 油库到用油单位采取主动前送油料的运输模式, 各个备选油库的安全性评价指标已给出, 油料运输过程中的

运输速度相同且已知. 定义满意度函数为

$$S(t_{ij}) = \begin{cases} 1, & t_{ij} \leqslant l_{ij}, \\ \dfrac{L_{ij} - t_{ij}}{L_{ij} - l_{ij}}, & l_{ij} \leqslant t_{ij} \leqslant L_{ij}, \\ 0, & t_{ij} \geqslant L_{ij}. \end{cases}$$

结合表 1.7 可构建以成本最小、满意度最大、安全性最高为目标的多目标优化模型:

$$\min \quad (f_1, f_2, f_3)$$

$$\text{s.t.} \begin{cases} \sum\limits_{i=1}^{n} X_i = P, \\ Y_{ij} \leqslant X_i, \quad \forall i \in \{1, 2, \cdots, n\}, \quad j \in \{1, 2, \cdots, m\}, \\ \sum\limits_{j=1}^{m} Y_{ij} \geqslant X_i, \quad \forall i \in \{1, 2, \cdots, n\}, \\ \sum\limits_{i=1}^{n} Y_{ij} = 1, \quad \forall i \in \{1, 2, \cdots, n\}, \quad j \in \{1, 2, \cdots, m\}, \\ X_i \in \{0, 1\}, \quad \forall i \in \{1, 2, \cdots, n\}, \\ Y_{ij} \in \{0, 1\}, \quad \forall i \in \{1, 2, \cdots, n\}, \quad j \in \{1, 2, \cdots, m\}, \end{cases}$$

其中

$$f_1 = \sum_{i=1}^{n} c_i X_i + \sum_{j=1}^{m} \sum_{i=1}^{n} c_{ij} d_j t_{ij} \bar{v} Y_{ij},$$

$$f_2 = -\sum_{j=1}^{m} \sum_{i=1}^{n} S(t_{ij}) Y_{ij},$$

$$f_3 = -\sum_{i=1}^{n} s_i X_i.$$

该模型的三个目标函数分别表示油库建设的固定成本与从油库向用油单位运输油料过程中的运输成本之和最小化、用油单位的满意度最大化以及油库的安全性最高. 第一个约束表示所需的油库数量; 第二个约束表示只有第 i 个油库被选中, 第 j 个用油单位才能由第 i 个油库运输油料; 第三个约束表示如果第 i 个油库被选中, 那么它至少向一个用油单位提供油料; 第四个约束表示每个用油单位仅由一个油库配送油料. 第五个约束和第六个约束表示 0-1 决策变量.

表 1.7　军事物流选址问题中的符号说明

符号	解释说明
s_i	第 i 个油库的安全性
t_{ij}	第 i 个油库到第 j 个用油单位的油料运输时间
c_i	第 i 个油库的建设成本
c_{ij}	第 i 个油库到第 j 个用油单位的单位油料运输成本
d_j	第 j 个用油单位的需求量
$\bar{v}$	运输油料过程中的平均速度
P	油库的数量
l_{ij}	用油单位规定的油料送达时间
L_{ij}	用油单位规定的最晚油料送达时间
$X_i \in \{0,1\}$	1 表示第 i 个油库被选中, 否则为 0
$Y_{ij} \in \{0,1\}$	1 表示第 i 个油库与第 j 个用油单位存在保障关系, 否则为 0

1.9　绩效评价管理中的多目标优化

科学合理的绩效分配对保障政府、企业、学校、医院等机构的高效运行具有重要导向作用和指导意义. 注意到最优绩效分配方案不仅依赖于各级指标分数值的有效聚合, 也与评价对象的个体差异性以及基础工作量的要求等诸多因素有关. 特别地, 所有评价对象的基础工作量对绩效工作量以及绩效分配方案具有重要影响, 过高基础工作量的要求将导致更多评价对象无法参与到绩效分配中, 从而降低评价对象对绩效分配方案的满意度; 评价对象之间由于专长不同进而使得不同评价对象的指标分数值表现出某种偏向性, 导致不同类型评价对象对绩效分配方案具有不同的期待. 此外, 最优绩效分配方案也应体现对评价对象某种程度的激励作用并兼顾公平性, 以提高评价对象的工作效率与积极性.

假定有 p 个评价对象, q 类评价指标, 第 i 个评价对象的第 j 类评价指标分数值为 $a_{ij}(i = 1, 2, \cdots, p; j = 1, 2, \cdots, q)$. 评价对象之间由于专业背景与专业水平等的不同而具有一定的个体差异性, 进而导致不同类型的评价对象对绩效分配方案具有不同的期待. 因此, 首先需要根据指标分数值对评价对象进行分类. 下面考虑 $q = 2$ 的情形, 并将评价对象分为 I 型和 II 型两类. 若

$$\frac{a_{i1}}{a_{11} + a_{21} + \cdots + a_{p1}} \geqslant \frac{a_{i2}}{a_{12} + a_{22} + \cdots + a_{p2}},$$

则称第 i 个评价对象为 I 型评价对象, 否则称为 II 型评价对象. 不失一般性, 假设前 s 个评价对象为 I 型评价对象, 其余 $p - s$ 个评价对象为 II 型评价对象.

由于在绩效分配中需要对评价对象体现一定程度的激励且不同类型的指标分数值的量化标准可能也不相同, 因此需要引入分值转化函数对初始评价分数值进行合理转化. 注意到分值转化函数中应包含体现激励程度和所有评价对象的基础

工作量等控制参数且应满足初始分值越高其转化分值也越高等基本要求. 为此,
可采用如下形式的分值转化函数:

$$y_{ij} = \mu_{ij}\lambda_j(a_{ij} - x_j)^n,$$

其中

$$n \geqslant 1, x_j \geqslant 0, \lambda_j \geqslant 0, \quad \mu_{ij} = \begin{cases} 0, & x_j \geqslant a_{ij}, \\ 1, & x_j < a_{ij}, \end{cases} \quad i = 1, 2, \cdots, p, j = 1, 2,$$

x_j 表示第 j 项指标的基础工作量, y_{ij} 表示第 i 个评价对象的第 j 项指标的转化
分数值. 显然, λ_j 与 n 的不同取值将体现不同程度的激励且对不同的实际问题,
λ_j 与 n 的取值也可能不同. 尽管分值转换函数有许多, 但一般所选取的分值转换
函数满足 $y'' > 0$, 也即实际分值越高, 转换分值的增加幅度也会越大. 因此, 考核
对象想获得更高的转换分值, 则需将实际分值提升到更高, 这就体现了对评价对
象的激励性. 为简化问题, 可取 $n = 2$. 因此, 如何确定最优的 $\lambda = (\lambda_1, \lambda_2)$ 和考
核指标的基础工作量 $x = (x_1, x_2)$ 是科学评价的关键.

　　若 $\lambda_1 = 0$ 或 $\lambda_2 = 0$, 则所有评价对象的第 1 项考核指标或第 2 项考核指标
的转化分数值均为 0, 这与实际不符. 因此, 可假定 $\lambda_j \geqslant l_j$, 其中 l_j 为充分小的正
数. 同理, 若 $\lambda_1 \to +\infty$ 或 $\lambda_2 \to +\infty$, 这也与实际不符. 因此, 可假定 $\lambda_j \leqslant u_j$, 其
中 $u_j < +\infty, j = 1, 2$.

　　显然, 基础工作量 $x_j \geqslant 0, j = 1, 2$. 然而由于基础工作量并非越大越好, 例如,
当 $x_j = \max\{a_{1j}, a_{2j}, \cdots, a_{pj}\}, j = 1, 2$ 时, 所有评价对象的第 j 项指标的转化分
数值均为 0. 这明显不符合实际情况. 因此, 有必要对基础工作量的上界进行估计.

　　假设不同类型评价对象的每类指标分数值不全相同且均服从正态分布. 由于
各类考核指标所对应的基础工作量不应太偏离所有评价对象的平均水平, 因此, 可
将正态分布的期望值的上界作为评价指标基础工作量的上界.

　　令 $\overline{X}_{1j}$ 和 $\overline{X}_{2j}$ 分别表示 I 型评价对象和 II 型评价对象的第 j 类评价指标分
数值的样本均值. 则

$$\overline{X}_{11} = \frac{a_{11} + a_{21} + \cdots + a_{s1}}{s}, \quad \overline{X}_{12} = \frac{a_{12} + a_{22} + \cdots + a_{s2}}{s};$$

$$\overline{X}_{21} = \frac{a_{s+1,1} + a_{s+2,1} + \cdots + a_{p1}}{p - s}, \quad \overline{X}_{22} = \frac{a_{s+1,2} + a_{s+2,2} + \cdots + a_{p2}}{p - s}.$$

令 S_{1j} 表示 I 型评价对象的第 j 类评价指标分数值的样本标准差, S_{2j} 表示 II 型
评价对象的第 j 类评价指标分数值的样本标准差. 则对应的样本方差分别为

$$S_{11}^2 = \frac{1}{s-1}\sum_{i=1}^{s}(a_{i1} - \overline{X}_{11})^2, \quad S_{12}^2 = \frac{1}{s-1}\sum_{i=1}^{s}(a_{i2} - \overline{X}_{12})^2;$$

$$S_{21}^2 = \frac{1}{p-s-1} \sum_{i=s+1}^{p} (a_{i1} - \overline{X}_{21})^2, \quad S_{22}^2 = \frac{1}{p-s-1} \sum_{i=s+1}^{p} (a_{i2} - \overline{X}_{22})^2.$$

故在置信水平为 $1 - \alpha$ 时, 第 1 类评价指标的基础工作量 x_1 的两个单侧置信上限可分别描述为

$$\overline{X}_{11} + t_\alpha(s-1)\frac{S_{11}}{\sqrt{s}}, \quad \overline{X}_{21} + t_\alpha(p-s-1)\frac{S_{21}}{\sqrt{p-s}}.$$

为了让尽可能多的评价对象参与绩效分配, 可取

$$\min\left\{\overline{X}_{11} + t_\alpha(s-1)\frac{S_{11}}{\sqrt{s}}, \overline{X}_{21} + t_\alpha(p-s-1)\frac{S_{21}}{\sqrt{p-s}}\right\}$$

作为基础工作量 x_1 的上界.

同理可得第 2 类评价指标的基础工作量 x_2 的上界为

$$\min\left\{\overline{X}_{12} + t_\alpha(s-1)\frac{S_{12}}{\sqrt{s}}, \overline{X}_{22} + t_\alpha(p-s-1)\frac{S_{22}}{\sqrt{p-s}}\right\}.$$

记

$$Y_i = \sum_{j=1}^{2} y_{ij}, \quad Y' = \sum_{i=1}^{p} y_{i1}, \quad Y'' = \sum_{i=1}^{p} y_{i2}, \quad i = 1, 2, \cdots, p.$$

对第 i 个评价对象而言, 显然对其最有利的分配比例与最不利的分配比例可分别表达为

$$U_i = \max_{\lambda_1, \lambda_2, x_1, x_2} \frac{Y_i}{Y' + Y''}, \quad L_i = \min_{\lambda_1, \lambda_2, x_1, x_2} \frac{Y_i}{Y' + Y''}.$$

由于评价对象的满意度应随着分配比例 $\overline{Y_i} = \dfrac{Y_i}{Y' + Y''}$ 的增大而增大且当分配比例越大时, 提高评价对象满意度的难度将越大, 因此, 可构建如下形式的满意度函数:

$$f_i(\overline{Y_i}) = \left(\frac{\overline{Y_i} - L_i}{U_i - L_i}\right)^{\frac{1}{2}}.$$

显然, 当 $\overline{Y_i} = U_i$ 时, 第 i 个评价对象的满意度为 1, 即此时的分配比例对第 i 个评价对象是最有利的; 当 $\overline{Y_i} = L_i$ 时, 第 i 个评价对象的满意度为 0, 即此时的分配比例对第 i 个评价对象是最不利的. 由满意度函数的构建可知, 若第 i 个评价

对象的绩效分配比例越接近 U_i 即分配比例越高, 那么满意度函数的值就越高. 反之, 满意度函数的值就会越低. 另一方面, 随着评价对象分配比例的增高, 评价对象对自己的期待就会越高.

令

$$m_j = \min\{a_{1j}, a_{2j}, \cdots, a_{sj}\}, \quad m_j' = \min\{a_{s+1,j}, a_{s+2,j}, \cdots, a_{pj}\},$$

$$M_j = \max\{a_{1j}, a_{2j}, \cdots, a_{sj}\}, \quad M_j' = \max\{a_{s+1,j}, a_{s+2,j}, \cdots, a_{pj}\}.$$

可以证明: 若 $\alpha \geqslant 0.05, s \geqslant 6, p - s \geqslant 6$ 且各类评价对象的各项指标分数值满足

$$\frac{|m_j - \overline{X}_{1j}|}{|M_j - \overline{X}_{1j}|} \leqslant 1, \quad \frac{|m_j' - \overline{X}_{2j}|}{|M_j' - \overline{X}_{2j}|} \leqslant 1, \quad j = 1, 2.$$

则

(i) 至少存在 1 名评价对象的第 1 类评价指标分数值大于基础工作量 x_1 的上界;

(ii) 至少存在 1 名评价对象的第 2 类评价指标分数值大于基础工作量 x_2 的上界.

进一步可证明: 对任意的 $i \in \{1, 2, \cdots, p\}$, 满意度函数 $f_i(\overline{Y_i})$ 在变量的估计区间上连续且有界.

综上分析, 可构建以所有评价对象的总体满意度的最大化和评价对象的满意度尽可能均衡为目标的多目标优化模型:

$$\min \quad (F_1(\lambda_1, \lambda_2, x_1, x_2), F_2(\lambda_1, \lambda_2, x_1, x_2))$$

$$\text{s.t.} \quad \begin{cases} \lambda_j \in [l_j, u_j], \\ x_j \in \left[0, \min\left\{\overline{X}_{1j} + t_\alpha(s-1)\dfrac{S_{1j}}{\sqrt{s}}, \overline{X}_{2j} + t_\alpha(p-s-1)\dfrac{S_{2j}}{\sqrt{p-s}}\right\}\right], \\ j = 1, 2, \end{cases}$$

其中

$$F_1(\lambda_1, \lambda_2, x_1, x_2) = \sum_{1 \leqslant i < j \leqslant p} (f_i(\overline{Y_i}) - f_j(\overline{Y_j}))^2,$$

$$F_2(\lambda_1, \lambda_2, x_1, x_2) = -\sum_{i=1}^{p} f_i(\overline{Y_i}).$$

1.10 电力系统网络中的多目标优化

设某区域有大型工厂、学校、住宅小区、医院、商场、办公区、酒店以及公共照明等主要用电场所. 若该区域供电能力一定且无法满足正常用电需求, 则必须对某些用电场所限电. 因此, 如何制定最优限电方案就显得非常重要.

若医院不允许限电, 工厂一般不限电 (供电能力太小等特殊情况除外), 学校限电只能在晚上 23:00 至早上 6:00 之间且不能连续限电 5 小时以上, 住宅不在中午 11:30~12:30 和下午 17:30~18:30 两个时段限电且一次最长限电时间不超过 4 小时, 公共照明在保证基本需求前提下可限电. 假定:

(i) 各用电场所停电互不影响, 不考虑用电场所线路发生故障情况.

(ii) 限电方案以一天为单位, 每个用电场所停电的时间以 30 分钟为一个单位.

(iii) 公共照明限电量不超过需求量的一半能保证基本需求.

(iv) 早上 6 点开始, 24 小时内每半小时为 1 个时段, 各时段对应编号为 $1 \sim 48$.

设某区域 8 类用电场所每类各有 $m_k(k = 1, 2, \cdots, 8)$ 个用电场所. 显然, 由表 1.8 可得

$$q = \sum_{k=1}^{8} m_k.$$

表 1.8   电力系统限电问题中的符号说明

符号	解释说明
q	某区域的用电场所个数
E	某区域供电厂某天的实际发电量 (单位: 千瓦·时)
E'	某区域某天的正常用电需求量 (单位: 千瓦·时)
c_{ij}	第 i 个用电场所在第 j 个时段正常用电需求量 (单位: 千瓦·时)
x_{ij}	第 i 个用电场所选择在第 j 个时段停电, $x_{ij} = 1$; 否则, $x_{ij} = 0$

为了叙述方便, 引进符号 $q_1, q_2, \cdots, q_8$, 其中

$$q_1 = m_1, q_2 = m_1 + m_2, \cdots, q_8 = m_1 + m_2 + \cdots + m_8.$$

设计最优限电方案需要确定每个用电场所的限电时段. 若用电需求量大于供电量, 则需要限电总量为 $E' - E$ 且

$$\sum_{i=1}^{q} \sum_{j=1}^{48} c_{ij} x_{ij} = E' - E.$$

显然各用电场所均不希望被限电或者即使限电也希望限电时间尽量短. 因此,

$$\min \ z_1 = \frac{1}{2} \sum_{i=1}^{q} \sum_{j=1}^{48} x_{ij}.$$

除限电时间外, 限电次数也对生产生活有重要影响. 因限电时间最短并不意味着限电次数最少. 为了建立决策变量 $x_{ij}(i = 1, 2, \cdots, q; j = 1, 2, \cdots, 48)$ 与限电次数之间的关系, 引进变量 $x_{i0} = 0, x_{i,49} = 0$. 因每个用电场所均希望限电次数最少, 即

$$\min \ z_2 = \frac{1}{2} \sum_{i=1}^{q} \sum_{j=0}^{49} (x_{ij} - x_{i,j+1})^2.$$

考虑到医院不允许限电, 故有

$$\sum_{j=1}^{48} x_{ij} = 0, \quad i = q_3 + 1, q_3 + 2, \cdots, q_4.$$

考虑到工厂一般不限电, 特殊情况可能被限电, 引进参数 d 为

$$d = \begin{cases} 1, & \text{特殊情况发生, 工厂需要被限电,} \\ 0, & \text{特殊情况不发生, 工厂不需要被限电.} \end{cases}$$

因特殊情况发生, 工厂限电不能超过 a 小时, 特殊情况不发生不限电, 则

$$\frac{1}{2} \sum_{j=1}^{48} x_{ij} \leqslant ad, \quad i = 1, 2, \cdots, q_1.$$

考虑到学校不能在 06:00~23:00 停电, 故有

$$\sum_{j=1}^{34} x_{ij} = 0, \quad i = q_1 + 1, q_1 + 2, \cdots, q_2.$$

因学校不能连续限电 5 小时以上, 即每 11 个时段不能有大于 10 个时段限电, 故

$$\frac{1}{2} \sum_{j=35}^{45} x_{ij} \leqslant 5, \quad i = q_1 + 1, q_1 + 2, \cdots, q_2,$$

$$\frac{1}{2} \sum_{j=36}^{46} x_{ij} \leqslant 5, \quad i = q_1 + 1, q_1 + 2, \cdots, q_2,$$

$$\frac{1}{2} \sum_{j=37}^{47} x_{ij} \leqslant 5, \quad i = q_1 + 1, q_1 + 2, \cdots, q_2,$$

$$\frac{1}{2} \sum_{j=38}^{48} x_{ij} \leqslant 5, \quad i = q_1 + 1, q_1 + 2, \cdots, q_2,$$

考虑到住宅不能在中午 11:30~12:30 和下午 17:30~18:30 两个时段限电, 故

$$\sum_{j=12}^{13} x_{ij} = 0, \quad i = q_2 + 1, q_2 + 2, \cdots, q_3,$$

$$\sum_{j=24}^{25} x_{ij} = 0, \quad i = q_2 + 1, q_2 + 2, \cdots, q_3.$$

又因为一次限电时间不能超过 4 小时, 故可分三个时段进行讨论.

(i) 06:00~11:30 时间范围共有 3 个约束

$$\frac{1}{2} \sum_{j=1}^{9} x_{ij} \leqslant 4, \quad i = q_2 + 1, q_2 + 2, \cdots, q_3,$$

$$\frac{1}{2} \sum_{j=2}^{10} x_{ij} \leqslant 4, \quad i = q_2 + 1, q_2 + 2, \cdots, q_3,$$

$$\frac{1}{2} \sum_{j=3}^{11} x_{ij} \leqslant 4, \quad i = q_2 + 1, q_2 + 2, \cdots, q_3.$$

(ii) 12:30~17:30 时间范围共有 2 个约束

$$\frac{1}{2} \sum_{j=14}^{22} x_{ij} \leqslant 4, \quad i = q_2 + 1, q_2 + 2, \cdots, q_3,$$

$$\frac{1}{2} \sum_{j=15}^{23} x_{ij} \leqslant 4, \quad i = q_2 + 1, q_2 + 2, \cdots, q_3.$$

(iii) 18:30~06:00 时间范围共有 15 个约束

$$\frac{1}{2} \sum_{j=26}^{34} x_{ij} \leqslant 4, \quad i = q_2 + 1, q_2 + 2, \cdots, q_3,$$

$$\frac{1}{2} \sum_{j=27}^{35} x_{ij} \leqslant 4, \quad i = q_2 + 1, q_2 + 2, \cdots, q_3,$$

$$\cdots\cdots$$

$$\frac{1}{2} \sum_{j=40}^{48} x_{ij} \leqslant 4, \quad i = q_2 + 1, q_2 + 2, \cdots, q_3.$$

考虑到公共照明的基本需求, 因 m_8 表示公共照明用电场所个数. 如 $m_8 = 2$ 表示将所有公共照明分为奇数个照明和偶数个照明两部分. 因此

$$\sum_{i=q_7+1}^{q_8} x_{ij} \leqslant 1, \quad j = 1, 2, \cdots, 48.$$

因公共照明在 07:00~19:00 间可不耗电, 即该时间范围内不限电可知

$$\sum_{i=q_7+1}^{q_8} \sum_{j=3}^{26} x_{ij} = 0.$$

综上分析, 可构建以限电时间最短、限电次数最少为目标的如下多目标优化模型:

$$\min \quad (z_1, z_2)$$

$$\text{s.t.} \begin{cases} \sum_{j=1}^{48} x_{ij} = 0, & i = q_3+1, q_3+2, \cdots, q_4, \\ \dfrac{1}{2} \sum_{j=1}^{48} x_{ij} \leqslant ad, & i = 1, 2, \cdots, q_1, \\ \sum_{i=q_7+1}^{q_7+2} x_{ij} \leqslant 1, & j = 1, 2, \cdots, 48, \\ \sum_{j=1}^{34} x_{ij} = 0, & i = q_1+1, q_1+2, \cdots, q_2, \\ \sum_{j=12}^{13} x_{ij} = 0, \ \sum_{j=24}^{25} x_{ij} = 0, & i = q_2+1, q_2+2, \cdots, q_3, \\ \dfrac{1}{2} \sum_{j=35+i'}^{45+i'} x_{ij} \leqslant 5, & i = q_1+1, \cdots, q_2; i' = 0, 1, 2, 3, \\ \dfrac{1}{2} \sum_{j=1+i'}^{9+i'} x_{ij} \leqslant 4, & i = q_2+1, \cdots, q_3; i' = 0, 1, 2, \\ \dfrac{1}{2} \sum_{j=14+i'}^{22+i'} x_{ij} \leqslant 4, & i = q_2+1, q_2+2, \cdots, q_3; i' = 0, 1, \\ \dfrac{1}{2} \sum_{j=26+i'}^{34+i'} x_{ij} \leqslant 4, & i = q_2+1, \cdots, q_3; i' = 0, 1, \cdots, 14, \\ x_{ij} = 0 \ \text{或} 1, x_{i0} = 0, x_{i,49} = 0, & i = 1, 2, \cdots, q; j = 1, 2, \cdots, 48, \\ q_t = \sum_{k=1}^{t} m_k, & t = 1, 2, \cdots, 8, \\ \sum_{i=1}^{q} \sum_{j=1}^{48} c_{ij} x_{ij} = E' - E, & \sum_{i=q_7+1}^{q_8} \sum_{j=3}^{26} x_{ij} = 0. \end{cases}$$

第 2 章　多目标优化研究简介

多目标优化作为最优化理论与应用领域中十分重要的研究方向, 近年来发展十分迅速, 已取得一系列重要进展和基础性研究成果. 这些研究不仅推动了数学领域中的凸分析、变分分析以及非线性分析等分支领域的迅速发展, 也为大量应用问题的解决提供了理论基础和技术支撑. 正是因为其理论的基础性及应用的广泛性, 多目标优化已逐步成为最优化领域的研究热点. 本章首先介绍多目标优化问题的一般数学模型. 同时, 由于多目标优化问题 "最优解" 的定义涉及多个目标的最优性比较与权衡, 一般需要借助序关系这一重要数学工具, 这也导致多目标优化问题的最优解定义具有多样性特征. 为此, 本章也对基于序关系而定义的多目标优化问题各类精确与近似解的定义及其相互关系进行了归纳总结. 最后, 本章也对国内外关于多目标优化问题研究的重要进展情况和分支方向进行了简要概述.

2.1　多目标优化的一般模型

多目标优化问题 (英文名称为 Multi-objective Optimization Problem, 一般简记为 MOP) 的一般数学模型可描述为

$$
\text{(MOP)} \quad \min \quad (f_1(x), f_2(x), \cdots, f_p(x))
$$

$$
\text{s.t.} \quad \begin{cases} g_j(x) \leqslant 0, & j = 1, \cdots, m, \\ h_k(x) = 0, & k = 1, \cdots, l, \end{cases}
$$

其中数值函数 $f_i: \Omega \subset \mathbb{R}^n \to \mathbb{R}$ 称为 (MOP) 的目标函数, $g_j, h_k: \Omega \subset \mathbb{R}^n \to \mathbb{R}$ 分别称为 (MOP) 的不等式约束和等式约束函数, $x \in \Omega \subset \mathbb{R}^n$ 称为 (MOP) 的决策变量, $\mathbb{R}^n$ 称为 (MOP) 的决策空间, $\mathbb{R}^p$ 称为 (MOP) 的目标空间或像空间.

对于极大化目标函数的情形, 可通过在目标函数前添加负号等价地转化为极小化问题进行处理. 本书只考虑极小化目标函数的情形.

(MOP) 的可行域可表示为

$$
D = \{x \in \Omega \subset \mathbb{R}^n \mid g_j(x) \leqslant 0, j = 1, \cdots, m; h_k(x) = 0, k = 1, \cdots, l\}.
$$

可行域中的元素称为 (MOP) 的可行解. 不失一般性, 假定可行域 D 为非空集合. 若 (MOP) 中没有不等式约束和等式约束, 此时 $D = \Omega$, 则称 (MOP) 为带集合约束的多目标优化问题; 若 $D = \mathbb{R}^n$, 则称 (MOP) 为无约束多目标优化问题. 此外,

当 $p = 2$ 时, 称 (MOP) 为双目标优化问题 (Bi-objective Optimization Problem);

当 $p = 1$ 时, (MOP) 则退化为下面一般的数值最优化问题:

$$(\text{P}) \quad \min \quad f(x)$$
$$\text{s.t.} \quad \begin{cases} g_j(x) \leqslant 0, & j = 1, 2, \cdots, m, \\ h_k(x) = 0, & k = 1, 2, \cdots, l, \end{cases}$$

其中 $f(\cdot) : \Omega \to \mathbb{R}$ 是数值函数.

记

$$f(x) = (f_1(x), f_2(x), \cdots, f_p(x)),$$
$$g(x) = (g_1(x), g_2(x), \cdots, g_m(x)),$$
$$h(x) = (h_1(x), h_1(x), \cdots, h_l(x)),$$

则 (MOP) 的一般模型也可表示为如下向量值形式:

$$\min \quad f(x)$$
$$\text{s.t.} \quad \begin{cases} g(x) \leqq 0, \\ h(x) = 0. \end{cases}$$

此时, (MOP) 的可行域可表示为

$$D = \{x \in \Omega \subset \mathbb{R}^n \mid g(x) \leqq 0, h(x) = 0\}.$$

由于从复杂实际问题中抽象出来的多目标优化问题有多种类型, 因此, 可从目标函数与约束函数的性质等不同角度对多目标优化问题进行分类.

(i) 按决策变量是否取整数进行划分. 若决策变量取值均为整数, 则称 (MOP) 为整数多目标优化问题 (Integer Multi-objective Optimization Problem); 若部分决策变量取值均为整数, 则称 (MOP) 为混合整数多目标优化问题 (Mixed Integer Multi-objective Optimization Problem).

(ii) 按目标函数与约束函数是否线性进行划分. 若目标函数与约束函数均为线性函数, 则称 (MOP) 为线性多目标优化问题 (Linear Multi-objective Optimization Problem); 若目标函数与约束函数均为分段线性函数, 则称 (MOP) 为分段线性多目标优化问题 (Piecewise Linear Multi-objective Optimization Problem); 若目标函数或约束函数至少有一个为非线性函数, 则称 (MOP) 为非线性多目标优化问题 (Nonlinear Multi-objective Optimization Problem).

(iii) 按目标函数与约束函数是否为分式函数进行划分. 若目标函数和约束函数均为分式函数, 则称 (MOP) 为分式多目标优化问题 (Fractional Multi-objective Optimization Problem).

(iv) 按目标函数与约束函数的解析性质进行划分. 若目标函数与约束函数均是连续可微的, 则称 (MOP) 为光滑多目标优化问题 (Smooth Multi-objective Optimization Problem); 若目标函数或约束函数至少有一个函数是不可微的, 则称 (MOP) 为不可微多目标优化问题 (Nondifferentiable Multi-objective Optimization Problem).

(v) 按目标函数的凸性与约束函数的凸 (仿射) 性进行划分. 若目标函数和不等式约束的左端均为凸函数、等式约束的左端为仿射函数, 则称 (MOP) 为凸多目标优化问题 (Convex Multi-objective Optimization Problem); 否则, 称 (MOP) 为非凸多目标优化问题 (Nonconvex Multi-objective Optimization Problem).

(vi) 按目标函数与约束函数是否包含随机因素进行划分. 若目标函数和约束函数的决策变量与参数均是确定的, 则称 (MOP) 为确定型多目标优化问题 (Determinant Multi-objective Optimization Problem). 若目标函数和约束函数的决策变量或参数包含随机因素, 则称 (MOP) 为随机多目标优化问题 (Stochastic Multi-objective Optimization Problem).

2.2　多目标优化解的定义

多目标优化问题因涉及多个目标的同时最优化, 其最优性必然涉及向量的大小比较问题. 因此, 如何定义向量的大小, 给出解的合理定义就成为多目标优化研究首要且最基本的问题之一. 要定义多目标优化问题的解一般需考虑目标空间 $\mathbb{R}^p$ 中的 "偏好", 有了 "偏好" 才能比较各个决策方案的 "好" 和 "坏". 因此, 目标空间中的 "偏好", 即目标空间中的序关系将是定义多目标优化问题的解概念的基础. 显然, 不同的 "偏好" 下定义的多目标优化问题的解概念具有不同的含义. 多目标优化经典的有效解就是在一定的偏好下利用 "找不到比之更好的就是最好" 的思想下提出来的. 当然, 目标空间中的 "偏好" 可能是由问题本身产生的, 也有可能是由决策者产生的. 目标空间中的 "偏好" 满足数学上的偏序, 其定义为

对任意的 $x, y \in \mathbb{R}^p$,

$$x < y \Leftrightarrow x_i < y_i, \forall i = 1, 2, \cdots, p,$$

$$x \leqq y \Leftrightarrow x_i \leqslant y_i, \forall i = 1, 2, \cdots, p,$$

$$x \leqslant y \Leftrightarrow x \leqq y, x \neq y.$$

上述关系利用自然序锥 $\mathbb{R}^p_+$ 可等价地表述为

$$x < y \Leftrightarrow y - x \in \mathbb{R}^p_{++},$$

$$x \leqq y \Leftrightarrow y - x \in \mathbb{R}^p_+,$$

$$x \leqslant y \Leftrightarrow y - x \in \mathbb{R}^p_+ \setminus \{0\}.$$

当 $p > 1$ 时, 这是一类非完全的偏序关系, 即在 $p > 1$ 情形下, $\mathbb{R}^p$ 中的任意两个元素并不是都能比较大小. 例如, $\mathbb{R}^p$ 中的元素 $(2, 1, 2, 1, \cdots, 2, 1)$ 和 $(1, 2, 1, 2, \cdots, 1, 2)$ 便不能比较大小. 而实数集 $\mathbb{R}$ 不一样, 它中的任意两个元素均可比较大小. 这就导致了多目标优化问题的 "最优解" 定义与数值优化问题的最优解定义有本质不同.

2.2.1 多目标优化的精确解

Pareto 有效解是多目标优化研究中最基本的解概念, 其基本思想由意大利经济学家 Pareto 在经济福利理论的著作中首次提出, 其定义由法国经济学家诺贝尔经济学奖获得者 Koopmans 首次给出.

定义 2.2.1 [35,36] 称 $\widehat{x} \in D$ 是 (MOP) 的 Pareto 有效解, 若不存在 $x \in D$ 使得

$$f(x) \leqslant f(\widehat{x}).$$

Pareto 有效解定义可等价描述为

$$(f(D) - f(\widehat{x})) \cap (-\mathbb{R}^p_+ \setminus \{0\}) = \varnothing.$$

定义 2.2.2 [35,36] 称 $\widehat{x} \in D$ 是 (MOP) 的 Pareto 弱有效解, 若不存在 $x \in D$ 使得

$$f(x) < f(\widehat{x}).$$

Pareto 弱有效解定义可等价描述为

$$(f(D) - f(\widehat{x})) \cap (-\mathbb{R}^p_{++}) = \varnothing.$$

定义 2.2.3[43] 称 $\widehat{x} \in D$ 是 (MOP) 的严有效解, 若不存在 $x \in D \setminus \{\widehat{x}\}$ 使得

$$f(x) \leqq f(\widehat{x}).$$

严有效解定义可等价描述为

$$(f(D \setminus \{\widehat{x}\}) - f(\widehat{x})) \cap (-\mathbb{R}_+^p) = \varnothing.$$

定义 2.2.4[35] 称 $\widehat{x} \in D$ 是 (MOP) 的绝对最优解, 若对任意的 $x \in D$ 和任意的 $i = 1, 2, \cdots, p$,

$$f_i(x) \geqslant f_i(\widehat{x}).$$

由上述解的定义易知, 多目标优化问题的有效解、弱有效解、严有效解和绝对最优解之间具有如下关系:

Pareto 有效解较好地刻画了多目标优化问题解的 "最优性", 已在多目标优化研究中发挥重要作用. 但是, Pareto 有效解集一般太大且也可能具有一些不太好的性质, 例如, 1951 年, Kuhn 和 Tucker[28] 发现 Pareto 有效解有时可能不具有标量化性质, 即多目标优化问题的 Pareto 有效解有时可能无法利用相应的标量化问题进行刻画.

为了对多目标优化问题的有效解集或弱有效解集进行适当的限制且同时保持解的某些漂亮性质, Geoffrion 于 1968 年提出了一类真有效解的定义, 称为 Geoffrion-真有效解.

定义 2.2.5[111] 称 $\widehat{x} \in D$ 是 (MOP) 的 Geoffrion-真有效解, 若 $\widehat{x}$ 是有效解且存在 $M > 0$ 使得对任意满足 $f_i(x) < f_i(\widehat{x})$ 的 i 和 $x \in D$, 至少存在一个 j 使得

$$f_j(\widehat{x}) < f_j(x)$$

且

$$\frac{f_i(\widehat{x}) - f_i(x)}{f_j(x) - f_j(\widehat{x})} \leqslant M.$$

注 2.2.1 有效解、弱有效解和 Geoffrion-真有效解之间具有如下关系:

$$\boxed{\text{Geoffrion-真有效解}} \Longrightarrow \boxed{\text{有效解}} \Longrightarrow \boxed{\text{弱有效解}}$$

注意到上述关系的逆一般不一定成立. 例如, 图 2.1 中所表示的 (MOP) 的弱有效解集、有效解集和 Geoffrion-真有效解集分别为 [0,2], [0,1.5] 和 [0,1).

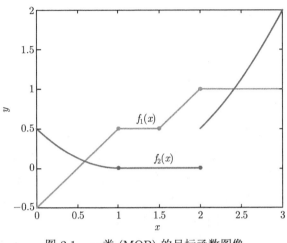

图 2.1 一类 (MOP) 的目标函数图像

注 2.2.2 (i) $\bar{x} \in D$ 是 (MOP) 的 Geoffrion-真有效解是指 $\bar{x} \in D$ 是 (MOP) 的 Pareto 有效解, 并且在一个目标上的减少与某个其他目标上的增大之比是有限的.

(ii) 它的一个等价说法是: 若 $\bar{x} \in D$ 是 (MOP) 的有效解且存在 $M > 0$, 使得对每个 $j \in \{1, \cdots, p\}$, 以下系统不相容

$$\begin{cases} M(f_i(x) - f_i(\bar{x})) + (f_j(x) - f_j(\bar{x})) < 0, & i = 1, \cdots, p,\ i \neq j, \\ f_j(x) - f_j(\bar{x}) < 0, & x \in D. \end{cases}$$

注 2.2.3 $\bar{x} \in D$ 是 (MOP) 的有效解但不是 (MOP) 的 Geoffrion-真有效解是指: 对充分大的 $M > 0$, 总存在 $\hat{x} \in D$ 和 i 使得

$$f_i(\hat{x}) < f_i(\bar{x})$$

且对任意满足 $f_j(\hat{x}) > f_j(\bar{x})$ 的 $j, j \neq i$, 有

$$\frac{f_i(\hat{x}) - f_i(\bar{x})}{f_j(\hat{x}) - f_j(\bar{x})} > M.$$

注 2.2.4 Isermann[131] 指出, 对于线性多目标优化问题, 其有效解与 Geoffrion-真有效解的定义是等价的.

此外, Benson[132] 利用集合的生成锥提出了 (MOP) 一类新的真有效解定义——Benson 真有效解.

定义 2.2.6　假定 K 是 $\mathbb{R}^p$ 中的点闭凸锥. 可行解 $\bar{x} \in D$ 称为 (MOP) 关于 K 的 Benson 真有效解, 若

$$\mathrm{cl}(\mathrm{cone}(f(D) + K - f(\bar{x}))) \cap (-K) = \{0\}.$$

注 2.2.5　由定义可知, 若 $K = \mathbb{R}^p_+$, 则 $\bar{x} \in D$ 是 (MOP) 的 Geoffrion-真有效解当且仅当 $\bar{x} \in D$ 是 (MOP) 的 Benson 真有效解.

2.2.2　多目标优化的近似解

由于对实际问题进行数学抽象而建立的多目标优化模型本身往往就是对问题的近似描述, 同时多目标优化问题各类算法所获得的解一般也是近似解, 近似解的存在性更容易满足等原因, 近年来很多学者开始研究多目标优化问题的近似解及其性质, 相继提出了各种不同的近似解定义.

Kutateladze 在 1979 年首次提出了数值最优化问题的近似解定义——ϵ-最优解.

定义 2.2.7 [133]　令 $\epsilon \geqslant 0$. 称 $\widehat{x}$ 是 (P) 的 ϵ-最优解, 若 $\widehat{x} \in D$ 且对任意的 $x \in D$,

$$f(x) \geqslant f(\widehat{x}) - \epsilon.$$

当不等式严格成立时, 则称 $\widehat{x}$ 是 (P) 的 ϵ-严格最优解. 若 $\epsilon = 0$, 则 $\widehat{x}$ 分别退化为 (P) 的最优解和严格最优解.

1984 年, Loridan 将数值优化问题的 ϵ-最优解的定义推广到多目标优化情形.

定义 2.2.8 [59]　假定 $\varepsilon \in \mathbb{R}^p_+$, $\widehat{x} \in D$ 是 (MOP) 的可行解.

(i) 称 $\widehat{x}$ 是 (MOP) 的 ε-有效解, 若不存在 $x \in D$ 使得

$$f(x) \leqslant f(\widehat{x}) - \varepsilon.$$

(ii) 称 $\widehat{x}$ 是 (MOP) 的 ε-弱有效解, 若不存在 $x \in D$ 使得

$$f(x) < f(\widehat{x}) - \varepsilon.$$

2006 年, Gutiérrez 等利用 Co-radiant 集提出了多目标优化问题一类新的近似解——(C, ϵ)-有效解, 并研究了这类近似解与其他一些近似解之间的关系.

称 $C \subset \mathbb{R}^p$ 为 Co-radiant 集, 若 C 满足对任意的 $\alpha > 1$ 和 $d \in C$, $\alpha d \in C$. 称 C 是真的, 若 $C \neq \varnothing$, $C \neq Y$; 称 C 是点的, 若

$$C \cap (-C) \subset \{0\};$$

称 C 是 solid 的, 若 $\mathrm{int}C = \varnothing$. 此外, 定义

$$C(\epsilon) = \epsilon C, \forall \epsilon > 0; \quad C(0) = \bigcup_{\epsilon > 0} C(\epsilon).$$

定义 2.2.9 [63,64] 假定 $\epsilon \geqslant 0$ 和 $C \subset \mathbb{R}^p$ 是真点 Co-radiant 集. 称可行解 $\hat{x} \in D$ 为 (MOP) 的 (C, ϵ)-有效解, 若

$$(f(D) - f(\hat{x})) \cap (-C(\epsilon)) \subset \{0\}.$$

定义 2.2.10 [63,64] 假定 C 是真点 solid Co-radiant 集. 称可行解 $\hat{x} \in D$ 为 (MOP) 的 (C, ϵ)-弱有效解, 若

$$(f(D) - f(\hat{x})) \cap (-\mathrm{int}C(\epsilon)) = \varnothing.$$

2011 年, Chicco 等在有限维空间中提出了改进集的定义, 并利用改进集提出了多目标优化问题一类新的有效解——E-有效解, 进而研究了 E-有效解的存在性.

定义 2.2.11 [65] 假定 K 是 $\mathbb{R}^p$ 中的点闭凸锥. 称 $E \subset \mathbb{R}^p$ 是关于 K 的改进集, 若 $0 \notin E$ 且

$$E = E + K.$$

注 2.2.6 假定 $K = \mathbb{R}^p_+$, $\mathfrak{T}_{\mathbb{R}^p}$ 表示 $\mathbb{R}^p$ 中关于锥 K 的全体改进集的集合. 如果 $E \in \mathfrak{T}_{\mathbb{R}^p}$, 那么由改进集的定义可知下述结论显然成立.

(i) $K \backslash \{0\} \in \mathfrak{T}_{\mathbb{R}^p}$ 且 $E + K \backslash \{0\} \in \mathfrak{T}_{\mathbb{R}^p}$;

(ii) 如果 $\varepsilon \in K \backslash \{0\}$, 则 $\varepsilon + K \in \mathfrak{T}_{\mathbb{R}^p}$;

(iii) 如果 $E \subset K$, 则 $E + E \subset E$ 且 $\mathrm{int}E + E \subset E$;

(iv) 如果 $E \subset K$, $\mu \in K^{+i}$, 则 $\mu E \in \mathfrak{T}_{\mathbb{R}}$, 其中 $\mu E = \bigcup_{e \in E} \langle \mu, e \rangle$, $K^{+i} = \{k^* \in \mathbb{R}^n \mid \langle k^*, k \rangle > 0, \forall k \in K \backslash \{0\}\}$;

(v) $\mathrm{int}E \in \mathfrak{T}_{\mathbb{R}^p}$.

定义 2.2.12 [65] 假定 $E \subset \mathbb{R}^p$ 是关于 K 的改进集. 称可行解 $\hat{x} \in D$ 为 (MOP) 的 E-有效解, 若

$$(f(D) - f(\hat{x})) \cap (-E) = \varnothing.$$

Gutiérrez 等基于改进集提出了 (MOP) 的 E-弱有效解定义.

定义 2.2.13 [66] 假定 $E \subset \mathbb{R}^p$ 是具有非空拓扑内部的改进集. 称可行解 $\hat{x} \in D$ 为 (MOP) 的 E-弱有效解, 若

$$(f(D) - f(\hat{x})) \cap (-\mathrm{int}E) = \varnothing.$$

注 2.2.7　改进集和 Co-radiant 集是研究多目标优化问题近似解的重要工具. 基于改进集而提出的 E-有效解和基于 Co-radiant 集提出的 (C, ϵ)-有效解统一了多目标优化问题的很多解定义, 包括数值优化问题的最优解和近似最优解以及多目标优化问题的 (弱) 有效解、近似 (弱) 有效解等.

2.2.3　多目标优化的近似真有效解

基于多目标优化问题的各类精确真有效解和近似解的思想, Rong 和 Ma[61], Gao, Yang 和 Teo[134] 以及 Zhao 和 Yang[136] 等相继提出了各类近似真有效解的定义, 并研究了这些近似解的一些基本性质.

假定 $A \subset \mathbb{R}^p$ 是非空集合, cl$A$ 表示集合 A 的闭包, A 的生成锥定义为

$$\text{cone}A = \{\alpha a \mid \alpha \geqslant 0, a \in A\}.$$

下面给出多目标优化问题 ε-真有效解, ε-Benson 真有效解、(C, ϵ)-真有效解和 E-Benson 真有效解的定义. Li 和 Wang 基于 Geoffrion-真有效解的定义提出了多目标优化问题的一类近似真有效解——ε-真有效解.

定义 2.2.14[60]　令 $\varepsilon = (\varepsilon_1, \varepsilon_2, \cdots, \varepsilon_p) \in \mathbb{R}^p_+$, $\widehat{x} \in D$ 是 (MOP) 的可行解. 称 $\widehat{x}$ 是 (MOP) 的 ε-真有效解, 若 $\widehat{x}$ 是 (MOP) 的 ε-有效解且存在常数 $M > 0$ 使得对所有满足 $f_i(x) < f_i(\widehat{x}) - \varepsilon_i$ 的 i 和 $x \in D$, 均存在满足

$$f_j(\widehat{x}) - \varepsilon_j < f_j(x)$$

的 j 使得

$$f_i(\widehat{x}) - f_i(x) - \varepsilon_i \leqslant M(f_j(x) - f_j(\widehat{x}) + \varepsilon_j).$$

注 2.2.8　若 $\varepsilon = 0$, 显然, (MOP) 的 ε-真有效解退化为经典的 Geoffrion-真有效解.

定义 2.2.15[61]　设 K 是 $\mathbb{R}^p$ 中的点闭凸锥, $\varepsilon \in K$. 称可行解 $\widehat{x} \in D$ 是 (MOP) 的 ε-Benson 真有效解, 若

$$\text{cl}(\text{cone}(f(D) + \varepsilon + K - f(\widehat{x}))) \cap (-K) = \{0\}.$$

注 2.2.9　若 $\varepsilon = 0$, 则 (MOP) 的 ε-Benson 真有效解退化为 Benson 真有效解.

注 2.2.10　由定义可知, 若 $K = \mathbb{R}^p_+$, $\bar{x} \in D$ 是 (MOP) 的 ε-真有效解当且仅当 $\bar{x} \in D$ 是 (MOP) 的 ε-Benson 真有效解.

Gao 等基于 Co-radiant 集提出了 (MOP) 的如下近似真有效解.

定义 2.2.16[134] 令 C 是 $\mathbb{R}^p$ 中的真点 solid Co-radiant 集. 称可行解 $\widehat{x} \in D$ 是 (MOP) 的 (C, ϵ)-真有效解, 若

$$\mathrm{cl}(\mathrm{cone}(f(D) + C(\epsilon) - f(\widehat{x}))) \cap (-C(0)) \subset \{0\}.$$

基于 Gao 等基于 Co-radiant 集而定义的近似真有效解, Gutiérrez 等[135] 进一步提出了 (MOP) 一类新的 (C, ϵ)-Benson 真有效解.

定义 2.2.17 设 $\epsilon \geqslant 0$, $C \subset K \setminus \{0\}$. 可行解 $\bar{x} \in D$ 称为 (MOP) 的 (C, ϵ)-Benson 真有效解, 若

$$\mathrm{cl}(\mathrm{cone}(f(D) + C(\epsilon) - f(\bar{x}))) \cap (-K) = \{0\}.$$

注 2.2.11 (i) 设 $\mathrm{cl}(\mathrm{cone}C) = K$, $\epsilon = 0$. 则 (MOP) 的 (C, ϵ)-Benson 真有效解退化为经典的 Benson 真有效解.

(ii) 设 $\varepsilon \in K$, $C = \varepsilon + K$. 则 (MOP) 的 (C, ϵ)-Benson 真有效解退化为 $\epsilon\varepsilon$-Benson 真有效解.

定义 2.2.18[136] 设 E 是 $\mathbb{R}^p$ 中关于 K 的改进集. 称可行解 $\widehat{x} \in D$ 是 (MOP) 的 E-Benson 真有效解, 若

$$\mathrm{cl}(\mathrm{cone}(f(D) + E - f(\widehat{x}))) \cap (-K) = \{0\}.$$

注 2.2.12 设 K 是 $\mathbb{R}^p$ 中的点闭凸锥. 则

(i) 若 $E = K \setminus \{0\}$, 则 (MOP) 的 E-Benson 真有效解退化为经典的 Benson 真有效解.

(ii) 若 $\varepsilon \in K \setminus \{0\}$, $E = \varepsilon + K$, 则 (MOP) 的 E-Benson 真有效解退化为 ε-真有效解.

注 2.2.13 设 $K = \mathbb{R}^p_+$, E 是 $\mathbb{R}^p$ 中关于 K 的改进集. 则 $\bar{x} \in D$ 是 (MOP) 的 E-Benson 真有效解当且仅当 $\bar{x} \in D$ 是 (MOP) 的 $\mathrm{int}E$-Benson 真有效解.

注 2.2.14 设 $K = \mathbb{R}^p_+$, E 是 $\mathbb{R}^p$ 中关于 K 的改进集. 则 $\bar{x} \in D$ 是 (MOP) 的 E-Benson 真有效解当且仅当下面结论成立:

(i) $(f(\bar{x}) - E - K \setminus \{0\}) \cap f(D) = \varnothing$;

(ii) 存在 $M > 0$, $e = (e_1, e_2, \cdots, e_m) \in E$ 满足, 对任意满足 $f_i(\bar{x}) > f_i(x) + e_i$ 的 i 和 $x \in D$, 存在 j 满足 $f_j(\bar{x}) < f_j(x) + e_j$ 且

$$\frac{f_i(\bar{x}) - f_i(x) - e_i}{f_j(x) - f_j(\bar{x}) + e_j} \leqslant M.$$

目前关于多目标优化问题的近似 (弱) 有效解和各类近似真有效解研究已有不少成果, 主要包括对各类近似解的基本性质、近似解之间的一些关系、最优性条件、拉格朗日乘子定理、鞍点定理以及对偶理论等[137,138].

2.3　多目标优化发展概况

多目标优化问题的提出最早可以追溯到经济学领域的相关研究. 例如, Franklin 在 1772 年提出了多个目标的矛盾该如何协调的问题[23]、Smith 在 1776 年提出了经济均衡问题[24] 以及 Edgeworth 在 1881 年对经济均衡竞争问题进行了研究[25]. 但国际上一般认为多目标优化问题最早是由意大利经济学家 Pareto 于 1896 年在经济福利问题中提出的, 他在经济福利理论的著作中, 不仅提出了多目标优化问题, 并且还引进了 Pareto 最优的概念[26], Pareto 最优表达的是 "找不到比之更好就是最好" 的思想. 现代多目标优化的正式形成始于二十世纪五十年代. 1951 年, Koopmans 从生产和分配的活动中提出多目标最优化问题, 并首次提出了现在广泛使用的 Pareto 有效解的概念, 并得到一些基本结果[27]. 同年. Kuhn 和 Tucker 从研究数学规划的角度提出向量极值问题, 引入 Kuhn-Tucker 有效解概念, 并研究了这种解的必要和充分条件[28]. 1954 年 Debreu 对评价均衡问题进行了研究[29]. 1968 年, Johnsen 出版了第一部关于多目标决策模型的专著[30]. Stadler[31] 对多目标优化理论与方法研究进展进行了系统概述. 从二十世纪七十年代开始, 国际上多目标优化 (决策) 问题的研究进入活跃时期, 并且正式作为一个数学优化分支进行系统的研究. 美国牵头成立了国际多目标决策学会, 每 1 ~ 2 年召开一次国际学术会议, 每次参会人数几乎都在千人以上, 迄今已连续举办二十七届, 最近一次于 2024 年 6 月在突尼斯举行.

我国在二十世纪七十年代后期, 许国志、顾基发、魏权龄、陈光亚和应玫茜等就已经开始涉及多目标优化研究. 二十世纪八十至九十年代, 一些新的研究人员加入到多目标优化研究队伍中, 包括汪寿阳的博士论文 (多目标与非光滑规划中的一些问题, 1986 年) 和刘三阳的博士论文 (非光滑非凸多目标规划的最优性和对偶性, 1988 年) 等均主要研究多目标优化问题. 二十世纪八十年代初期以来, 我国在多目标优化 (决策) 方面的学术交流活动也日益频繁, 1981 年, 在北京召开了第一届全国多目标决策会议. 1992 年, 中国系统工程学会决策科学专业委员会成立, 多目标决策就归到其学术年会中. 1994 年, 中国运筹学会数学规划分会成立, 多目标优化也归到其两年一次的会议中. 经过近几十年的发展, 已取得重要进展, 部分专著可参见文献 [34] ~ [57].

二十一世纪以来, 我国在多目标优化 (决策) 领域的研究逐渐走向国际, 涌现出了一大批杰出人才, 在 *Operations Research*, *Mathematical Programming*, *Management Science*, *SIAM Journal on Optimization*, *INFORMS Journal on Computing* 和 *Mathematics of Operations Research* 等国际顶级最优化和运筹管理期刊上发表系列原创性研究成果, 在 *Journal of Global Optimization*, *Journal of Optimization Theory and Applications, Optimization, Pacific Journal of Optimization* 等国际最优化刊物出版系列多目标优化相关的专刊, 部分研究工作已处于国际领先地位.

目前, 国际上关于多目标优化问题的研究主要集中于有效解、弱有效解、真有效解等各类精确解[43] 以及各类精确解定义之间的关系[58], 相应的 ε-型近似解、基于改进集定义的统一解和基于 Co-radiant 定义的统一解及其性质[59-68]、解的存在性[69-73]、各类真有效解集的稠密性[74,75]、解集的连通性[76,77]、解集映射的连续性[78-81]、解 (集) 的稳定性和适定性[35,82-85]、各类解的 Fritz-John 型和 Kuhn-Tucker 型最优性必要条件与目标函数凸性或适当广义凸性条件下的最优性充分条件[35,36,54,86-89], 以及基于各类对偶模型的弱对偶性、强对偶性、逆对偶性等对偶理论[35,57,90,91] 等. 一些需要进一步研究的前沿问题包括: (i) 已有的近似解或统一解均是对某些特定的精确解与近似解的统一, 如对有效解和近似有效解的统一、对弱有效解和近似弱有效解的统一、对 Benson 真有效解和近似 Benson 真有效解的统一等. 这些统一性研究的实质是对某些精确与近似解的局部性统一. 因此, 如何进一步推广局部统一性研究的相关结果到更一般情形或者提出多目标优化问题的全局统一性定义并研究其性质是非常有意义的研究课题. (ii) 尽管目前关于多目标优化问题各类精确解集的稠密性已有重要进展, 但关于各类近似真有效解集, 包括各类统一真有效解集的稠密性研究成果还非常少. (iii) 由于像空间中序锥的拓扑内部可能为空, 一些学者先后将各种广义内部概念引入到多目标优化问题的研究中. 特别地, Bao 和 Mordukhovich 在文献 [70] 中利用变分分析等工具研究了基于广义内部而定义的多目标优化问题弱有效解的一些存在性和最优性条件. 因此, 如何利用变分分析等工具进一步研究各种广义内部条件下多目标优化问题的近似解或统一解的存在性与最优性条件的更一般情形还需深入探讨.

近年来, 随着多目标优化理论与方法及其应用研究的不断深入, 线性、分段线性、二次函数、凸函数等具有特殊结构的多目标优化问题的解性质和解集结构特征与算法研究[92,93]、具有随机因素的随机多目标优化问题的高效求解算法及其收敛性[94]、具有变动偏序结构多目标优化问题的解性质研究[41] 等已引起很多学者的关注. 近期关于多目标优化问题研究的进展的情况可参考综述性文献 [95]∼[98]. 注意到具体问题驱动下的多目标优化模型一般是非常复杂的, 将复杂模型近似为一些具有特殊结构的多目标优化问题是处理复杂多目标优化问题的基本方法之一. 因此, 如何利用机器学习等人工智能方法发展具有特殊结构多目标优化问题的高效求解算法, 为解决大量实际问题提供方法支撑就显得非常重要. 此外, 带变动偏序结构的向量优化问题具有非常深刻的应用背景, 如何进一步研究带变动偏序结构的多目标优化问题的各类近似解, 甚至是各类统一解的定义及其性质, 推广已有的研究结果到近似解或统一解情形也非常有意义.

多目标优化问题的求解算法研究对应用多目标优化模型与方法解决大量实际问题具有重要意义. 早期求解多目标优化问题主要采用多目标基因算法、粒子群算法、模拟退火算法、差分进化算法等传统智能优化算法, 特别是多目标基因算法在近年来有很大发展[99-102]. 此外, 基于单目标优化问题求解算法思想, 通过研究可微或不可微、连续或非连续条件下多目标优化问题的解性质与结构特征, 国内外学者陆续提出了一系列求解多目标优化问题的新算法, 主要包括多目标拟牛顿算法[103]、割平面法[104]、最速下降法[105]、信赖域法[106]、松弛投影法[107]、广义逼近算法[108]、记忆梯度法[109]、BB 下降算法[110] 等, 进而建立了这些算法的收敛性结果. 注意到多目标优化问题的基因算法等传统智能优化算法的收敛性刻画很困难, 而基于单目标优化算法而发展的牛顿类算法等迭代算法目前还主要集中在算法收敛性分析等理论研究方面, 还很难解决具有大规模、非凸和非光滑等复杂特征和结构的具体问题.

标量化方法是研究多目标优化问题的基本方法之一, 它是指通过某种方式将多目标优化问题转化为单目标的标量化问题, 通过对标量化问题的研究并借助单目标优化问题和原问题之间的关系达到研究原多目标优化问题的一类重要方法. 多目标优化问题的标量化方法就是寻求特殊的函数 $g : \mathbb{R}^p \to \mathbb{R}$, 通过与多目标优化问题目标函数的复合, 将多目标优化问题转化为如下数值优化问题:

$$\min_{x \in D} \ (g \circ f)(x). \tag{2.3.1}$$

特别地, 在 (2.3.1) 中, 若 $g(y) = \langle \lambda, y \rangle$, 其中 $\lambda \in \mathbb{R}_+^p \backslash \{0\}$ 时, g 为线性函数, 此类标量化被称为线性标量化, 即为通常意义下的线性加权法:

$$\min_{x \in D} \ \sum_{i=1}^{p} \lambda_i f_i(x).$$

注意到线性标量化研究目前已有不少成果[111-120], 它一般需要借助于多目标优化模型中各个目标函数的凸性或某种类型的广义凸性假设, 建立相应的择一性定理, 进而获得各类解的线性标量化结果. 对于凸集 $D \subset \mathbb{R}^n$ 上的凸函数, 可直接利用凸集分离定理建立基于 Gordan 择一定理的结果. 凸函数条件下的经典择一性定理如下:

设 $f_i : D \to \mathbb{R} \ (i = 1, 2, \cdots, p)$ 是集合 D 上的凸函数, 则下面两组论断有且仅有一个成立.

(i) $f_i(x) < 0 \ (i = 1, 2, \cdots, p)$ 在 D 上有解;

(ii) 存在不全为 0 的数 $\lambda_i \geqslant 0$, $i = 1, 2, \cdots, p$, 使得

$$\sum_{i=1}^{p} \lambda_i f_i(x) \geqslant 0, \quad \forall x \in D.$$

众所周知, 当 $\lambda \in \mathbb{R}_+^p \setminus \{0\}$ 时, 线性标量化问题的最优解是 (MOP) 的弱有效解; 当 $\lambda \in \mathbb{R}_{++}^p$ 时, 其最优解是 (MOP) 的有效解, 但反之不一定成立. 在什么条件下, 多目标优化问题各种意义下的 (弱, 真) 有效解解集等于线性标量化问题的最优解集? 事实上, 当 $f_1(x), f_2(x), \cdots, f_p(x)$ 均为凸函数时可以建立多目标优化问题有效解、弱有效解、Geoffrion-真有效解的线性标量化结果. 具体来说,

假定 $\bar{x} \in D$, f 是定义在 D 上的凸映射. 则

(i) $\bar{x} \in D$ 是 (MOP) 的弱有效解当且仅当存在 $\lambda \in \mathbb{R}_+^p \setminus \{0\}$ 使得 $\bar{x} \in D$ 是线性标量化问题的最优解;

(ii) 若存在 $\lambda \in \mathbb{R}_+^p \setminus \{0\}$ 使得 $\bar{x} \in D$ 是线性标量化问题的严格最优解, 或存在 $\lambda \in \mathbb{R}_{++}^p$ 使得 $\bar{x} \in D$ 是线性标量化问题的最优解, 则 $\bar{x} \in D$ 是 (MOP) 的有效解;

(iii) 若 $\bar{x} \in D$, f 是定义在 D 上的凸函数, 则 $\bar{x} \in D$ 是 (MOP) 的 Geoffrion-真有效解当且仅当存在 $\lambda \in \mathbb{R}_{++}^p$ 使得 $\bar{x} \in D$ 是线性多目标优化问题的最优解.

Yang 等[112,117] 提出了目标函数的广义 K-次似凸和邻近 K-次似凸, 这两类广义凸性目前依然是国际上最弱的广义凸性假设之一.

令 K 是 $\mathbb{R}^p$ 中的闭凸锥. 称映射 $f : D \subset \mathbb{R}^n \to \mathbb{R}^p$ 是广义 K-次似凸的, 若存在 $u \in \text{int}K$, 任意的 $x_1, x_2 \in D$, $\alpha \in [0,1]$, $\epsilon > 0$, 存在 $x_3 \in D$, $\rho > 0$ 使得

$$\epsilon u + \alpha f(x_1) + (1 - \alpha)f(x_2) \in \rho f(x_3) + K.$$

令 K 是 $\mathbb{R}^p$ 中的闭凸锥. 称映射 $f : D \subset \mathbb{R}^n \to \mathbb{R}^p$ 是邻近 K-次似凸的, 若 $\text{cl\,cone}(f(D) + K)$ 是凸集.

进而在此广义凸性条件下建立了相应的择一性定理, 获得了多目标优化问题弱有效解的线性标量化结果:

假定 f 在 D 上是邻近 K-次似凸 (广义 K-次似凸), 则下面两组论断有且仅有一个成立.

(i) $f(D) \cap -\text{int}K \neq \varnothing$;

(ii) 存在 $k^* \in K^+ \setminus \{0\}$ 使得 $\langle k^*, y \rangle \geqslant 0$, $\forall y \in f(D)$, 其中

$$K^+ = \{k^* \in \mathbb{R}^n \mid \langle k^*, k \rangle \geqslant 0, \forall k \in K\}.$$

假定 $\bar{x} \in D$, $f - f(\bar{x})$ 在 D 上是邻近 K-次似凸映射. 则 $\bar{x} \in D$ 是 (MOP) 的弱有效解当且仅当存在 $\varphi \in K^+ \setminus \{0\}$ 使得 $\bar{x} \in D$ 是线性标量化问题的最优解.

假定 $\bar{x} \in D$, f 在 D 上是邻近 K-次似凸映射. 则 $\bar{x} \in D$ 是 (MOP) 的 Benson 真有效解当且仅当存在 $\varphi \in K^{+i}$ 使得 $\bar{x} \in D$ 是线性标量化问题的最优解, 其中

$$K^{+i} = \{k^* \in \mathbb{R}^n \mid \langle k^*, k \rangle > 0, \forall k \in K \setminus \{0\}\}.$$

尽管目前关于多目标优化问题的线性标量化的研究已有不少成果, 但还有大量基础性的问题有待进一步研究. 例如, 提出新的更广的广义凸性, 研究其基本性质, 建立相应的择一性定理, 进而在更一般的条件下获得多目标优化问题各类解的线性标量化性质; 利用机器学习中深度学习方法和强化学习方法等对标量化模型参数进行学习, 特别是大数据环境下标量化模型的参数学习, 并应用于解决实际问题.

因为多目标优化问题的线性标量化方法一般需要目标与约束函数具有适当的凸性或广义凸性才能建立漂亮的线性标量化结果, 而在实际中目标函数的凸性或广义凸性一般是不容易满足的, 所以一些学者相继提出了多目标优化问题的各种非线性标量化方法, 即 $g : \mathbb{R}^p \to \mathbb{R}$ 是非线性函数. 多目标优化问题的非线性标量化研究主要是在目标函数与约束函数无任何凸性假设下建立多目标优化问题各类解的一些非线性标量化结果. 显然, g 取满足不同性质特征的函数形式, 则意味着多目标优化问题的各类不同的非线性标量化方法. 多目标优化问题的非线性标量化主要包括基于距离函数的 Delta 型非线性标量化[121]、基于闵可夫斯基泛函的 Gerstewitz 型非线性标量化[38]、基于范数的 Tchebycheff 型非线性标量化[122] 和其他一些非线性标量化[123-130] 等.

本书将重点阐述多目标优化问题各类精确与近似解的 Delta 型非线性标量化、Gerstewitz 型非线性标量化、Tchebycheff 型非线性标量化及其相应的标量化结果. 本书第 4 章至第 6 章将对多目标优化问题的 Delta 型非线性标量化、Gerstewitz 型非线性标量化和 Tchebycheff 型非线性标量化方法进行介绍. 当然, 由于 Delta 型和 Gerstewitz 型非线性标量化函数一般不具有可微性, 这导致在设计基于这些标量化方法的多目标优化问题的求解算法时面临挑战. 因此, 如何提出新的具有可微性的非线性标量化函数, 研究其性质并建立各类解的非线性标量化结果, 进而设计新的高效求解算法可能是未来研究的重点之一.

第 3 章　多目标优化的最优性理论

多目标优化问题的 Kuhn-Tucker 最优性条件主要包括 Kuhn-Tucker 最优性必要条件与 Kuhn-Tucker 最优性充分条件两个方面. Kuhn-Tucker 最优性必要条件一般包括弱 Kuhn-Tucker 最优性必要条件 (即至少存在一个目标函数相应的拉格朗日乘子是正的) 与强 Kuhn-Tucker 最优性必要条件 (即每一个目标函数对应的拉格朗日乘子都是正的). 通常情况下, 建立多目标优化问题的 (弱) 强 Kuhn-Tucker 最优性必要条件需要一些假设条件, 这些条件一般称为约束品性或正则性条件. 2012 年, Burachik 和 Rizvi[139] 利用切锥提出了两类新的正则性条件, 并建立了带不等式约束的可微多目标优化问题有效解的弱 Kuhn-Tucker 最优性必要条件和 Geoffrion-真有效解的强 Kuhn-Tucker 最优性必要条件, 其他相关研究可参考文献 [140]~[149]. 本章首先介绍 Maeda[150] 于 1994 年利用切锥首次提出的广义 Guignard 约束品性和可微多目标优化问题的 Kuhn-Tucker 最优性必要条件, 并在 η-伪线性假设条件下研究了可微多目标优化问题有效解的一些充要条件. 进一步, 利用 Clarke 次微分和 Mordukhovich 次微分等工具推广 Burachik 和 Rizvi 提出的正则性条件到非光滑情形, 建立几类非光滑多目标优化问题的最优性必要条件. 最后, 本章也介绍了集合列收敛意义下 E-弱有效解集的一些稳定性结果.

3.1　可微多目标优化的最优性条件

3.1.1　可微情形下的 Fritz-John 最优性必要条件[35]

考虑如下多目标优化问题:

$$\text{(MOP)}\quad \min\quad (f_1(x), f_2(x), \cdots, f_p(x))$$

$$\text{s.t.}\quad \begin{cases} g_j(x) \leqslant 0, & j = 1, \cdots, m, \\ h_k(x) = 0, & k = 1, \cdots, l, \end{cases}$$

其中 $f_i : \Omega \subset \mathbb{R}^n \to \mathbb{R}$, $g_j, h_k : \Omega \subset \mathbb{R}^n \to \mathbb{R}$, $x \in \Omega \subset \mathbb{R}^n$.

定理 3.1.1　假定 $f(x), g(x)$ 和 $h(x)$ 在 $\bar{x} \in \mathbb{R}^n$ 处可微. 若 $\bar{x} \in D$ 是 (MOP) 的有效解或弱有效解, 则存在 $\bar{\lambda} \in \mathbb{R}^p$, $\bar{u} \in \mathbb{R}^m$, $\bar{v} \in \mathbb{R}^l$, 使得

$$\begin{cases} \bar{\lambda}^{\mathrm{T}}\nabla f(\bar{x}) + \bar{u}^{\mathrm{T}}\nabla g(\bar{x}) + \bar{v}^{\mathrm{T}}\nabla h(\bar{x}) = 0, \\ \bar{u}^{\mathrm{T}}\nabla g(\bar{x}) = 0, \\ \bar{\lambda} \geqq 0, \quad \bar{u} \geqq 0, \quad (\bar{\lambda}, \bar{u}, \bar{v}) \neq 0. \end{cases} \tag{3.1.1}$$

证明　记

$$I = \{1, 2, \cdots, m\},$$

$$I(\bar{x}) = \{i | g_i(\bar{x}) = 0, i \in I\},$$

$$D = \{x \in \mathbb{R}^p | g_i(x) < 0, i \in I \backslash I(\bar{x})\}.$$

显然, 下面的方程组在 D 上有解 $\bar{x}$:

$$\begin{cases} f_i(x) - f_i(\bar{x}) = 0, & i = 1, 2, \cdots, p, \\ g_j(x) = 0, & j \in I(\bar{x}), \\ h_k(x) = 0, & k = 1, 2, \cdots, l. \end{cases} \tag{3.1.2}$$

因为 $\bar{x}$ 是 (MOP) 的有效解或弱有效解, 故下面的不等式组在 D 上无解:

$$\begin{cases} f_i(x) - f_i(\bar{x}) < 0, & i = 1, 2, \cdots, p, \\ g_j(x) < 0, & j \in I(\bar{x}), \\ h_k(x) = 0, & k = 1, 2, \cdots, l. \end{cases} \tag{3.1.3}$$

(i) 若 $\nabla h_k(\bar{x})$ $(k = 1, 2, \cdots, l)$ 线性相关, 则必存在 l 个不全为 0 的实数 $\bar{v}_1, \bar{v}_2, \cdots, \bar{v}_l$ 使得

$$\sum_{k=1}^{l} \bar{v}_k \nabla h_k(\bar{x}) = 0.$$

取 $\bar{\lambda} = 0, \bar{u} = 0, \bar{v} = (\bar{v}_1, \bar{v}_2, \cdots, \bar{v}_l)^{\mathrm{T}}$. 显然 $\bar{\lambda}, \bar{u}, \bar{v}$ 满足 (3.1.1).

(ii) 若 $\nabla h_k(\bar{x})$ $(k = 1, 2, \cdots, l)$ 线性无关, 则由 (3.1.2) 及 (3.1.3) 以及文献 [35] 中第七章第三节的定理 15 可知, 下面的不等式在 $\mathbb{R}^p$ 上无解:

$$\begin{cases} y^{\mathrm{T}}\nabla f_i(\bar{x}) < 0, & i = 1, 2, \cdots, p, \\ y^{\mathrm{T}}\nabla g_j(\bar{x}) < 0, & j \in I(\bar{x}), \\ y^{\mathrm{T}}\nabla h_k(\bar{x}) = 0, & k = 1, 2, \cdots, l. \end{cases}$$

记

$$A = (\nabla f_1(\bar{x}), \nabla f_2(\bar{x}), \cdots, \nabla f_p(\bar{x}), \nabla g_{I(\bar{x})}(\bar{x})),$$

$$B = 0,$$

$$C = (\nabla h_1(\bar{x}), \nabla h_2(\bar{x}), \cdots, \nabla h_s(\bar{x})),$$

由文献 [35] 中第七章第三节的定理 14 可知, 存在 $\bar{\lambda}_i \geqslant 0 (i = 1, 2, \cdots, p)$, $\bar{u}_j \geqslant 0 (j \in I(\bar{x}))$ 且 $\bar{\lambda}_i$ 与 $\bar{u}_j$ 不全为 0, 以及 $\bar{v}_k (k = 1, 2, \cdots, l)$ 使得

$$\sum_{i=1}^{p} \bar{\lambda}_i \nabla f_i(\bar{x}) + \sum_{j \in I(\bar{x})} \bar{u}_j \nabla g_j(\bar{x}) + \sum_{k=1}^{l} \bar{v}_k \nabla g_k(\bar{x}) = 0.$$

当 $j \in I \backslash I(\bar{x})$ 时, 取 $\bar{u}_j = 0$. 令

$$\bar{\lambda} = (\bar{\lambda}_1, \bar{\lambda}_2, \cdots, \bar{\lambda}_p)^{\mathrm{T}}, \quad \bar{u} = (\bar{u}_1, \bar{u}_2, \cdots, \bar{u}_m)^{\mathrm{T}}, \quad \bar{v} = (\bar{v}_1, \bar{v}_2, \cdots, \bar{v}_l)^{\mathrm{T}}.$$

则有

$$\bar{\lambda}^{\mathrm{T}} \nabla f(\bar{x}) + \bar{u}^{\mathrm{T}} \nabla g(\bar{x}) + \bar{v}^{\mathrm{T}} \nabla h(\bar{x}) = 0,$$

故 $\bar{\lambda}, \bar{u}, \bar{v}$ 满足 (3.1.1). □

上面的 Fritz-John 必要条件中的 $\bar{\lambda} \geqq 0$ 有可能出现 $\bar{\lambda} = 0$ 的情况. 但若附加某种约束品性或正则性条件, 则可保证 $\bar{\lambda} > 0$ 或 $\bar{\lambda} \geqslant 0$, 这就是多目标优化问题的 Kuhn-Tucker 最优性必要条件.

3.1.2 可微情形下的最优性必要条件[150]

考虑如下多目标优化问题:

$$(\text{MOP}) \quad \min \quad f(x) = (f_1(x), f_2(x), \cdots, f_p(x))$$

$$\text{s.t.} \quad g_j(x) \leqslant 0, \quad j = 1, 2, \cdots, m.$$

记 $D = \{x \in \mathbb{R}^n \mid g(x) \leqslant 0\}$ 且

$$f : \mathbb{R}^n \to \mathbb{R}^p, f(x) = (f_1(x), f_2(x), \cdots, f_l(x)),$$

$$g : \mathbb{R}^n \to \mathbb{R}^m, g(x) = (g_1(x), g_2(x), \cdots, g_m(x)).$$

假定 $f_i, i = 1, 2, \cdots, p$ 和 $g_j, j = 1, 2, \cdots, m$ 为实值连续可微函数. 令 $x^0 \in D$ 为 (MOP) 的可行解, $I(x^0)$ 为下标子集且

$$I(x^0) = \left\{ j \in \{1, 2, \cdots, m\} \mid g_j(x^0) = 0 \right\}.$$

对于每个 $i = 1, 2, \cdots, p$, 定义非空集合 Q^i 和 Q 为

$$Q^i = \left\{ x \in \mathbb{R}^n \mid g(x) \leqq 0, f_k(x) \leqslant f_k(x^0), k = 1, 2, \cdots, p \text{ 和 } k \neq i \right\},$$

$$Q = \left\{ x \in \mathbb{R}^n \mid g(x) \leqq 0, f(x) \leqq f(x^0) \right\}.$$

当 $p = 1$ 时, 记 $Q^i = D$. 下面给出集合 Q 的线性化锥的定义.

定义 3.1.1 集合 Q 在 $x^0 \in Q$ 的线性化锥定义为

$$C(Q; x^0) = \left\{ h \in \mathbb{R}^n \mid \langle \nabla f_i(x^0), h \rangle \leqslant 0, i = 1, 2, \cdots, p, \right.$$

$$\left. \langle \nabla g_j(x^0), h \rangle \leqslant 0, j \in I(x^0) \right\}.$$

显然, 集合 Q 在 $x^0 \in Q$ 的线性化锥 $C(Q; x^0)$ 是 $\mathbb{R}^n$ 中的非空闭凸锥且与切锥 $T(Q^i; x^0)$ 具有密切关系, 其中

$$T(Q^i; x^0) = \left\{ h \in \mathbb{R}^n \mid h = \lim_{n \to \infty} t_n(x^n - x^0), \right.$$

$$\left. x^n \in Q^i, \lim_{n \to \infty} x^n = x^0, t_n > 0, \forall n = 1, 2, \cdots \right\}.$$

引理 3.1.1 假定 $x^0 \in D$ 是 (MOP) 的可行解. 则

$$\bigcap_{i=1}^{p} \operatorname{cl} \operatorname{conv} T(Q^i; x^0) \subset C(Q; x^0),$$

其中 $\operatorname{conv} T(Q^i; x^0)$ 表示 $T(Q^i; x^0)$ 的凸包.

证明 首先证明对任意的 $i = 1, 2, \cdots, p$, $T(Q^i; x^0) \subset C(Q^i; x^0)$, 其中

$$C(Q^i; x^0) = \left\{ h \in \mathbb{R}^n \mid \langle \nabla f_k(x^0), h \rangle \leqslant 0, k = 1, 2, \cdots, p, k \neq i, \right.$$

$$\left. \langle \nabla g_j(x^0), h \rangle \leqslant 0, j \in I(x^0) \right\}.$$

对任意固定的 $i = 1, 2, \cdots, p$, 令 $d \in \mathbb{R}^n$ 是 $T(Q^i; x^0)$ 中的任意元素. 则存在序列 $\{x^n\}_{n=1}^{\infty} \subset Q^i$ 和 $\{t_n\}_{n=1}^{\infty} \subset \mathbb{R}$, 其中 $t_n > 0$, 对所有的 n 有

$$\lim_{n \to \infty} x^n = x^0, \quad \lim_{n \to \infty} t_n(x^n - x^0) = d.$$

令 $d^n = t_n(x^n - x^0)$. 则对所有的 n,

$$g_j(x^n) = g_j\left(x^0 + \left(\frac{1}{t_n}\right) d^n\right) \leqslant 0 = g_j(x^0), \quad j \in I(x^0) \tag{3.1.4}$$

且

$$f_k\left(x^0 + \left(\frac{1}{t_n}\right) d^n\right) \leqslant f_k(x^0), \quad k = 1, 2, \cdots, p, k \neq i. \tag{3.1.5}$$

进而由 (3.1.4) 和 (3.1.5) 可知

$$\langle \nabla g_j(x^0), d \rangle \leqslant 0, \quad j \in I(x^0),$$

$$\langle \nabla f_k(x^0), d \rangle \leqslant 0, \quad k = 1, 2, \cdots, p, k \neq i.$$

这表明

$$T(Q^i; x^0) \subset C(Q^i; x^0).$$

因 $C(Q^i; x^0)$ 是闭凸锥且 i 是任意的, 从而有

$$\bigcap_{i=1}^{l} \mathrm{cl\ conv\ } T(Q^i; x^0) \subset \bigcap_{i=1}^{l} C(Q^i; x^0) = C(Q; x^0). \qquad \square$$

注意到引理 3.1.1 中的反包含关系不一定成立. 因此, 为了建立 (MOP) 有效解的最优性必要条件, 可引入如下假设条件:

$$C(Q; x^0) \subset \bigcap_{i=1}^{p} \mathrm{cl\ conv\ } T(Q^i; x^0) \qquad (3.1.6)$$

在 $x^0 \in D$ 处成立. (3.1.6) 可看作是 [151] 中提出的 Guignard 约束条件的推广. 将 (3.1.6) 称为广义 Guignard 约束品性, 并用 (GGCQ) 表示.

下面利用 (GGCQ) 给出 (MOP) 有效解的最优性必要条件.

定理 3.1.2 假定 $x^0 \in D$ 是 (MOP) 的可行解且 (GGCQ) 在 $x^0 \in D$ 处成立, 即

$$C(Q; x^0) \subset \bigcap_{i=1}^{p} \mathrm{cl\ conv} T(Q^i; x^0).$$

如果 $x^0 \in D$ 是 (MOP) 的有效解, 则下面的系统无解, 其中 $d \in \mathbb{R}^n$:

$$\begin{cases} \langle \nabla f_i(x^0), d \rangle \leqslant 0, & i = 1, 2, \cdots, p, \\ \langle \nabla f_i(x^0), d \rangle < 0, & \text{至少一个 } i, \\ \langle \nabla g_j(x^0), d \rangle \leqslant 0, & j \in I(x^0). \end{cases} \qquad (3.1.7)$$

证明 假定存在 $d \in \mathbb{R}^n$ 满足 (3.1.7). 则 $d \in C(Q; x^0)$. 不失一般性, 可假定

$$\langle \nabla f_1(x^0), d \rangle < 0,$$

$$\langle \nabla f_i(x^0), d \rangle \leqslant 0, \quad i = 2, 3, \cdots, p.$$

由假设可知

$$d \in \mathrm{cl\ conv} T(Q^1; x^0).$$

故存在序列 $\{d_m\}_{m=1}^{\infty} \subset \mathrm{conv} T(Q^1; x^0)$ 满足 $\lim\limits_{m \to \infty} d_m = d$. 对序列 d_m, $m = 1, 2, \cdots$, 存在 K_m, $\lambda_{mk} \geqslant 0$, $d_{mk} \in T(Q^1; x^0)$, $k = 1, 2, \cdots, K_m$ 满足

$$\sum_{k=1}^{K_m} \lambda_{mk} = 1, \quad \sum_{k=1}^{K_m} \lambda_{mk} d_{mk} = d_m.$$

对任意的 $m = 1, 2, \cdots$ 和 $k = 1, 2, \cdots, K_m$, 因 $d_{mk} \in T(Q^1; x^0)$, 故存在序列 $\{x_{mk}^n\}_{n=1}^{\infty} \subset Q^1$ 和 $\{t_{mk}^n\}_{n=1}^{\infty} \subset \mathbb{R}$ 且 $t_{mk}^n > 0$ 满足

$$\lim_{n \to \infty} x_{mk}^n = x^0, \quad \lim_{n \to \infty} t_{mk}^n (x_{mk}^n - x^0) = d_{mk}.$$

令 $d_{mk}^n = t_{mk}^n (x_{mk}^n - x^0)$. 则对任意的 n,

$$f_i(x_{mk}^n) = f_i(x^0 + (1/t_{mk}^n) d_{mk}^n) \leqslant f_i(x^0), \quad i = 2, 3, \cdots, p,$$

$$g_j(x_{mk}^n) = g_j(x^0 + (1/t_{mk}^n) d_{mk}^n) \leqslant 0, \quad j \in I(x^0).$$

另一方面, 因为 $x^0 \in D$ 是 (MOP) 的有效解, 所以对任意的 n,

$$f_1(x_{mk}^n) = f_1(x^0 + (1/t_{mk}^n) d_{mk}^n) \geqslant f_1(x^0).$$

因此,

$$\langle \nabla f_1(x^0), d_{mk} \rangle \geqslant 0,$$

$$\langle \nabla f_i(x^0), d_{mk} \rangle \leqslant 0, \quad i = 2, 3, \cdots, p,$$

$$\langle \nabla g_j(x^0), d_{mk} \rangle \leqslant 0, \quad j \in I(x^0).$$

从而由内积的线性性和连续性可知

$$\langle \nabla f_1(x^0), d \rangle \geqslant 0,$$

$$\langle \nabla f_i(x^0), d \rangle \leqslant 0, \quad i = 2, 3, \cdots, p,$$

$$\langle \nabla g_j(x^0), d \rangle \leqslant 0, \quad j \in I(x^0),$$

这与假设矛盾. $\hspace{8cm}\square$

注 3.1.1 注意到如果不存在 $d \in \mathbb{R}^n$ 使得系统 (3.1.7) 成立, 则 $x^0 \in D$ 为 (MOP) 的 K-T 真有效解. K-T 真有效解由 Kuhn 和 Tucker 提出. 因此, 如果 (GGCQ) 在 $x^0 \in D$ 成立, 则 (MOP) 的所有有效解都是 K-T 真有效解.

根据定理 3.1.2 可建立 (MOP) 有效解的最优性必要条件.

定理 3.1.3 假定 $x^0 \in D$ 是 (MOP) 的可行解且 (GGCQ) 在 $x^0 \in D$ 处成立. 若 $x^0 \in D$ 是 (MOP) 的有效解, 则存在 $\lambda \in \mathbb{R}^p$ 和 $\mu \in \mathbb{R}^m$ 满足

$$\sum_{i=1}^{p} \lambda_i \nabla f_i(x^0) + \sum_{j=1}^{m} \mu_j \nabla g_j(x^0) = 0,$$

$$\langle \mu, g(x^0) \rangle = 0,$$

$$\lambda > 0, \quad \mu \geqq 0.$$

证明 令 $x^0 \in D$ 是 (MOP) 的有效解. 则由定理 3.1.2 可知, 下面的系统无解, $d \in \mathbb{R}^n$:

$$\begin{cases} \langle \nabla f_i(x^0), d \rangle \leqslant 0, & i = 1, 2, \cdots, p, \\ \langle \nabla f_i(x^0), d \rangle < 0, & \text{至少一个 } i, \\ \langle \nabla g_j(x^0), d \rangle \leqslant 0, & j \in I(x^0). \end{cases}$$

由文献 [152] 中的 Tucker 定理可知, 存在 $\lambda > 0, \lambda \in \mathbb{R}^p$, $\mu_j \geqslant 0, j \in I(x^0)$ 满足

$$\sum_{i=1}^{p} \lambda_i \nabla f_i(x^0) + \sum_{j \in I(x^0)} \mu_j \nabla g_j(x^0) = 0.$$

令 $\mu_j = 0, j \notin I(x^0)$, 则

$$\sum_{i=1}^{p} \lambda_i \nabla f_i(x^0) + \sum_{j=1}^{m} \mu_j \nabla g_j(x^0) = 0,$$

$$\lambda > 0, \quad \mu = (\mu_1, \mu_2, \cdots, \mu_m) \geqslant 0.$$

此外, 由 $g_j(x^0) = 0, j \in I(x^0)$ 可知

$$\mu_j g_j(x^0) = 0, \quad j = 1, 2, \cdots, m.$$

这表明 $\langle \mu, g(x^0) \rangle = 0$. □

推论 3.1.1 假定 $x^0 \in D$ 是 (MOP) 的可行解且 $C(Q; x^0) = \{0\}$. 若 $x^0 \in D$ 是 (MOP) 的有效解, 则存在 $\lambda \in \mathbb{R}^p$ 和 $\mu \in \mathbb{R}^m$ 满足

$$\sum_{i=1}^{p} \lambda_i \nabla f_i(x^0) + \sum_{j=1}^{m} \mu_j \nabla g_j(x^0) = 0,$$

$$\langle \mu, g(x^0) \rangle = 0,$$

$$\lambda > 0, \quad \mu \geqq 0.$$

注 3.1.2 若 (GGCQ) 不成立, 则定理 3.1.3 不一定成立.

例 3.1.1 考虑如下多目标优化问题:

$$\min \quad f(x) = (x, -x^3)$$
$$\text{s.t.} \quad x \in \mathbb{R}.$$

显然, 其所有可行解都是有效解. 对任何不为零的 $x^0 \in \mathbb{R}$, $C(Q; x^0) = \{0\}$. 因此, 根据推论 3.1.1 可知, 拉格朗日乘子 λ_1 和 λ_2 必须为正. 事实上, 对任何不全为零的拉格朗日乘子 $\lambda_1 \geqslant 0$ 和 $\lambda_2 \geqslant 0$,

$$0 = \lambda_1 \nabla f_1(x^0) + \lambda_2 \nabla f_2(x^0) = \lambda_1 - 3(x^0)^2 \lambda_2,$$

其中

$$f_1(x) = x, \quad f_2(x) = -x^3.$$

因此, $\lambda_1 = 0$ 意味着 $\lambda_2 = 0$, 反之亦然. 故有 $\lambda_1 > 0$ 和 $\lambda_2 > 0$. 另一方面, 对于原点有

$$C(Q; 0) = \{x \in \mathbb{R} | x \leqslant 0\},$$
$$T(Q^1; 0) = \{x \in \mathbb{R} | x \geqslant 0\},$$
$$T(Q^2; 0) = \{x \in \mathbb{R} | x \leqslant 0\}.$$

因此, 条件 (GGCQ) 在原点不成立, 此时有

$$0 = \lambda_1 \nabla f_1(0) + \lambda_2 \nabla f_2(0) = \lambda_1.$$

注 3.1.3 (GGCQ) 只是存在正拉格朗日乘子的充分条件而非必要条件.

例 3.1.2 考虑如下多目标优化问题:

$$\min \quad f(x) = (-x^3, x^3)$$
$$\text{s.t.} \quad x \in \mathbb{R}.$$

显然, 其所有可行解都是有效解. 对原点 $x = 0$, 有

$$C(Q; 0) = \mathbb{R},$$
$$T(Q^1; 0) = \{x \in \mathbb{R} | x \leq 0\},$$
$$T(Q^2; 0) = \{x \in \mathbb{R} | x \geq 0\}.$$

因此, (GGCQ) 在原点不成立. 但对任何 $\lambda_1 > 0$ 和 $\lambda_2 > 0$,

$$\lambda_1 \nabla f_1(0) + \lambda_2 \nabla f_2(0) = \lambda_1(-3(0)^2) + \lambda_2(3(0)^2) = 0,$$

其中 $f_1(x) = -x^3, f_2(x) = x^3$.

下面给出 (GGCQ) 成立的一些充分条件.

Abadie 约束品性 (ACQ):

$$C(Q; x^0) \subset T(Q; x^0).$$

广义 Abadie 约束品性 (GACQ):

$$C(Q; x^0) \subset \bigcap_{i=1}^{p} T(Q^i; x^0).$$

Cottle 型约束品性 (CCQ):

对每个 $i = 1, 2, \cdots, p$, 下面的系统有解, $d \in \mathbb{R}^n$:

$$\begin{cases} \langle \nabla f_k(x^0), d \rangle < 0, & k = 1, 2, \cdots, p, k \neq i, \\ \langle \nabla g_j(x^0), d \rangle < 0, & j \in I(x^0). \end{cases}$$

Slater 型约束品性 (SCQ):

$f_i(i = 1, 2, \cdots, p)$ 和 $g_j(j = 1, 2, \cdots, m)$ 是定义在 $\mathbb{R}^n$ 上的凸函数且对任意的 $i = 1, 2, \cdots, p$, 下面的系统有解, $d \in \mathbb{R}^n$:

$$\begin{cases} f_k(x) < f_k(x^0), & k = 1, 2, \cdots, p, k \neq i, \\ g_j(x) < 0, & j = 1, 2, \cdots, m. \end{cases}$$

线性约束品性 (LCQ): $f_i(i = 1, 2, \cdots, p)$ 和 $g_j(j \in I(x^0))$ 都是线性的.

线性目标约束品性 (LOCQ):

$f_i(i = 1, 2, \cdots, p)$ 都是线性的且下面的系统有解, $d \in \mathbb{R}^n$:

$$\begin{cases} \langle \nabla f_i(x^0), d \rangle \leqslant 0, & i = 1, 2, \cdots, p, \\ \langle \nabla g_j(x^0), d \rangle < 0, & j \in I(x^0). \end{cases}$$

Mangasarian-Fromovitz 约束品性 (MFCQ):

$\nabla f_i(i = 1, 2, \cdots, p)$ 线性无关且下面的系统有解, $d \in \mathbb{R}^n$:

$$\begin{cases} \langle \nabla f_i(x^0), d \rangle = 0, & i = 1, 2, \cdots, p, \\ \langle \nabla g_j(x^0), d \rangle < 0, & j \in I(x^0). \end{cases} \tag{3.1.8}$$

根据定义可知, 如果 (ACQ) 在 $x^0 \in D$ 成立, 则 (GACQ) 在 $x^0 \in D$ 成立. 如果 (GACQ) 在 $x^0 \in D$ 成立, 则 (GGCQ) 在 $x^0 \in D$ 成立.

引理 3.1.2　假定 $x^0 \in D$ 是 (MOP) 的可行解且 (LCQ) 在 $x^0 \in D$ 成立. 则 (ACQ) 在 $x^0 \in D$ 成立.

证明　令 $d \in \mathbb{R}^n$ 是 $C(Q; x^0)$ 中的任一元素. 则

$$\langle \nabla f_i(x^0), d \rangle \leqslant 0, \quad i = 1, 2, \cdots, p, \tag{3.1.9}$$

$$\langle \nabla g_j(x^0), d \rangle \leqslant 0, \quad j \in I(x^0). \tag{3.1.10}$$

对任意收敛于 0 的正序列 $\{t_n\}_{n=1}^{\infty}$, 令 $\{x^n\}_{n=1}^{\infty}$ 满足

$$x^n = x^0 + t_n d, \quad n = 1, 2, \cdots.$$

显然, $\{x^n\}_{n=1}^{\infty}$ 收敛于 x^0. 因为 $f_i(i = 1, 2, \cdots, p)$ 和 $g_j(j \in I(x^0))$ 是线性的, 所以由 (3.1.9) 和 (3.1.10) 可得

$$f_i(x^n) = f_i(x^0 + t_n d) = f_i(x^0) + t_n \langle \nabla f_i(x^0), d \rangle \leqslant f_i(x^0),$$

$$g_j(x^n) = g_j(x^0 + t_n d) = g_j(x^0) + t_n \langle \nabla g_j(x^0), d \rangle \leqslant g_j(x^0) = 0.$$

由 $g_j(j \notin I(x^0))$ 的连续性可知, 对充分大的 n, $g_j(x^n) < 0$. 这表明对充分大的 n, $x^n \in Q$. 故可不妨假设, 对任意的 n, $x^n \in Q$. 令 $\{\mu_n\}_{n=1}^{\infty}$ 满足

$$\mu_n = \frac{1}{t_n}, \quad n = 1, 2, \cdots.$$

则 $\{\mu_n\}_{n=1}^{\infty}$ 是正序列且

$$\lim_{n \to \infty} \mu_n(x^n - x^0) = d,$$

这表明 $d \in T(Q; x^0)$. □

引理 3.1.3　假定 $x^0 \in D$ 是 (MOP) 的可行解且 (LOCQ) 在 $x^0 \in D$ 成立. 则 (ACQ) 在 $x^0 \in D$ 成立.

证明　假定下面的系统有解, $\bar{d} \in \mathbb{R}^n$:

$$\begin{cases} \langle \nabla f_i(x^0), d \rangle \leqslant 0, & i = 1, 2, \cdots, p, \\ \langle \nabla g_j(x^0), d \rangle < 0, & j \in I(x^0). \end{cases}$$

令 $d \in \mathbb{R}^n$ 且 $d \in C(Q; x^0)$. 对任一收敛于 0 的正序列 $\{t_n\}_{n=1}^{\infty}$, 令 $\{d^n\}_{n=1}^{\infty}$ 满足 $d^n = d + t_n \bar{d}$. 则 $\{d^n\}_{n=1}^{\infty}$ 收敛于 d 且对任意的 n,

$$\langle \nabla f_i(x^0), d^n \rangle \leqslant 0, \quad i = 1, 2, \cdots, p,$$

$$\langle \nabla g_j(x^0), d^n \rangle < 0, \quad j \in I(x^0). \tag{3.1.11}$$

此外, 令 $\{x^{nk}\}_{k=1}^{\infty}$ 满足

$$x^{nk} = x^0 + \mu_{nk} d^n,$$

其中 $\{\mu_{nk}\}_{k=1}^{\infty}$ 是任一收敛于 0 的正序列. 显然, $\{x^{nk}\}_{k=1}^{\infty}$ 收敛于 x^0. 因为 $f_i(i = 1, 2, \cdots, p)$ 是线性的, 所以

$$f_i(x^{nk}) = f_i(x^0 + \mu_{nk} d^n) = f_i(x^0) + \mu_{nk}\langle \nabla f_i(x^0), d^n \rangle \leqslant f_i(x^0).$$

另一方面, 对任意的 $j \in I(x^0)$, 由 (3.1.11) 可知, 当 k 充分大时,

$$g_j(x^{nk}) = g_j(x^0 + \mu_{nk} d^n) = g_j(x^0) + \mu_{nk}\langle \nabla g_j(x^0), d^n \rangle + o(|\mu_{nk}|) < g_j(x^0),$$

其中 $\lim\limits_{k \to \infty} o(|\mu_{nk}|)/|\mu_{nk}| = 0$. 由 $g_j(j \notin I(x^0))$ 的连续性可得, 对充分大的 k,

$$g_j(x^{nk}) < 0.$$

这表明对充分大的 k, $x^{nk} \in Q$. 故不妨假设对任意的 k, $x^{nk} \in Q$. 从而有

$$\lim_{k \to \infty} (1/\mu_{nk})(x^{nk} - x^0) = d^n,$$

这表明 $d^n \in T(Q; x^0)$. 因 $T(Q; x^0)$ 是闭的, 所以 $d \in T(Q; x^0)$. $\qquad\square$

引理 3.1.4 设 $x^0 \in D$ 是 (MOP) 的可行解. 如果 (MFCQ) 在 $x^0 \in D$ 成立, 则 (CCQ) 在 $x^0 \in D$ 成立.

证明 假定 (CCQ) 在 $x^0 \in D$ 不成立. 则存在 $i \in \{1, 2, \cdots, p\}$ 使得如下系统无解, 即不存在 $d \in \mathbb{R}^n$ 使得如下系统成立:

$$\begin{cases} \langle \nabla f_k(x^0), d \rangle < 0, & k = 1, 2, \cdots, p, k \neq i, \\ \langle \nabla g_j(x^0), d \rangle < 0, & j \in I(x^0). \end{cases}$$

由 Gordon 定理[152] 可知, 存在不全为 0 的实数 $\lambda_k \geqslant 0$, $k = 1, 2, \cdots, p$ 且 $k \neq i$, $\mu_j \geqslant 0, j \in I(x^0)$ 使得

$$\sum_{\substack{k=1 \\ k \neq i}}^{p} \lambda_k \nabla f_k(x^0) + \sum_{j \in I(x^0)} \mu_j \nabla g_j(x^0) = 0. \tag{3.1.12}$$

由 (3.1.12) 可知, 对任意使得 (3.1.8) 成立的 $\bar{d} \in \mathbb{R}^n$,

$$\sum_{j \in I(x^0)} \mu_j \langle \nabla g_j(x^0), \bar{d} \rangle = 0.$$

再由 (3.1.8) 可得 $\mu_j = 0, j \in I(x^0)$. 因此, 由 (3.1.12) 有

$$\sum_{\substack{k=1 \\ k \neq i}}^{p} \lambda_k \nabla f_k(x^0) = 0.$$

因为 $\nabla f_k(x^0), k = 1, 2, \cdots, p$ 是线性无关的, 所以

$$\lambda_k = 0, \quad k = 1, 2, \cdots, p, k \neq i.$$

产生矛盾.　　　　　　　　　　　　　　　　　　　　　　　　　　　　　□

引理 3.1.5　假定 $x^0 \in D$ 是 (MOP) 的可行解且 (SCQ) 在 $x^0 \in D$ 成立. 则 (CCQ) 在 $x^0 \in D$ 成立.

证明　假定 (SCQ) 在 $x^0 \in D$ 成立. 则对任意的 $i = 1, 2, \cdots, p$, 存在 $x^i \in \mathbb{R}^n$ 使得

$$f_k(x^i) < f_k(x^0), \quad k = 1, 2, \cdots, p, k \neq i,$$

$$g_j(x^i) < 0, \quad j = 1, 2, \cdots, m.$$

因为 $f_k(k = 1, 2, \cdots, p)$ 和 $g_j(j = 1, 2, \cdots, m)$ 是凸的, 所以

$$\langle \nabla f_k(x^0), (x^i - x^0) \rangle \leqslant f_k(x^i) - f_k(x^0),$$

$$\langle \nabla g_j(x^0), (x^i - x^0) \rangle \leqslant g_j(x^i) - g_j(x^0).$$

令 $d^i = x^i - x^0$. 则对任意的 $i = 1, 2, \cdots, p$,

$$\langle \nabla f_k(x^0), d^i \rangle < 0, \quad k = 1, 2, \cdots, p, k \neq i,$$

$$\langle \nabla g_j(x^0), d^i \rangle < 0, \quad j \in I(x^0).$$

故 (CCQ) 在 $x^0 \in D$ 成立.　　　　　　　　　　　　　　　　　　　□

引理 3.1.6　假定 $x^0 \in D$ 是 (MOP) 的可行解且 (CCQ) 在 $x^0 \in D$ 成立. 则 (GGCQ) 在 $x^0 \in D$ 成立.

证明　令 $d \in \mathbb{R}^n$ 且 $d \in C(Q; x^0)$. 则

$$\langle \nabla f_i(x^0), d \rangle \leqslant 0, \quad i = 1, 2, \cdots, p,$$

$$\langle \nabla g_j(x^0), d \rangle \leqslant 0, \quad j \in I(x^0).$$

首先证明 $d \in T(Q^1; x^0)$. 假定存在 $\bar{d}^1 \in \mathbb{R}^n$ 使得

$$\langle \nabla f_i(x^0), \bar{d}^1 \rangle < 0, \quad i = 1, 2, \cdots, p, \tag{3.1.13}$$

$$\langle \nabla g_j(x^0), \bar{d}^1 \rangle < 0, \quad j \in I(x^0). \tag{3.1.14}$$

对任意收敛于 0 的正序列 $\{t_n\}_{n=1}^{\infty}$, 令 $\{d^n\}_{n=1}^{\infty}$ 满足

$$d^n = d + t_n \bar{d}^1, \quad n = 1, 2, \cdots.$$

则 $\{d^n\}_{n=1}^{\infty}$ 收敛于 d 且由 (3.1.13) 和 (3.1.14) 可得

$$\langle \nabla f_i(x^0), d^n \rangle = \langle \nabla f_i(x^0), d \rangle + t_n \langle \nabla f_i(x^0), \bar{d}^1 \rangle < 0,$$

$$\langle \nabla g_j(x^0), d^n \rangle = \langle \nabla g_j(x^0), d \rangle + t_n \langle \nabla g_j(x^0), \bar{d}^1 \rangle < 0.$$

此外, 令 $\{x^{nk}\}_{k=1}^{\infty}$ 满足 $x^{nk} = x^0 + \mu_{nk} d^n$, 其中 $\{\mu_{nk}\}_{k=1}^{\infty}$ 是任一收敛于 0 的正序列. 则 $\{x^{nk}\}_{k=1}^{\infty}$ 收敛于 x^0 且对充分大的 k,

$$f_i(x^{nk}) = f_i(x^0 + \mu_{nk} d^n) = f_i(x^0) + \mu_{nk} \langle \nabla f_i(x^0), d^n \rangle + o(|\mu_{nk}|)$$

$$< f_i(x^0), \quad i = 1, 2, \cdots, p,$$

$$g_j(x^{nk}) = g_j(x^0 + \mu_{nk} d^n) = g_j(x^0) + \mu_{nk} \langle \nabla g_j(x^0), d^n \rangle + o(|\mu_{nk}|)$$

$$< g_j(x^0) = 0, \quad j \in I(x^0).$$

由 $g_j(j \notin I(x^0))$ 的连续性可得, 对充分大的 k,

$$g_j(x^{nk}) < 0,$$

故对充分大的 k, $x^{nk} \in Q^1$. 不失一般性, 假设对任意的 k, $x^{nk} \in Q^1$. 令 $\{\bar{t}_{nk}\}_{k=1}^{\infty}$ 满足

$$\bar{t}_{nk} = \frac{1}{\mu_{nk}}, \quad k = 1, 2, \cdots.$$

则

$$\lim_{k \to \infty} \bar{t}_{nk}(x^{nk} - x^0) = d^n,$$

这意味着 $d^n \in T(Q^1; x^0)$. 因为 $T(Q^1; x^0)$ 是闭的, 所以 $d \in T(Q^1; x^0)$. 类似可知, 对任意的 $i = 1, 2, \cdots, p$, $d \in T(Q^i; x^0)$. 因此

$$d \in \bigcap_{i=1}^{p} T(Q^i; x^0) \subset \bigcap_{i=1}^{p} \operatorname{cl} \operatorname{conv} T(Q^i; x^0). \qquad \square$$

注 3.1.4　可微情形下各类约束品性之间的关系可归纳如下:

$$\text{LOCQ}$$
$$\Downarrow$$
$$\text{LCQ} \implies \text{ACQ} \implies \text{GACQ}$$
$$\Downarrow$$
$$\text{MFCQ} \implies \text{CCQ} \implies \text{GGCQ}$$
$$\Uparrow$$
$$\text{SCQ}$$

由以上约束品性及其相互之间的关系可得下面的结论成立.

定理 3.1.4　假定 $x^0 \in D$ 是 (MOP) 的有效解且上述任一约束品性成立. 则存在 $\lambda \in \mathbb{R}^p$ 和 $\mu \in \mathbb{R}^m$ 满足

$$\sum_{i=1}^{p} \lambda_i \nabla f_i(x^0) + \sum_{j=1}^{m} \mu_j \nabla g_j(x^0) = 0,$$

$$\langle \mu, g(x^0) \rangle = 0,$$

$$\lambda > 0, \quad \mu \geqq 0.$$

3.1.3　可微情形下的最优性充要条件

伪线性函数是一类十分重要的广义凸性函数. Chew 和 Choo[153] 提出了伪线性函数的定义, 给出了可微条件下伪线性函数的一些等价刻画, 并利用这些等价刻画结果建立了可微多目标优化问题有效解的一些充分必要条件; 进一步, Ansari 等[155] 推广了伪线性函数到不变凸情形, 提出了 η-伪线性函数的定义并建立了它的一些等价刻画结果. 下面在 (MOP) 的目标函数和约束函数均为 η-伪线性假设条件下, 建立可微多目标优化问题有效解的一些等价刻画结果[156].

定义 3.1.2[154]　称 $\Omega \subseteq \mathbb{R}^n$ 是关于向量值函数 $\eta : \mathbb{R}^n \times \mathbb{R}^n \to \mathbb{R}^n$ 的不变凸集, 如果对任意的 $x, y \in \Omega$, $\lambda \in [0, 1]$, 有

$$x + \lambda \eta(y, x) \in \Omega.$$

定义 3.1.3[157]　假定 Ω 是关于 η 的不变凸集. 称可微映射 $f : \Omega \to \mathbb{R}$ 关于 η 是伪不变凸的, 如果对任意的 $x, y \in \Omega$, 有

$$\langle \nabla f(y), \eta(x, y) \rangle \geqslant 0 \Rightarrow f(x) \geqslant f(y).$$

定义 3.1.4[155]　假定 Ω 是关于 η 的不变凸集. 称可微映射 $f : \Omega \to \mathbb{R}$ 是 η-伪线性的, 如果 f 与 $-f$ 都是关于 η 的伪不变凸函数.

条件 C[158]　称 $\eta : \Omega \times \Omega \to \mathbb{R}^n$ 满足条件 C, 如果对任意的 $x, y \in \Omega$, $\lambda \in [0,1]$,

$$\eta(y, y + \lambda\eta(x,y)) = -\lambda\eta(x,y),$$

$$\eta(x, y + \lambda\eta(x,y)) = (1-\lambda)\eta(x,y).$$

考虑下面的多目标优化问题:

$$\text{(MOP)} \qquad \min \quad f(x) = (f_1(x), \cdots, f_p(x))$$
$$\text{s.t.} \quad g_j(x) \leqslant 0, \quad j \in J = \{1, \cdots, m\},$$
$$x \in \Omega,$$

其中 $\Omega \subset \mathbb{R}^n$ 是关于 η 的开不变凸集, $f_i : \Omega \to \mathbb{R}(i \in I = \{1, \cdots, p\})$ 和 $g_j : \Omega \to \mathbb{R}(j \in J)$ 是可微的 η-伪线性函数. 可行集 $D = \{x \in \Omega | g_j(x) \leqslant 0, j \in J\}$. 对 $z \in D$, 令

$$J(z) = \{j \in J \mid g_j(z) = 0\}.$$

为了建立 (MOP) 有效解的等价刻画结果, 首先给出下面的引理.

引理 3.1.7[155]　假定 Ω 是关于 η 的不变凸集. 则 $f : \Omega \to \mathbb{R}$ 是 η-伪线性的当且仅当存在定义在 $\Omega \times \Omega$ 上的比例函数 p 满足 $p(x,y) > 0$ 且对任意的 $x, y \in \Omega$,

$$f(y) = f(x) + p(x,y)\nabla f(x)^{\mathrm{T}}\eta(y,x).$$

引理 3.1.8[155]　假定 Ω 是关于 η 的不变凸集. 如果 $f : \Omega \to \mathbb{R}$ 是关于 η-伪线性的且 η 满足条件 C. 则对任意的 $x, y \in \Omega$,

$$\nabla f(x)^{\mathrm{T}}\eta(y,x) = 0 \Leftrightarrow f(x) = f(y).$$

定理 3.1.5　假定 $z \in D$ 且 η 满足条件 C. 则 $z \in D$ 是 (MOP) 的有效解当且仅当存在 $\lambda_i > 0(i \in I)$ 和 $\mu_j \geqslant 0(j \in J(z))$, 使得

$$\sum_{i \in I} \lambda_i \nabla f_i(z) + \sum_{j \in J(z)} \mu_j \nabla g_j(z) = 0. \tag{3.1.15}$$

证明　设存在 $\lambda_i > 0(i \in I)$ 和 $\mu_j \geqslant 0(j \in J(z))$ 使得 (3.1.15) 成立. 需要证明 $z \in D$ 是 (MOP) 的有效解. 若不然, 则存在 $y \in D$ 使得

$$f_i(y) \leqslant f_i(z), \quad \forall i \in I, \tag{3.1.16}$$

$$f_s(y) < f_s(z), \quad \exists s \in I. \tag{3.1.17}$$

因为 $f_i(i \in I)$ 是 η-伪线性的, 故由引理 3.1.7 可知, 存在比例函数 $p_i(i \in I)$, 使得

$$f_i(y) - f_i(z) = p_i(z,y)\nabla f_i(z)^{\mathrm{T}}\eta(y,z). \tag{3.1.18}$$

因为 $g_j(j \in J)$ 是 η-伪线性的, 故再由引理 3.1.7 可知, 存在比例函数 $q_j(j \in J)$, 使得

$$g_j(y) - g_j(z) = q_j(z,y)\nabla g_j(z)^{\mathrm{T}}\eta(y,z). \tag{3.1.19}$$

此外, 由 $y \in D$ 可知对任意的 $j \in J(z)$,

$$g_i(y) \leqslant 0 = g_i(z). \tag{3.1.20}$$

因此, 由 (3.1.16)~(3.1.20) 可得

$$\begin{aligned}
0 &\geqslant \sum_{j \in J(z)} \frac{\mu_j}{q_j(z,y)}(g_j(y) - g_j(z)) \\
&= \sum_{j \in J(z)} \mu_j \nabla g_j(z)^{\mathrm{T}}\eta(y,z) \\
&= -\sum_{i \in I} \lambda_i \nabla f_i(z)^{\mathrm{T}}\eta(y,z) \\
&= -\sum_{i \in I} \frac{\lambda_i}{p_i(z,y)}(f_i(y) - f_i(z)) > 0,
\end{aligned}$$

导致矛盾.

反之, 设 $z \in D$ 是 (MOP) 的有效解, 下面需证存在 $\lambda_i > 0(i \in I)$ 和 $\mu_j \geqslant 0(j \in J(z))$ 使得 (3.1.15) 成立. 对于 $1 \leqslant r \leqslant p$, 可以证明下面的系统在 Ω 上无解:

$$\begin{cases}
\nabla g_j(z)^{\mathrm{T}}\eta(x,z) \leqslant 0, & j \in J(z), \\
\nabla f_i(z)^{\mathrm{T}}\eta(x,z) \leqslant 0, & i \in I, i \neq r, \\
\nabla f_r(z)^{\mathrm{T}}\eta(x,z) < 0.
\end{cases} \tag{3.1.21}$$

若不然, 假定 $x \in \Omega$ 是系统 (3.1.21) 的解. 令

$$y = z + \lambda\eta(x,z), \quad \lambda \in (0,1].$$

由 Ω 是关于 η 的不变凸集, $y \in \Omega$ 显然成立. 利用条件 C 可得

$$\eta(y,z) = \eta(z + \lambda\eta(x,z),z) = \lambda\eta(x,z).$$

于是对任意的 $j \in J(z)$, 由 (3.1.21) 可得

$$\nabla g_j(z)^{\mathrm{T}}\eta(y,z) = \lambda\nabla g_j(z)^{\mathrm{T}}\eta(x,z) \leqslant 0.$$

由 $-g_j(j \in J(z))$ 的伪不变凸性可得

$$g_j(y) \leqslant g_j(z) = 0. \tag{3.1.22}$$

对任意的 $j \notin J(z)$, $g_j(z) < 0$. 于是, 当 λ 充分小时,

$$g_j(y) = g_j(z + \lambda \eta(x, z)) < 0. \tag{3.1.23}$$

由 (3.1.22) 和 (3.1.23), 显然有 $y \in D$. 此外, 对任意的 $i \in I$ 和 $i \neq r$, 由 $f_i(i \in I)$ 是 η-伪线性的, η 满足条件 C 和 (3.1.21) 可知, 存在比例函数 $p_i(i \in I)$, 使得

$$f_i(y) - f_i(z) = p_i(z, y)\nabla f_i(z)^{\mathrm{T}}\eta(y, z) = \lambda p_i(z, y)\nabla f_i(z)^{\mathrm{T}}\eta(x, z) \leqslant 0. \tag{3.1.24}$$

再由 (3.1.21) 和 $x \in \Omega$ 是系统 (3.1.21) 的解有

$$\nabla f_r(z)^{\mathrm{T}}\eta(x, z) < 0.$$

利用条件 C 可得

$$\nabla f_r(z)^{\mathrm{T}}\eta(y, z) < 0. \tag{3.1.25}$$

由 f_r 的 η-伪线性性以及 (3.1.25) 有

$$f_r(y) < f_r(z). \tag{3.1.26}$$

结合 (3.1.24) 和 (3.1.26) 可知, $z \in D$ 不是 (MOP) 的有效解, 这与条件矛盾. 因此, 系统 (3.1.21) 在 Ω 上无解. 由 Farkas 引理可知, 存在 $\lambda_{ri} \geqslant 0$ 和 $\mu_{rj} \geqslant 0$, 使得

$$\sum_{i \neq r} \lambda_{ri}\nabla f_i(z) + \nabla f_r(z) + \sum_{j \in J(z)} \mu_{rj}\nabla g_j(z) = 0. \tag{3.1.27}$$

对 (3.1.27) 关于 r 求和并令

$$\lambda_i = 1 + \sum_{r \neq i} \lambda_{ri}, \quad \mu_j = \sum_{r \in I} \mu_{rj},$$

得到 (3.1.15) 成立. $\qquad\square$

定理 3.1.6 假定 $z \in D$ 且 η 满足条件 C. 则下面的结论等价:

(i) z 是 (MOP) 的有效解;

(ii) z 是 (MOP)$_1$ 的有效解, 其中

$$(\text{MOP})_1 \quad \min \quad (\nabla f_1(z)^{\mathrm{T}}\eta(x, z), \cdots, \nabla f_p(z)^{\mathrm{T}}\eta(x, z))$$
$$x \in D.$$

证明　(i)⇒(ii). 设 z 是 (MOP) 的有效解. 由定理 3.1.5 可知, 存在 $\lambda_i > 0(i \in I)$ 和 $\mu_j \geqslant 0(j \in J(z))$ 使得 (3.1.15) 成立. 设 z 不是 $(\text{MOP})_1$ 的有效解, 则存在 $y \in D$ 使得对所有的 $i \in I$,

$$\nabla f_i(z)^{\mathrm{T}} \eta(x, z) \leqslant \nabla f_i(z)^{\mathrm{T}} \eta(z, z)$$

且存在 $j \in I$,

$$\nabla f_j(z)^{\mathrm{T}} \eta(x, z) < \nabla f_j(z)^{\mathrm{T}} \eta(z, z).$$

利用条件 C 可得 $\eta(z, z) = 0$. 因此, 对任意的 $i \in I$ 和某些 $j \in I$,

$$\nabla f_i(z)^{\mathrm{T}} \eta(x, z) \leqslant 0, \quad \nabla f_j(z)^{\mathrm{T}} \eta(x, z) < 0. \tag{3.1.28}$$

由 (3.1.15), (3.1.19) 和 (3.1.28) 可得

$$\begin{aligned}
0 &> \sum_{i \in I} \lambda_i \nabla f_i(z)^{\mathrm{T}} \eta(x, z) \\
&= - \sum_{j \in J(z)} \mu_j \nabla g_j(z)^{\mathrm{T}} \eta(x, z) \\
&= - \sum_{j \in J(z)} \frac{\mu_j}{q_j(z, x)} (g_j(x) - g_j(z)) \\
&= - \sum_{j \in J(z)} \frac{\mu_j}{q_j(z, x)} (g_j(x)) \geqslant 0,
\end{aligned}$$

导致矛盾.

(ii)⇒(i). 设 z 是 $(\text{MOP})_1$ 的有效解且 z 不是 (MOP) 的有效解. 则存在 $y \in D$ 使得 (3.1.16) 和 (3.1.17) 成立. 因此, 由 $f_i(i \in I)$ 的 η-伪线性性和引理 3.1.8 可知, 对任意的 $i \in I$ 和某些 $s \in I$,

$$\nabla f_i(z)^{\mathrm{T}} \eta(y, z) \leqslant 0, \quad \nabla f_s(z)^{\mathrm{T}} \eta(y, z) < 0. \tag{3.1.29}$$

由 $\eta(z, z) = 0$ 和 (3.1.29), 显然 z 不是 $(\text{MOP})_1$ 的有效解, 产生矛盾.　□

注 3.1.5　定理 3.1.5 和定理 3.1.6 推广了 [153] 中的相应结果到 η-伪线性情形.

定理 3.1.7　假定 $z \in D$ 且 η 满足条件 C. 如果 $f_i(i \in I)$ 是具有相同比例函数 p 的 η-伪线性函数, 则下面的结论等价:

(i) z 是 (MOP) 的有效解;

(ii) 存在 $\lambda_i > 0(i \in I)$ 使得对任意的 $x \in D$, 有

$$\sum_{i \in I} \lambda_i f_i(x) \geqslant \sum_{i \in I} \lambda_i f_i(z);$$

(iii) z 是 (MOP) 的 Geoffrion-真有效解.

证明 (ii)⇒(iii). 文献 [111] 中已经证明.

(iii)⇒(i). 根据有效解和 Geoffrion-真有效解的定义知结论显然成立.

(i)⇒(ii). 设 (i) 成立, 即 $z \in D$ 是 (MOP) 的有效解. 则由定理 3.1.5 可知, 存在 $\lambda_i > 0 (i \in I)$ 和 $\mu_j \geqslant 0 (j \in J(z))$, 使得

$$\sum_{i \in I} \lambda_i \nabla f_i(z) + \sum_{j \in J(z)} \mu_j \nabla g_j(z) = 0.$$

因此, 对任意的 $x \in D$,

$$\sum_{i \in I} \lambda_i \nabla f_i(z)^{\mathrm{T}} \eta(x, z) + \sum_{j \in J(z)} \mu_j \nabla g_j(z)^{\mathrm{T}} \eta(x, z) = 0. \tag{3.1.30}$$

根据 $g_j (j \in J(z))$ 的 η-伪线性性, (3.1.19) 和 (3.1.30), 我们有

$$\sum_{i \in I} \lambda_i \nabla f_i(z)^{\mathrm{T}} \eta(x, z) + \sum_{j \in J(z)} \frac{\mu_j (g_j(x) - g_j(z))}{q_j(z, x)} = 0. \tag{3.1.31}$$

由 $g_j(x) \leqslant 0 = g_j(z)$ 对所有的 $j \in J(z)$ 和 $x \in D$ 成立以及 (3.1.31) 可得

$$\sum_{i \in I} \lambda_i \nabla f_i(z)^{\mathrm{T}} \eta(x, z) \geqslant 0. \tag{3.1.32}$$

此外, 由 $f_i (i \in I)$ 是带有相同比例函数 p 的 η-伪线性函数和引理 3.1.7 可得

$$f_i(x) - f_i(z) = p(z, x) \nabla f_i(z)^{\mathrm{T}} \eta(x, z). \tag{3.1.33}$$

结合 (3.1.32) 和 (3.1.33), 显然对所有的 $x \in D$,

$$\sum_{i \in I} \lambda_i f_i(x) \geqslant \sum_{i \in I} \lambda_i f_i(z).$$

所以 (ii) 成立. □

注 3.1.6 定理 3.1.7 将文献 [159] 中的定理 4.2 推广到了 η-伪线性的情形.

3.2 不可微多目标优化的最优性条件

本节主要研究 Clarke 次微分和 Mordukhovich 次微分下多目标优化问题的正则性条件以及非光滑多目标优化问题的 (弱) 强 Kuhn-Tucker 最优性必要条件.

定义 3.2.1 [160]　设 $f : \mathbb{R}^n \to \mathbb{R}$ 是局部 Lipschitz 的且 $\bar{x}, v \in \mathbb{R}^n$. f 在 $\bar{x}$ 处沿方向 v 的方向导数为

$$f^\circ(\bar{x}, v) = \limsup_{y \to \bar{x}, t \downarrow 0} \frac{f(y + tv) - f(y)}{t}.$$

f 在 $\bar{x}$ 处的 Clarke 次微分为

$$\partial_C f(\bar{x}) = \{\xi \in \mathbb{R}^n | \langle \xi, v \rangle \leqslant f^\circ(\bar{x}, v), \forall v \in \mathbb{R}^n\}.$$

令

$$f'(\bar{x}, v) = \lim_{t \downarrow 0} \frac{f(\bar{x} + tv) - f(\bar{x})}{t}.$$

称 f 在 $\bar{x}$ 处是正则的, 若 $f'(\bar{x}, v) = f^\circ(\bar{x}, v), \forall v \in \mathbb{R}^n$.

引理 3.2.1 [160]　假定 $f : \mathbb{R}^n \to \mathbb{R}$ 在 $x \in \mathbb{R}^n$ 是局部 Lipschitz 的且 Lipschitz 常数为 L. 则

(i) 函数 $\nu \to f^\circ(x, \nu)$ 是有限的、正齐次和次可加的;

(ii) $f^\circ(x, \nu)$ 关于 (x, ν) 是上半连续函数;

(iii) 对每个 $\nu \in \mathbb{R}^n$, 有

$$f^\circ(x, \nu) = \max\{\langle \xi, \nu \rangle | \xi \in \partial_c f(x)\};$$

(iv) 对每个 $\nu \in \mathbb{R}^n$, 有

$$|f^\circ(x, \nu)| \leqslant L \|\nu\|;$$

(v) $\partial_c f(x)$ 是 $\mathbb{R}^n$ 中的紧子集且对任意的 $\xi \in \partial_c f(x)$, $\|\xi\| \leqslant L$.

3.2.1　Clarke 次微分下的正则性条件

考虑如下多目标优化问题:

$$\text{(MOP)} \qquad \min \quad f(x) = (f_1(x), f_2(x), \cdots, f_p(x))$$
$$\text{s.t.} \quad g_j(x) \leqslant 0, \ j \in J = \{1, 2, \cdots, m\},$$

其中 $f(x) : \mathbb{R}^n \to \mathbb{R}^p$ 和 $g(x) = (g_1(x), g_2(x), \cdots, g_m(x)) : \mathbb{R}^n \to \mathbb{R}^m$. 令 $D = \{x \in \mathbb{R}^n | g_j(x) \leqslant 0, j \in J\}$ 表示 (MOP) 的可行域. 对 $\bar{x} \in D$, 令

$$I = \{1, 2, \cdots, m\}, \quad J(\bar{x}) = \{j \in J | g_j(\bar{x}) = 0\}.$$

对于 $\bar{x} \in D$, Maeda[150], Burachik 和 Rizvi[139] 引入了下面的集合:

$$Q^i(\bar{x}) = \{x \in \mathbb{R}^n | g(x) \leqq 0, f_k(x) \leqslant f_k(\bar{x}), k \in I, k \neq i\};$$

$$Q(\bar{x}) = \{x \in \mathbb{R}^n | g(x) \leqq 0, f(x) \leqslant f(\bar{x})\};$$

$$M^i(\bar{x}) = \{x \in \mathbb{R}^n | g(x) \leqq 0, f_i(x) \leqslant f_i(\bar{x})\}, \quad i \in I;$$

$$M(\bar{x}) = \bigcap_{i \in I} M^i(\bar{x}).$$

显然, $Q(\bar{x}) = M(\bar{x})$ 且

$$Q^i(\bar{x}) = \bigcap_{j \in I j \neq i} M^j(\bar{x}), \quad i \in I.$$

定义 3.2.2 $M^i(\bar{x})$ 在 $\bar{x}$ 处的线性化锥定义为

$$L(M^i(\bar{x}), \bar{x}) = \{d \in \mathbb{R}^n | f_i^\circ(\bar{x}, d) \leqslant 0, g_j^\circ(\bar{x}, d) \leqslant 0, j \in J(\bar{x})\}, \quad i \in I,$$

$M(\bar{x})$ 在 $\bar{x}$ 的线性化锥定义为

$$L(M(\bar{x}), \bar{x}) = \{d \in \mathbb{R}^n | f_i^\circ(\bar{x}, d) \leqslant 0, i \in I, g_j^\circ(\bar{x}, d) \leqslant 0, j \in J(\bar{x})\}.$$

当 $f_i(i \in I)$ 和 $g_j(j \in J)$ 可微时, Burachik 和 Rizvi[139] 对 (MOP) 提出了下面两个正则性条件:

$$\exists i, L(M^i(\bar{x}), \bar{x}) \subset \mathrm{cl} \, \mathrm{conv} T(M^i(\bar{x}), \bar{x}), \tag{3.2.1}$$

$$L(M(\bar{x}), \bar{x}) \subset \bigcap_{i \in I} T(M^i(\bar{x}), \bar{x}). \tag{3.2.2}$$

进一步, 由文献 [139] 中的引理 3.2 及其证明可知, 正则性条件 (3.2.1) 和 (3.2.2) 分别等价于下面的 (3.2.3) 和 (3.2.4):

$$\exists i \in I, L(M^i(\bar{x}), \bar{x}) = \mathrm{cl} \, \mathrm{conv} T(M^i(\bar{x}), \bar{x}), \tag{3.2.3}$$

$$L(M(\bar{x}), \bar{x}) = \bigcap_{i \in I} T(M^i(\bar{x}), \bar{x}). \tag{3.2.4}$$

(3.2.1) 称为 Guignard 正则性条件, (3.2.2) 称为广义 Abadie 正则性条件.

下面利用 Clarke 方向导数将 Burachik 和 Rizvi[139] 提出的正则性条件 (3.2.1) 和 (3.2.2) 推广到非光滑情形.

假定 $f_i(i \in I)$ 和 $g_j(j \in J)$ 是局部 Lipschitz 的, $L(M^i(\bar{x}), \bar{x})$ 和 $L(M(\bar{x}), \bar{x})$ 是定义 3.2.2 中的线性化锥. 我们提出如下两个正则性条件:

$$\exists i \in I, L(M^i(\bar{x}), \bar{x}) \subset \mathrm{cl} \, \mathrm{conv} T(M^i(\bar{x}), \bar{x}), \tag{3.2.5}$$

$$L(M(\bar{x}), \bar{x}) \subset \bigcap_{i \in I} T(M^i(\bar{x}), \bar{x}). \tag{3.2.6}$$

称 (3.2.5) 为广义 Guignard 正则性条件 (GGRC), (3.2.6) 为推广的广义 Abadie 正则性条件 (EGARC).

注 3.2.1　3.1 节已指出, 可微情形下上面的正则性条件中的包含关系实质是相等关系. 然而, Clarke 非光滑情形下, 正则性条件 (GGRC) 和 (EGARC) 中的包含关系可能是严格成立的.

例 3.2.1　考虑下面的非光滑多目标优化问题:

$$\min \quad f(x) = (f_1(x), f_2(x))$$
$$\text{s.t.} \quad g_1(x) \leqslant 0, x \in \mathbb{R}^2,$$

其中

$$f_1(x) = \sqrt{x_1^2 + x_2^2} + x_1, \quad f_2(x) = x_1, \quad g_1(x) = -e^{|x_1|} + 1.$$

显然, $D = \mathbb{R}^2$, $\bar{x} = (0,0) \in D$, $J(\bar{x}) = \{1\}$.

容易验证目标函数 $f_2(x)$ 和约束函数 $g_1(x)$ 在 $\bar{x}$ 是局部 Lipschitz 的. 此外, 对任意的 $x, y \in \mathbb{R}^2$,

$$|f_1(x) - f_1(y)|$$
$$= \left| \sqrt{x_1^2 + x_2^2} + x_1 - \sqrt{y_1^2 + y_2^2} - y_1 \right|$$
$$\leqslant \frac{|x_1 + y_1|}{\sqrt{x_1^2 + x_2^2} + \sqrt{y_1^2 + y_2^2}} |x_1 - y_1| + \frac{|x_2 + y_2|}{\sqrt{x_1^2 + x_2^2} + \sqrt{y_1^2 + y_2^2}} |x_2 - y_2|$$
$$\leqslant 2|x_1 - y_1| + |x_2 - y_2|$$
$$\leqslant 3\|x - y\|.$$

因此, 目标函数 $f_1(x)$ 是局部 Lipschitz 的. 此外,

$$M^1(\bar{x}) = \{x \in \mathbb{R}^2 | x_1 \leqslant 0, x_2 = 0\},$$
$$M^2(\bar{x}) = \{x \in \mathbb{R}^2 | x_1 \leqslant 0, x_2 \in \mathbb{R}\},$$
$$M(\bar{x}) = \{x \in \mathbb{R}^2 | x_1 \leqslant 0, x_2 = 0\}.$$

进一步,

$$T(M^1(\bar{x}), \bar{x}) = \{d \in \mathbb{R}^2 | d_1 \leqslant 0, d_2 = 0\},$$

$$T(M^2(\bar{x}), \bar{x}) = \{d \in \mathbb{R}^2 | d_1 \leqslant 0, d_2 \in \mathbb{R}\}.$$

因此

$$\mathrm{cl}\, \mathrm{conv} T(M^1(\bar{x}), \bar{x}) = \{d \in \mathbb{R}^2 | d_1 \leqslant 0, d_2 = 0\},$$

$$\mathrm{cl}\, \mathrm{conv} T(M^2(\bar{x}), \bar{x}) = \{d \in \mathbb{R}^2 | d_1 \leqslant 0, d_2 \in \mathbb{R}\}.$$

另一方面, 由目标函数 $f_1(x)$ 的凸性可得

$$f_1(x) - f_1(\bar{x}) \geqslant \langle \eta, x - \bar{x} \rangle, \quad \forall\, \eta \in \partial_c f_1(\bar{x}).$$

又因为

$$\begin{aligned}
f_1(x) - f_1(\bar{x}) &= \sqrt{x_1^2 + x_2^2} + x_1 \\
&= \sqrt{x_1^2 + x_2^2}\sqrt{\cos^2\theta + \sin^2\theta} + x_1 \\
&\geqslant x_1\cos\theta + x_2\sin\theta + x_1 \\
&= (1 + \cos\theta)x_1 + x_2\sin\theta.
\end{aligned}$$

所以, $\partial_c f_1(\bar{x}) = (1, 0) + B$, 其中 B 是 $\mathbb{R}^2$ 中的闭单位球. 显然,

$$\partial_c f_2(\bar{x}) = (1, 0), \quad \partial_c g_1(\bar{x}) = [-1, 1] \times \{0\}.$$

因此

$$f_1^\circ(\bar{x}; d) = \max\{\langle \eta, d \rangle | \eta \in \partial_c f_1(\bar{x})\} = \sqrt{d_1^2 + d_2^2} + d_1,$$

$$f_2^\circ(\bar{x}; d) = \max\{\langle \eta, d \rangle | \eta \in \partial_c f_2(\bar{x})\} = d_1,$$

$$g_1^\circ(\bar{x}; d) = \max\{\langle \eta, d \rangle | \eta \in \partial_c g_1(\bar{x})\} = |d_1|.$$

故

$$L(M^1(\bar{x}), \bar{x}) = \{d \in \mathbb{R}^2 | d_1 = 0, d_2 = 0\},$$

$$L(M^2(\bar{x}), \bar{x}) = \{d \in \mathbb{R}^2 | d_1 = 0, d_2 \in \mathbb{R}\}.$$

所以, $L(M(\bar{x}), \bar{x}) = (0, 0)$. 因此

$$L(M^1(\bar{x}), \bar{x}) \subset \mathrm{cl}\, \mathrm{conv} T(M^1(\bar{x}), \bar{x}),$$

$$L(M^2(\bar{x}), \bar{x}) \subset \mathrm{cl}\, \mathrm{conv} T(M^2(\bar{x}), \bar{x}),$$

$$L(M(\bar{x}), \bar{x}) \subset \bigcap_{i \in I} T(M^i(\bar{x}), \bar{x}).$$

下面讨论 (GGRC) 和 (EGARC) 与其他正则性条件之间的关系. 对 (MOP),
令 $\bar{x} \in D$.

广义 Abadie 正则性条件 1 (GARC 1):

$$L(Q(\bar{x}), \bar{x}) \subset T(Q(\bar{x}), \bar{x});$$

广义 Abadie 正则性条件 2 (GARC 2):

$$L(Q(\bar{x}), \bar{x}) \subset \bigcap_{i \in I} T(Q^i(\bar{x}), \bar{x});$$

广义 Cottle 正则性条件 (GCRC):

对每个 $i \in I$, 下面的系统有解, $d^i \in \mathbb{R}^n$:

$$\begin{cases} f_k^\circ(\bar{x}, d) < 0, & k \in I \setminus \{i\}, \\ g_j^\circ(\bar{x}, d) < 0, & j \in J(\bar{x}); \end{cases}$$

广义 Mangasarian-Fromovitz 正则性条件 (GMFRC):

对每个 $i \in I$, 下面的系统有解, $d^i \in \mathbb{R}^n$:

$$\begin{cases} f_k^\circ(\bar{x}, d) \leqslant 0, & k \in I \setminus \{i\}, \\ g_j^\circ(\bar{x}, d) < 0, & j \in J(\bar{x}), \end{cases}$$

并且对每个 $i \in I$, 系统 $f_k^\circ(\bar{x}, d) < 0, k \in I \setminus \{i\}$ 有解, $d^i \in \mathbb{R}^n$.

定理 3.2.1 下面的关系是成立的:

(i) (GARC 1) 蕴含 (GARC 2);

(ii) (GCRC) 蕴含 (GARC 2);

(iii) (GMFRC) 等价于 (GCRC).

证明 类似于文献 [150] 和 [145] 中的证明可得结论成立. □

定理 3.2.2 (GARC 2) 蕴含 (EGARC).

证明 因为 $M(\bar{x}) = Q(\bar{x})$, 所以

$$L(Q(\bar{x}), \bar{x}) = L(M(\bar{x}), \bar{x}).$$

对任意的 $i \in I$, 由 $Q^i(\bar{x}) = \bigcap_{\substack{j \in I \\ j \neq i}} M^j(\bar{x})$ 可得

$$Q^i(\bar{x}) \subset M^j(\bar{x}), \quad \forall j \in I \setminus \{i\}.$$

因此

$$T(Q^i(\bar{x}), \bar{x}) \subset T(M^j(\bar{x}), \bar{x}), \quad \forall j \in I\backslash\{i\}.$$

所以

$$T(Q^i(\bar{x}), \bar{x}) \subset \bigcap_{\substack{j \in I \\ j \neq i}} T(M^j(\bar{x}), \bar{x}).$$

故

$$\bigcap_{i \in I} T(Q^i(\bar{x}), \bar{x}) \subset \bigcap_{i \in I} \bigcap_{\substack{j \in I \\ j \neq i}} T(M^j(\bar{x}), \bar{x}) = \bigcap_{i \in I} T(M^i(\bar{x}), \bar{x}),$$

这表明定理的结论成立. □

定理 3.2.3 (GCRC) 蕴含 (GGRC).

证明 由 (GCRC) 成立可知, 对任意的 $i \in I$, 下面的系统有解, $d^i \in \mathbb{R}^n$:

$$\begin{cases} f_k^\circ(\bar{x}, d) < 0, \\ g_j^\circ(\bar{x}, d) < 0, \quad j \in J(\bar{x}). \end{cases}$$

若 (GGRC) 不成立, 则对于 i, 存在 $\nu^i \in L(M^i(\bar{x}), \bar{x})$, 使得

$$\nu^i \notin \text{cl conv} T(M^i(\bar{x}), \bar{x}).$$

特别地, 任意给定 $k \in I\backslash\{i\}$, 存在 $\nu^k \in L(M^k(\bar{x}), \bar{x})$, 使得

$$\nu^k \notin \text{cl conv} T(M^k(\bar{x}), \bar{x}). \tag{3.2.7}$$

由 $\nu^k \in L(M^k(\bar{x}), \bar{x})$ 可得

$$\begin{cases} f_k^\circ(\bar{x}, \nu^k) \leqslant 0, \\ g_j^\circ(\bar{x}, \nu^k) \leqslant 0, \quad j \in J(\bar{x}). \end{cases}$$

对 $t_n > 0, t_n \to 0(n \to \infty)$, 定义 $d_n^k = \nu^k + t_n d^i$. 由引理 3.2.1 (i) 可知, 对任意的 n,

$$f_k^\circ(\bar{x}, d_n^k) \leqslant f_k^\circ(\bar{x}, \nu^k) + t_n f_k^\circ(\bar{x}, d^i) < 0, \tag{3.2.8}$$

$$g_j^\circ(\bar{x}, d_n^k) \leqslant g_j^\circ(\bar{x}, \nu^k) + t_n g_j^\circ(\bar{x}, d^i) < 0, \quad j \in J(\bar{x}).$$

对每个 $d_n^k(n = 1, 2, \cdots)$ 和任意趋于 0 的正序列 $\{\mu_{nm}^k\}_{m=1}^\infty$, 定义 $\{x_{nm}^k\}_{m=1}^\infty$ 为

$$x_{nm}^k = \bar{x} + \mu_{nm}^k d_n^k.$$

那么由 (3.2.7)~(3.2.8) 可得

$$0 > f_k^\circ(\bar{x}, d_n^k) = \limsup_{y \to \bar{x}, t \downarrow 0} \frac{f_k(y + td_n^k) - f_k(y)}{t}$$

$$\geqslant \limsup_{m \to \infty} \frac{f_k(\bar{x} + \mu_{nm}^k d_n^k) - f_k(\bar{x})}{\mu_{nm}^k},$$

$$0 > g_j^\circ(\bar{x}, d_n^k) = \limsup_{y \to \bar{x}, t \downarrow 0} \frac{g_j(y + td_n^k) - g_j(y)}{t}$$

$$\geqslant \limsup_{m \to \infty} \frac{g_j(\bar{x} + \mu_{nm}^k d_n^k) - g_j(\bar{x})}{\mu_{nm}^k}, \quad \forall j \in J(\bar{x}).$$

因此, 对充分大的 m 有

$$f_k(x_{nm}^k) = f_k(\bar{x} + \mu_{nm}^k d_n^k) < f_k(\bar{x}),$$

$$g(x_{nm}^k) = g_j(\bar{x} + \mu_{nm}^k d_n^k) < g_j(\bar{x}) = 0, \quad j \in J(\bar{x}).$$

对于 $j \notin J(\bar{x})$, 由 g_j 的连续性, 对充分大的 m 有

$$g_j(x_{nm}^k) < 0.$$

因此, 对充分大的 m 可得 $x_{nm}^k \in M^k(\bar{x})$ 和

$$\lim_{m \to \infty} x_{nm}^k = \lim_{m \to \infty} (\bar{x} + \mu_{nm}^k d_n^k) = \bar{x} \in \mathrm{cl}M^k(\bar{x}).$$

定义正数序列 $t_{nm}^k = \dfrac{1}{\mu_{nm}^k}$. 于是

$$\lim_{m \to \infty} t_{nm}^k(x_{nm}^k - \bar{x}) = d_n^k.$$

这表明 $d_n^k \in T(M^k(\bar{x}), \bar{x})$. 又因为 $T(M^k(\bar{x}), \bar{x})$ 是闭集, 故

$$\lim_{n \to \infty} d_n^k = \lim_{n \to \infty} \left(\nu^k + t_n d^i \right) = \nu^k \in T(M^k(\bar{x}), \bar{x}).$$

由 i 和 k 的任意性可知, 对任意的 $i \in I$,

$$\nu^i \in T(M^i(\bar{x}), \bar{x}) \subset \mathrm{cl}\,\mathrm{conv}T(M^i(\bar{x}), \bar{x}).$$

这与 (3.2.7) 相矛盾.　　　　　　　　　　　　　　　　　　　　　　　□

注 3.2.2 Clarke 非光滑情形下各类正则性条件之间的关系可归纳如下:

$$\text{GARC 1} \implies \text{GARC 2} \implies \text{EGARC}$$
$$\Uparrow$$
$$\text{GMFRC} \iff \text{GCRC} \implies \text{GGRC}$$

注 3.2.3 (GGRC) 和 (GARC 2) 是互不蕴含的.

例 3.2.2 考虑如下非光滑多目标优化问题:

$$\min \quad f(x) = (f_1(x), f_2(x), f_3(x))$$
$$\text{s.t.} \quad g_1(x) \leqslant 0, g_2(x) \leqslant 0, \quad x \in \mathbb{R}^2,$$

其中

$$f_1(x) = (x_1 - 1)^2, \quad f_2(x) = |x_2|, \quad f_3(x) = -x_1, \quad g_1(x) = -x_1^3, \quad g_2(x) = -x_2^3.$$

显然, $\bar{x} = (0,0)$ 是 (MOP) 的可行解. 此外,

$$M^1(\bar{x}) = \{x \in \mathbb{R}_+^2 | 0 \leqslant x_1 \leqslant 2\},$$

$$M^2(\bar{x}) = \{x \in \mathbb{R}_+^2 | x_2 = 0\}, \quad M^3(\bar{x}) = \mathbb{R}_+^2,$$

$$Q^1(\bar{x}) = \{x \in \mathbb{R}_+^2 | x_2 = 0\},$$

$$Q^2(\bar{x}) = \{x \in \mathbb{R}_+^2 | 0 \leqslant x_1 \leqslant 2\},$$

$$Q^3(\bar{x}) = \{x \in \mathbb{R}_+^2 | 0 \leqslant x_1 \leqslant 2, x_2 = 0\},$$

$$T(M^1(\bar{x}), \bar{x}) = T(M^3(\bar{x}), \bar{x}) = \mathbb{R}_+^2,$$

$$T(M^2(\bar{x}), \bar{x}) = \{d \in \mathbb{R}_+^2 | d_2 = 0\},$$

$$T(Q^1(\bar{x}), \bar{x}) = T(Q^3(\bar{x}), \bar{x}) = \{d \in \mathbb{R}_+^2 | d_2 = 0\},$$

$$T(Q^2(\bar{x}), \bar{x}) = \mathbb{R}_+^2,$$

$$L(M^1(\bar{x}), \bar{x}) = L(M^3(\bar{x}), \bar{x}) = \{d \in \mathbb{R}^2 | d_1 \geqslant 0\},$$

$$L(M^2(\bar{x}), \bar{x}) = \{d \in \mathbb{R}^2 | d_2 = 0\}.$$

因此

$$L(M(\bar{x}), \bar{x}) = L(Q(\bar{x}), \bar{x}) = \bigcap_{i=1}^{3} T(Q^i(\bar{x}), \bar{x}) = \{d \in \mathbb{R}_+^2 | d_2 = 0\},$$

即 (GARC 2) 成立. 然而

$$L(M^1(\bar{x}), \bar{x}) = \{d \in \mathbb{R}^2 | d_1 \geqslant 0\} \not\subset \text{cl conv} T(M^1(\bar{x}), \bar{x}) = \mathbb{R}_+^2,$$

$$L(M^2(\bar{x}), \bar{x}) = \{d \in \mathbb{R}^2 | d_2 = 0\} \not\subset \text{cl conv} T(M^2(\bar{x}), \bar{x}) = \{d \in \mathbb{R}_+^2 | d_2 = 0\},$$

$$L(M^3(\bar{x}), \bar{x}) = \{d \in \mathbb{R}^2 | d_1 \geqslant 0\} \not\subset \text{cl conv} T(M^3(\bar{x}), \bar{x}) = \mathbb{R}_+^2,$$

即 (GGRC) 不成立.

例 3.2.3   考虑文献 [126] 中例 4.1 给出的如下多目标优化问题:

$$\min \quad f(x) = (f_1(x), f_2(x), f_3(x))$$

$$\text{s.t.} \quad g_1(x) \leqslant 0, g_2(x) \leqslant 0, \quad x \in \mathbb{R}^2,$$

其中

$$f_1(x) = x_2 - \frac{1}{4}(x_1 - 2)^2, \quad f_2(x) = x_2 + \frac{1}{4}(x_1 - 2)^2,$$

$$f_3(x) = x_2 + \frac{1}{6}(x_1 - 2)^2, \quad g_1(x) = -x_2, \quad g_2(x) = x_2.$$

显然, $\bar{x} = (2, 0)$ 是可行解. 此外,

$$M^1(\bar{x}) = \{x \in \mathbb{R}^2 | x_2 = 0\},$$

$$M^2(\bar{x}) = M^3(\bar{x}) = \{(2, 0)\},$$

$$Q^1(\bar{x}) = Q^2(\bar{x}) = Q^3(\bar{x}) = \{(2, 0)\},$$

$$M(\bar{x}) = Q(\bar{x}) = \{(2, 0)\},$$

$$T(M^1(\bar{x}), \bar{x}) = \{d \in \mathbb{R}^2 | d_2 = 0\},$$

$$T(M^2(\bar{x}), \bar{x}) = T(M^3(\bar{x}), \bar{x}) = \{(0, 0)\},$$

$$T(Q^1(\bar{x}), \bar{x}) = T(Q^2(\bar{x}), \bar{x}) = T(Q^3(\bar{x}), \bar{x}) = \{(0, 0)\},$$

$$L(M^1(\bar{x}), \bar{x}) = L(M^2(\bar{x}), \bar{x}) = L(M^3(\bar{x}), \bar{x}) = \{d \in \mathbb{R}^2 | d_2 = 0\}.$$

可以验证

$$L(M^1(\bar{x}), \bar{x}) \subset \text{cl conv} T(M^1(\bar{x}), \bar{x}) = \{d \in \mathbb{R}^2 | d_2 = 0\},$$

即 (GGRC) 成立. 然而

$$L(Q(\bar{x}), \bar{x}) = \{d \in \mathbb{R}^2 | d_2 = 0\} \not\subset \bigcap_{i=1}^{3} T(Q^i(\bar{x}), \bar{x}) = \{(0, 0)\},$$

即 (GARC 2) 不成立.

3.2.2 Clarke 次微分下的最优性必要条件

下面在 (GGRC) 和 (EGARC) 下建立 (MOP) 的 (弱) 强 Kuhn-Tucker 最优性必要条件.

引理 3.2.2 假定 $h : \mathbb{R}^n \to \mathbb{R}$ 是局部 Lipschitz 的. 如果

(i) $z_n \to \bar{z}$;

(ii) $h(z_n) \geqslant h(\bar{z})$;

(iii) 对任意的 n, $s_n > 0$ 且 $\nu = \lim\limits_{n \to \infty} s_n(z_n - \bar{z})$.

则

$$h^\circ(\bar{z}, \nu) \geqslant 0.$$

证明 由 (ii) 和 [160] 中的定理 2.3.7 可知, 存在线段 $(\bar{z}, z_n)$ 中的 u_n, $\xi_n \in \partial_c h(u_n)$, 使得

$$\langle \xi_n, z_n - \bar{z} \rangle \geqslant 0, \tag{3.2.9}$$

其中 $u_n = \bar{z} + \bar{\lambda}_n(z_n - \bar{z})$ 对某些 $\bar{\lambda}_n \in (0, 1)$. 根据 (3.2.9) 及引理 3.2.1 (iii) 可知

$$h^\circ(u_n, z_n - \bar{z}) \geqslant 0.$$

利用引理 3.2.1 (i), 对于 $s_n > 0$,

$$h^\circ(u_n, s_n(z_n - \bar{z})) = s_n h^\circ(u_n, z_n - \bar{z}) \geqslant 0. \tag{3.2.10}$$

由条件 (i) 和 (iii) 可知

$$u_n = \bar{z} + \bar{\lambda}_n(z_n - \bar{z}) \to \bar{z}, \tag{3.2.11}$$

$$s_n(z_n - \bar{z}) \to \nu. \tag{3.2.12}$$

再由引理 3.2.1 (ii) 和 (3.2.10)~(3.2.12) 可得

$$0 \leqslant \limsup_{n \to \infty} h^\circ(u_n, s_n(z_n - \bar{z})) \leqslant h^\circ(\bar{z}, \nu). \qquad \square$$

定理 3.2.4 假定 $\bar{x} \in D$ 且 (GGRC) 在 $\bar{x}$ 处成立. 如果 $\bar{x}$ 是 (MOP) 的有效解, 则下面的系统无解, $d \in \mathbb{R}^n$:

$$\begin{cases} f_i^\circ(\bar{x}, d) < 0, & i \in I, \\ g_j^\circ(\bar{x}, d) \leqslant 0, & j \in J(\bar{x}). \end{cases}$$

证明　证明和文献 [139] 中定理 4.1 的证明类似.　　　　　　　　　　□

定理 3.2.5 (弱 Kuhn-Tucker 最优性必要条件)　假定 $\bar{x} \in D$, (GGRC) 在 $\bar{x}$ 处成立且锥

$$A = \text{coneconv}\left(\bigcup_{j \in J(\bar{x})} \partial_c g_i(\bar{x})\right)$$

是闭集. 如果 $\bar{x} \in D$ 是有效解, 则存在 $\lambda \in \mathbb{R}^p$ 和 $u \in \mathbb{R}^m$ 使得

$$0 \in \sum_{i \in I} \lambda_i \partial_c f_i(\bar{x}) + \sum_{j \in J} u_j \partial_c g_j(\bar{x}),$$

$$u_j g_j(\bar{x}) = 0, \quad j \in J, \quad \lambda \geqslant 0, \quad u \geqq 0.$$

证明　由定理 3.2.4 可知, 下面的系统无解, $d \in \mathbb{R}^n$:

$$\begin{cases} f_i^\circ(\bar{x}, d) < 0, & i \in I, \\ g_j^\circ(\bar{x}, d) \leqslant 0, & j \in J(\bar{x}). \end{cases} \tag{3.2.13}$$

根据集合 A 的闭性和文献 [118] 中的定理 3.13 可知, 存在 $\lambda \in \mathbb{R}_+^m, u \in \mathbb{R}_+^p$ 使得 $(\lambda, u) \neq 0$ 且

$$0 \in \sum_{i \in I} \lambda_i \partial_c f_i(\bar{x}) + \sum_{j \in J(\bar{x})} u_j \partial_c g_j(\bar{x}).$$

如果 $\lambda = 0$, 则由文献 [118] 中的定理 3.13 可知 (3.2.13) 有解. 这与系统 (3.2.13) 无解矛盾. 因此 $\lambda \neq 0$. 取 $u_j = 0, j \notin J(\bar{x})$, 则结论成立.　　　□

例 3.2.4　考虑如下非光滑多目标优化问题:

$$\min \quad f(x) = (f_1(x), f_2(x))$$
$$\text{s.t.} \quad g(x) \leqslant 0, \quad x \in \mathbb{R}^2,$$

其中

$$f_1(x_1, x_2) = (x_1 - 1)^2, \quad f_2(x_1, x_2) = |x_2|, \quad g(x_1, x_2) = -x_1.$$

令 $\bar{x} = (0, 0)$. 显然 $\bar{x}$ 是有效解. 此外,

$$M^1(\bar{x}) = \{x \in \mathbb{R}^2 | 0 \leqslant x_1 \leqslant 2\},$$
$$M^2(\bar{x}) = \{x \in \mathbb{R}^2 | x_1 \geqslant 0, x_2 = 0\},$$
$$T(M^1(\bar{x}), \bar{x}) = \{d \in \mathbb{R}^2 | d_1 \geqslant 0\},$$

$$T(M^2(\bar{x}), \bar{x}) = \{d \in \mathbb{R}^2 | d_1 \geqslant 0, d_2 = 0\},$$

$$L(M^1(\bar{x}), \bar{x}) = \{d \in \mathbb{R}^2 | d_1 \geqslant 0\},$$

$$L(M^2(\bar{x}), \bar{x}) = \{d \in \mathbb{R}^2 | d_1 \geqslant 0, d_2 = 0\},$$

$$\text{cl conv} T(M^1(\bar{x}), \bar{x}) = T(M^1(\bar{x}), \bar{x}) = \{d \in \mathbb{R}^2 | d_1 \geqslant 0\},$$

$$\text{cl conv} T(M^2(\bar{x}), \bar{x}) = T(M^2(\bar{x}), \bar{x}) = \{d \in \mathbb{R}^2 | d_1 \geqslant 0, d_2 = 0\}.$$

显然, (GGRC) 成立并且

$$A = \text{coneconv}\left(\bigcup_{j \in J(\bar{x})} \partial_c g_j(\bar{x})\right) = \{x \in \mathbb{R}^2 | x_1 \leqslant 0, x_2 = 0\}$$

是闭集. 取 $\lambda_1 = 0$, $\lambda_2 = 1$, $u = 0$ 可知弱 Kuhn-Tucker 最优性必要条件成立.

注 3.2.4 定理 3.2.5 中 A 的闭性假设不能去掉.

例 3.2.5 考虑如下非光滑多目标优化问题:

$$\begin{aligned} \min \quad & f(x) = (f_1(x), f_2(x)) \\ \text{s.t.} \quad & g(x) \leqslant 0, \quad x \in \mathbb{R}^2, \end{aligned}$$

其中

$$f_1(x_1, x_2) = x_1, \quad f_2(x_1, x_2) = x_1, \quad B = \{x \in \mathbb{R}^2 | x_1^2 + (x_2 + 1)^2 \leqslant 1, x_1 \leqslant 0\}$$

且 g 是紧凸集 B 的支撑函数, 即

$$g(x) = \sup_{b \in B} \langle b, x \rangle, \quad x \in \mathbb{R}^2.$$

令 $\bar{x} = (0, 0)$. 显然, 可行域 $D = \mathbb{R}_+^2$ 且 $\bar{x}$ 是有效解. 因为 g 是正齐次凸函数, 所以 $g^\circ(\bar{x}, \nu) = g(\nu)$ 且 $\partial g(\bar{x}) = B$. 此外,

$$M^1(\bar{x}) = M^2(\bar{x}) = \{x \in \mathbb{R}^2 | x_1 = 0, x_2 \geqslant 0\},$$

$$T(M^1(\bar{x}), \bar{x}) = T(M^2(\bar{x}), \bar{x}) = \{d \in \mathbb{R}^2 | d_1 = 0, d_2 \geqslant 0\},$$

$$L(M^1(\bar{x}), \bar{x}) = L(M^2(\bar{x}), \bar{x}) = \{d \in \mathbb{R}^2 | d_1 = 0, d_2 \geqslant 0\},$$

$$L(M^1(\bar{x}), \bar{x}) = L(M^2(\bar{x}), \bar{x}) = \text{cl conv} T(M^1(\bar{x}), \bar{x})$$

$$= \text{cl conv} T(M^2(\bar{x}), \bar{x})$$

$$= \{d \in \mathbb{R}^2 | d_1 = 0, d_2 \geqslant 0\}.$$

显然 (GGRC) 成立. 但是锥

$$A = \text{coneconv}\left(\bigcup_{j \in J(\bar{x})} \partial_c g_j(\bar{x})\right) = \{x \in \mathbb{R}^2 | x_1 \leqslant 0, x_2 < 0\} \cup \{(0,0)\}$$

不是闭集. 可以验证弱 Kuhn-Tucker 最优性必要条件不成立.

下面在 (EGARC) 假设下建立 (MOP) Geoffrion-真有效解的强 Kuhn-Tucker 最优性必要条件.

定理 3.2.6　假定 $\bar{x} \in D$ 且 (EGARC) 在 $\bar{x}$ 处成立. 如果 $\bar{x}$ 是 (MOP) 的 Geoffrion-真有效解, 则对每个 $i \in I$, 下面的系统无解, $d \in \mathbb{R}^n$:

$$\begin{cases} f_i^\circ(\bar{x}, d) < 0, \\ f_k^\circ(\bar{x}, d) \leqslant 0, & \forall k \in I \backslash \{i\}, \\ g_j^\circ(\bar{x}, d) \leqslant 0, & \forall j \in J(\bar{x}). \end{cases} \tag{3.2.14}$$

证明　反证法. 若存在 $i \in I$ 使得 (3.2.14) 有解, $d \in \mathbb{R}^n$. 不失一般性, 设

$$\begin{cases} f_1^\circ(\bar{x}, d) < 0, \\ f_k^\circ(\bar{x}, d) \leqslant 0, & k \in I \backslash \{1\}, \\ g_j^\circ(\bar{x}, d) \leqslant 0, & \forall j \in J(\bar{x}). \end{cases} \tag{3.2.15}$$

由 (3.2.15) 显然有 $d \in L(M(\bar{x}), \bar{x})$. 因为 (EGARC) 成立, 故

$$d \in L(M^i(\bar{x}), \bar{x}), \quad \forall i \in I.$$

对任意的 $k_0 \in I \backslash \{1\}$, $d \in T(M^{k_0}(\bar{x}), \bar{x})$. 由切锥的定义可知, 存在满足 $\lim\limits_{n \to \infty} x_n = \bar{x}$ 的序列 $\{x_n\}_{n \in \mathbb{N}} \subset M^{k_0}(\bar{x})$ 和对任意的 n, $t_n > 0$,

$$\lim_{n \to \infty} t_n(x_n - \bar{x}) = d.$$

显然, 对任意的 n,

$$f_{k_0}(x_n) - f_{k_0}(\bar{x}) \leqslant 0.$$

对任意的正整数 n, 考虑集合

$$\Gamma_n = \{k \geqslant 2, k_n \neq k_0 | f_k(x_n) > f_k(\bar{x})\}.$$

显然, 对所有的正整数 n, $\Gamma_n \neq \varnothing$. 不妨设对所有的 n, Γ_n 是常值集. 由引理 3.2.2 可得

$$f_k^\circ(\bar{x}, d) \geqslant 0, \quad \forall k \in \Gamma_n.$$

由 (3.2.15) 可知, 对任意的 $k \in \Gamma_n$, $f_k^\circ(\bar{x}, d) = 0$.

另一方面, 由文献 [160] 中的定理 2.3.7 可知, 存在 $(\bar{x}, x_n)$ 中的 ν_n^1 和 $\xi_n^1 \in \partial c f_1(\nu_n^1)$ 使得

$$f_1(x_n) - f_1(\bar{x}) = \langle \xi_n^1, x_n - \bar{x} \rangle, \tag{3.2.16}$$

其中 $\nu_n^1 = \bar{x} + \lambda_n^1(x_n - \bar{x})$ 对某些 $\lambda_n^1 \in (0, 1)$. 显然,

$$f_1(x_n) < f_1(\bar{x}).$$

否则, 将与 $f_1^\circ(\bar{x}, d) < 0$ 矛盾. 因此, 由 (3.2.16) 可知

$$-\langle \xi_n^1, x_n - \bar{x} \rangle > 0. \tag{3.2.17}$$

再由 [160] 中的定理 2.3.7 可知, 存在线段 $(\bar{x}, x_n)$ 中的 ν_n^k 和 $\xi_n^k \in \partial_c f_k(\nu_n^k)$, 使得

$$f_k(x_n) - f_k(\bar{x}) = \langle \xi_n^k, x_n - \bar{x} \rangle, \quad \forall k \in \Gamma_n, \tag{3.2.18}$$

其中 $\nu_n^k = \bar{x} + \lambda_n^k(x_n - \bar{x})$ 对某些 $\lambda_n^k \in (0, 1)$. 因此, 由引理 3.2.1 (iii) 和 (3.2.16), (3.2.18) 可得

$$f_1^\circ(\nu_n^1, x_n - \bar{x}) \geqslant \langle \xi_n^1, x_n - \bar{x} \rangle,$$

$$f_k^\circ(\nu_n^k, x_n - \bar{x}) \geqslant \langle \xi_n^k, x_n - \bar{x} \rangle > 0, \quad \forall k \in \Gamma_n. \tag{3.2.19}$$

所以, 由 (3.2.17) 和 (3.2.19) 可知, 对任意的 $k \in \Gamma_n$,

$$\begin{aligned}
\frac{f_1(x_n) - f_1(\bar{x})}{f_k(\bar{x}) - f_k(x_n)} &= \frac{-(f_1(x_n) - f_1(\bar{x}))}{f_k(x_n) - f_k(\bar{x})} = \frac{-\langle \xi_n^1, x_n - \bar{x} \rangle}{\langle \xi_n^k, x_n - \bar{x} \rangle} \\
&\geqslant \frac{-\langle \xi_n^1, x_n - \bar{x} \rangle}{f_k^\circ(\nu_n^k, x_n - \bar{x})} \\
&\geqslant \frac{-f_1^\circ(\nu_n^1, x_n - \bar{x})}{f_k^\circ(\nu_n^k, x_n - \bar{x})} \\
&= \frac{-f_1^\circ(\nu_n^1, t_n(x_n - \bar{x}))}{f_k^\circ(\nu_n^k, t_n(x_n - \bar{x}))}.
\end{aligned} \tag{3.2.20}$$

因为 $\nu_n^1 \to \bar{x}$, $\nu_n^k \to \bar{x}$ 且当 n 趋于 $+\infty$ 时,

$$t_n(x_n - \bar{x}) \to d.$$

由引理 3.2.1 (ii) 和 (3.2.19) 可得

$$\limsup_{n \to \infty} f_1^{\circ}(\nu_n^1, t_n(x_n - \bar{x})) \leqslant f_1^{\circ}(\bar{x}, d) < 0,$$

$$0 \leqslant \limsup_{n \to \infty} f_k^{\circ}(\nu_n^k, t_n(x_n - \bar{x})) \leqslant f_k^{\circ}(\bar{x}, d) = 0.$$

即

$$\limsup_{n \to \infty} f_k^{\circ}(\nu_n^k, t_n(x_n - \bar{x})) = f_k^{\circ}(\bar{x}, d) = 0.$$

因此, 由 (3.2.20) 有

$$\lim_{n \to \infty} \frac{f_1(x_n) - f_1(\bar{x})}{f_k(\bar{x}) - f_k(x_n)} \geqslant \limsup_{n \to \infty} \frac{-f_1^{\circ}(\nu_n^1, t_n(x_n - \bar{x}))}{f_k^{\circ}(\nu_n^k, t_n(x_n - \bar{x}))}$$

$$= \frac{\limsup_{n \to \infty} (-f_1^{\circ}(\nu_n^1, t_n(x_n - \bar{x})))}{\limsup_{n \to \infty} f_k^{\circ}(\nu_n^k, t_n(x_n - \bar{x}))}$$

$$= +\infty,$$

这与 $\bar{x} \in D$ 是 (MOP) 的 Geoffrion-真有效解矛盾. □

定理 3.2.7(强 Kuhn-Tucker 最优性必要条件)　假定 $\bar{x} \in D$, (EGARC) 在 $\bar{x}$ 处成立且对每个 $i \in I$, 锥

$$A_i = \text{coneconv}\left(\bigcup_{j \neq i} \partial_c f_j(\bar{x})\right) + \text{coneconv}\left(\bigcup_{j \in J(\bar{x})} \partial_c g_j(\bar{x})\right)$$

是闭集. 若 $\bar{x} \in D$ 是 (MOP) 的 Geoffrion-真有效解, 则存在 $\lambda \in \mathbb{R}^p$ 和 $u \in \mathbb{R}^m$, 使得

$$0 \in \sum_{i \in I} \lambda_i \partial_c f_i(\bar{x}) + \sum_{j \in J} u_j \partial_c g_j(\bar{x}), \tag{3.2.21}$$

$$u_j g_j(\bar{x}) = 0, \quad j \in J, \lambda > 0, u \geqq 0. \tag{3.2.22}$$

证明　由定理 3.2.6 可知, 对每个 $i \in I$, 下面的 p 个系统均无解, $d \in \mathbb{R}^n$:

$$\begin{cases} f_i^{\circ}(\bar{x}, d) < 0, \\ f_k^{\circ}(\bar{x}, d) \leqslant 0, \quad \forall k \in I \setminus \{i\}, \\ g_j^{\circ}(\bar{x}, d) \leqslant 0, \quad j \in J(\bar{x}). \end{cases}$$

因此, 由文献 [146] 中的定理 2.1 和 [161] 中的引理 5.2.7 可知, 存在 $\lambda \in \mathbb{R}^p, \lambda_i > 0$ 和 $u_j \geqslant 0, j \in J(\bar{x})$ 使得

$$0 \in \sum_{i \in I} \lambda_i \partial_c f_i(\bar{x}) + \sum_{j \in J(\bar{x})} u_j \partial_c g_j(\bar{x}).$$

取 $u_j = 0 (j \notin J(\bar{x}))$. 则有 (3.2.21)~(3.2.22) 成立. □

例 3.2.6　考虑如下非光滑多目标优化问题:

$$\begin{aligned} \min \quad & f(x) = (f_1(x), f_2(x)) \\ \text{s.t.} \quad & g_i(x) \leqslant 0, \quad i = 1, 2, x \in \mathbb{R}^2, \end{aligned}$$

其中

$$f_1(x_1, x_2) = x_1, \quad f_2(x_1, x_2) = |x_2|,$$
$$g_1(x_1, x_2) = 1 - e^{x_1}, \quad g_2(x_1, x_2) = -x_2^3.$$

令 $\bar{x} = (0, 0)$. 显然, $\bar{x}$ 是 Geoffrion-真有效解. 此外,

$$M^1(\bar{x}) = \{x \in \mathbb{R}^2 | x_1 = 0\},$$
$$M^2(\bar{x}) = \{x \in \mathbb{R}^2 | x_1 \geqslant 0, x_2 = 0\},$$
$$T(M^1(\bar{x}), \bar{x}) = \{d \in \mathbb{R}^2 | d_1 = 0\},$$
$$T(M^2(\bar{x}), \bar{x}) = \{d \in \mathbb{R}^2 | d_1 \geqslant 0, d_2 = 0\},$$
$$L(M(\bar{x}), \bar{x}) = \{(0, 0)\} = \bigcap_{i=1}^2 T(M^i(\bar{x}), \bar{x}).$$

即 (EGARC) 在 $\bar{x}$ 处成立. 此外

$$A_1 = \text{coneconv} \partial_c f_2(\bar{x}) + \text{coneconv} \left(\bigcup_{j=1}^2 \partial_c g_j(\bar{x}) \right) = \{x \in \mathbb{R}^2 | x_1 \leqslant 0\}$$

和

$$A_2 = \text{coneconv} \partial_c f_1(\bar{x}) + \text{coneconv} \left(\bigcup_{j=1}^2 \partial_c g_j(\bar{x}) \right) = \{x \in \mathbb{R}^2 | x_2 = 0\}$$

是闭集. 取 $\lambda_1 = \lambda_2 = u_1 = u_2 = 1$, 则强 Kuhn-Tucker 最优性必要条件成立.

注 3.2.5　定理 3.2.7 中的 Geoffrion-真有效性不能减弱为有效性.

例 3.2.7　考虑例 3.2.4 中的多目标优化问题. 可以验证

$$L(M(\bar{x}),\bar{x}) = \{d \in \mathbb{R}^2 | d_1 \geqslant 0, d_2 = 0\} = \bigcap_{i=1}^{2} T(M^i(\bar{x}),\bar{x}),$$

即 (EGARC) 在 $\bar{x} = (0,0)$ 处成立. 此外,

$$A_1 = \mathrm{coneconv}\partial_c f_2(\bar{x}) + \mathrm{coneconv}\partial_c g(\bar{x}) = \{x \in \mathbb{R}^2 | x_1 \leqslant 0\}$$

和

$$A_2 = \mathrm{coneconv}\partial_c f_1(\bar{x}) + \mathrm{coneconv}\partial_c g(\bar{x}) = \{x \in \mathbb{R}^2 | x_1 \leqslant 0, x_2 = 0\}$$

是闭的. 显然, $\bar{x} = (0,0)$ 是有效解但不是 Geoffrion-真有效解. 事实上, 令

$$x = (a, a^2), \quad a \in (0,2),$$

则有

$$\frac{f_1(x) - f_1(\bar{x})}{f_2(\bar{x}) - f_2(x)} = \frac{(a-1)^2 - 1}{-a^2} = \frac{a^2 - 2a}{-a^2} = -1 + \frac{2}{a} \to +\infty \quad (a \to 0^+).$$

进而可验证强 Kuhn-Tucker 最优性必要条件不成立.

注 3.2.6　定理 3.2.7 中锥 $A_i (i \in I)$ 的闭性假设不能去掉.

例 3.2.8　考虑例 3.2.5 中的多目标优化问题. 可以验证 $\bar{x} = (0,0)$ 是 (MOP) 的 Geoffrion-真有效解且

$$L(M(\bar{x}),\bar{x}) = \{d \in \mathbb{R}^2 | d_1 = 0, d_2 \geqslant 0\} = \bigcap_{i=1}^{2} L(M^i(\bar{x}),\bar{x}).$$

即 (EGARC) 在 $\bar{x} = (0,0)$ 处成立. 但是锥

$$A_1 = A_2 = \{x \in \mathbb{R}^2 | x_1 \geqslant 0, x_2 = 0\} \cup \{x \in \mathbb{R}^2 | x_2 < 0\}$$

不是闭集. 进而可验证强 Kuhn-Tucker 最优性必要条件不成立.

3.2.3　Clarke 次微分下的最优性充分条件

考虑如下多目标优化问题:

$$(\mathrm{MOP}) \quad \min \quad (f_1(x), f_2(x), \cdots, f_p(x))$$

$$
\text{s.t.} \quad
\begin{cases}
g_j(x) \leqslant 0, \quad j \in J = \{1, 2, \cdots, m\}, \\
x \in \Omega \subset \mathbb{R}^n,
\end{cases}
$$

其中 $f : \mathbb{R}^n \to \mathbb{R}^p$ 和 $g : \mathbb{R}^n \to \mathbb{R}^m$, Ω 是 $\mathbb{R}^n$ 的非空闭凸子集.

令 $D = \{x \in \Omega | g_j(x) \leqslant 0, j \in J\}$ 表示 (MOP) 的可行域, $E(f(D), \mathbb{R}_+^p)$ 表示 (MOP) 的有效解集. 对 $\bar{x} \in D$, 令 $I = \{1, 2, \cdots, p\}$, $J(\bar{x}) = \{j \in J | g_j(\bar{x}) = 0\}$.

集合 $A \subset \mathbb{R}^n$ 在 $\bar{x}$ 的法锥定义为

$$
N(A, \bar{x}) = \{p \in \mathbb{R}^n \mid \langle p, x - \bar{x} \rangle \leqslant 0, \forall x \in A\}.
$$

集合 $A \subset \mathbb{R}^n$ 的代数内部定义为

$$
\mathrm{core}A = \{x \in A \mid \exists \varepsilon > 0, x + th \in A, \forall t \in (0, \varepsilon), \forall h \in \mathbb{R}^n\}.
$$

定义 3.2.3[162] 称 $f : \mathbb{R}^n \to \mathbb{R}$ 是拟凸的, 如果对任意的 $x, y \in \mathbb{R}^n$, $\lambda \in [0, 1]$, 有

$$
f(x + \lambda(y - x)) \leqslant \max\{f(x), f(y)\}.
$$

引理 3.2.3[163] 设 $f : \mathbb{R}^n \to \mathbb{R}$ 在 y 是局部 Lipschitz 且正则的. 若 f 在 $\mathbb{R}^n$ 是拟凸的, 则对任意的 $x \in \mathbb{R}^n$,

$$
f(x) \leqslant f(y) \Rightarrow \langle \xi, x - y \rangle \leqslant 0, \quad \forall \xi \in \partial_C f(y).
$$

定理 3.2.8 假定 $\bar{x} \in D$, $f_i (i \in I)$ 和 $g_j (j \in J)$ 在 $\bar{x}$ 处是局部 Lipschitz 且正则的且 f_i 和 g_j 是 $\mathbb{R}^n$ 上的拟凸函数. 如果

$$
0 \in \mathrm{core}\left(\mathrm{clconeconv}\left(\left(\bigcup_{i \in I} \partial_c f_i(\bar{x}) \right) \cup \left(\bigcup_{j \in J(\bar{x})} \partial_c g_j(\bar{x}) \right) \right) + N(S, \bar{x}) \right),
$$

那么 $\bar{x} \in E(f(D), \mathbb{R}_+^p)$.

证明 由引理 3.2.3 和文献 [163] 中的定理 5.1 可知结论显然成立. □

对 (MOP), 设 $\bar{x} \in \Omega$. 令

$$
M^i(\bar{x}) = \{x \in \Omega | g_j(x) \leqslant 0, j \in J, f_i(x) \leqslant f_i(\bar{x})\}, \quad i \in I,
$$

$$
M(\bar{x}) = \bigcap_{i \in I} M^i(\bar{x}).
$$

利用 Clarke 方向导数引入下面的线性化锥.

定义 3.2.4　$M(\bar{x})$ 在 $\bar{x}$ 处的线性化锥为

$$L(M(\bar{x}),\bar{x}) = \left\{ d \in T(\Omega,\bar{x}) \mid f_i^\circ(\bar{x},d) \leqslant 0, i \in I, g_j^\circ(\bar{x},d) \leqslant 0, j \in J(\bar{x}) \right\}.$$

注 3.2.7　根据引理 3.2.1(i), $L(M(\bar{x}),\bar{x})$ 是闭凸锥.

下面利用线性化锥给出定理 3.2.8 的等价形式. 为此, 首先建立如下引理.

引理 3.2.4　设 A,B 是 $\mathbb{R}^n$ 上的两个锥. 则

$$0 \in \text{core}(A+B) \Leftrightarrow A + B = \mathbb{R}^n.$$

证明　充分性是显然的. 下证必要性. 设 $A+B \neq \mathbb{R}^n$. 令 $x \in \mathbb{R}^n \setminus (A+B)$. 由 $0 \in \text{core}(A+B)$ 并根据代数内部的定义可知, 存在 $\lambda > 0$ 使得 $0 + \lambda x \in A+B$. 因为 A 和 B 是锥, 故有 $x \in A+B$, 这与假设矛盾.　□

对于非空集合 $K \subset \mathbb{R}^n$, 其极锥定义为

$$K^\circ = \{k^* \in \mathbb{R}^n \mid \langle k^*, k \rangle \leqslant 0, \forall k \in K\}.$$

引理 3.2.5 [164]　假定 $K_1, K_2, \cdots, K_m$ 是 $\mathbb{R}^n$ 中的非空凸锥. 则

$$(\text{cl}K_1 \cap \cdots \cap \text{cl}K_m)^\circ = \text{cl}(K_1^\circ + \cdots + K_m^\circ).$$

引理 3.2.6　假定 $\bar{x} \in D$ 且对任意的 $i \in I, j \in J$, f_i 和 g_j 在 $\bar{x}$ 是局部 Lipschitz 的. 则

$$0 \in \text{core}\left(\text{clconeconv}\left(\left(\bigcup_{i \in I} \partial_c f_i(\bar{x}) \right) \cup \left(\bigcup_{j \in J(\bar{x})} \partial_c g_j(\bar{x}) \right) \right) + N(\Omega,\bar{x}) \right)$$

$$\Leftrightarrow L(M(\bar{x}),\bar{x}) = \{0\}.$$

证明　显然, $L(M(\bar{x}),\bar{x}) = \{0\}$ 当且仅当 $L(M(\bar{x}),\bar{x})^\circ = \mathbb{R}^n$. 令

$$\bar{L}(M(\bar{x}),\bar{x}) = \{d \in \mathbb{R}^n \mid f_i^\circ(\bar{x},d) \leqslant 0, i \in I, g_j^\circ(\bar{x},d) \leqslant 0, j \in J(\bar{x})\}.$$

于是

$$L(M(\bar{x}),\bar{x})^\circ = (\bar{L}(M(\bar{x}),\bar{x}) \cap T(\Omega,\bar{x}))^\circ.$$

因为 $\bar{L}(M(\bar{x}),\bar{x})$ 和 $T(\Omega,\bar{x})$ 是非空闭凸锥, 故由引理 3.2.5 可得

$$(\bar{L}(M(\bar{x}),\bar{x}) \cap T(\Omega,\bar{x}))^\circ = \text{cl}(\bar{L}(M(\bar{x}),\bar{x})^\circ + T(\Omega,\bar{x})^\circ)$$

$$= \text{cl}(\bar{L}(M(\bar{x}),\bar{x})^\circ + N(\Omega,\bar{x})).$$

因此

$$L(M(\bar{x}), \bar{x})^\circ = \mathbb{R}^n \Leftrightarrow \mathrm{cl}(\bar{L}(M(\bar{x}), \bar{x})^\circ + N(\Omega, \bar{x})) = \mathbb{R}^n. \quad (3.2.23)$$

此外, 由 $(\bar{L}(M(\bar{x}), \bar{x})^\circ + N(\Omega, \bar{x}))$ 的凸性可得

$$\mathrm{cl}(\bar{L}(M(\bar{x}), \bar{x})^\circ + N(\Omega, \bar{x})) = \mathbb{R}^n \Leftrightarrow \mathrm{int}(\mathrm{cl}(\bar{L}(M(\bar{x}), \bar{x})^\circ + N(\Omega, \bar{x}))) = \mathbb{R}^n$$

$$\Leftrightarrow \mathrm{int}(\bar{L}(M(\bar{x}), \bar{x})^\circ + N(\Omega, \bar{x})) = \mathbb{R}^n$$

$$\Leftrightarrow (\bar{L}(M(\bar{x}), \bar{x})^\circ + N(\Omega, \bar{x})) = \mathbb{R}^n.$$

故由 (3.2.23) 和引理 3.2.4 可得

$$L(M(\bar{x}), \bar{x}) = \{0\} \Leftrightarrow \bar{L}(M(\bar{x}), \bar{x})^\circ + N(S, \bar{x}) = \mathbb{R}^n$$

$$\Leftrightarrow 0 \in \mathrm{core}(\bar{L}(M(\bar{x}), \bar{x})^\circ + N(S, \bar{x})). \quad (3.2.24)$$

因此, 只需证明

$$\bar{L}(M(\bar{x}), \bar{x})^\circ = \mathrm{clconeconv}\left(\left(\bigcup_{i \in I} \partial_c f_i(\bar{x})\right) \cup \left(\bigcup_{j \in J(\bar{x})} \partial_c g_j(\bar{x})\right)\right).$$

由线性化锥的定义有

$$\bar{L}(M(\bar{x}), \bar{x})^\circ = \{d \in \mathbb{R}^n | f_i^\circ(\bar{x}, d) \leqslant 0, i \in I, g_j^\circ(\bar{x}, d) \leqslant 0, j \in J(\bar{x})\}^\circ.$$

根据 Clarke 次微分和极锥的定义,

$$\bar{L}(M(\bar{x}), \bar{x})^\circ = \left(\left(\bigcap_{i \in I}(\partial_c f_i(\bar{x}))^\circ\right) \cap \left(\bigcap_{j \in J(\bar{x})}(\partial_c g_j(\bar{x}))^\circ\right)\right)^\circ.$$

因此

$$\bar{L}(M(\bar{x}), \bar{x})^\circ = \left(\left(\bigcup_{i \in I} \partial_c f_i(\bar{x})\right)^\circ \cap \left(\bigcup_{j \in J(\bar{x})} \partial_c g_j(\bar{x})\right)^\circ\right)^\circ$$

$$= \left(\left(\bigcup_{i \in I} \partial_c f_i(\bar{x})\right) \cup \left(\bigcup_{j \in J(\bar{x})} \partial_c g_j(\bar{x})\right)\right)^{\circ\circ},$$

即

$$\bar{L}(M(\bar{x}), \bar{x})^{\circ} = \left(\text{clconeconv} \left(\left(\bigcup_{i \in I} \partial_c f_i(\bar{x}) \right) \cup \left(\bigcup_{j \in J(\bar{x})} \partial_c g_j(\bar{x}) \right) \right) \right)^{\circ \circ}.$$

所以

$$\bar{L}(M(\bar{x}), \bar{x})^{\circ} = \text{clconeconv} \left(\left(\bigcup_{i \in I} \partial_c f_i(\bar{x}) \right) \cup \left(\bigcup_{j \in J(\bar{x})} \partial_c g_j(\bar{x}) \right) \right). \qquad (3.2.25)$$

从而利用 (3.2.24) 和 (3.2.25) 可知结论成立. □

定理 3.2.9　假定 $\bar{x} \in D$, $f_i(i \in I)$ 和 $g_j(j \in J)$ 在 $\bar{x}$ 处是局部 Lipschitz 且正则的, f_i 和 g_j 是 $\mathbb{R}^n$ 上的拟凸函数. 如果 $L(M(\bar{x}), \bar{x}) = \{0\}$, 那么 $\bar{x} \in E(f(D), \mathbb{R}_+^p)$.

证明　由定理 3.2.8 和引理 3.2.6 可知结论显然成立. □

注 3.2.8　如果去掉函数的拟凸性假设, 定理 3.2.9 不一定成立.

例 3.2.9　考虑如下多目标优化问题:

$$\min \quad f(x) = (f_1(x), f_2(x))$$
$$\text{s.t.} \quad g_1(x) \leqslant 0, \quad x \in \Omega = \mathbb{R}^2,$$

其中

$$f_1(x) = \sqrt{x_1^2 + x_2^2} + x_2,$$
$$f_2(x) = 3x_2,$$
$$g_1(x) = -2e^{|x_2|} + 2.$$

显然, $\bar{x} = (0,0) \in D$, $J(\bar{x}) = \{1\}$. 容易验证 f_1, f_2 在 $\mathbb{R}^2$ 上是拟凸的. 令

$$a = (-1, -1), \quad b = (1, 1), \quad \lambda = \frac{1}{2}.$$

则

$$g_1(a) = -2e + 2, \quad g_1(b) = -2e + 2.$$

从而有

$$g_1(\lambda a + (1-\lambda)b) = g_1\left(\frac{1}{2}a + \frac{1}{2}b\right) = 0 > \max\{g_1(a), g_1(b)\}.$$

所以 g_1 在 $\mathbb{R}^2$ 上不是拟凸的. 同理可证 f_1, f_2 和 g_1 在 $\bar{x}$ 处是局部 Lipschitz 函数. 此外, $T(S, \bar{x}) = \mathbb{R}^2$ 和

$$M^1(\bar{x}) = \{x \in \mathbb{R}^2 | x_1 = 0, x_2 \leqslant 0\},$$

$$M^2(\bar{x}) = \{x \in \mathbb{R}^2 | x_1 \in \mathbb{R}, x_2 \leqslant 0\},$$

$$M(\bar{x}) = \{x \in \mathbb{R}^2 | x_1 = 0, x_2 \leqslant 0\},$$

$$f_1^\circ(\bar{x}; d) = \sqrt{d_1^2 + d_2^2} + d_2,$$

$$f_2^\circ(\bar{x}; d) = 3d_2,$$

$$g_1^\circ(\bar{x}; d) = 2|d_2|.$$

因此

$$L(M(\bar{x}), \bar{x}) = \{d \in T(\Omega, \bar{x}) \mid f_i^\circ(\bar{x}, d) \leqslant 0, i \in I, g_j^\circ(\bar{x}, d) \leqslant 0, j \in J(\bar{x})\} = \{(0, 0)\}.$$

然而, $\bar{x} = (0, 0)$ 不是 (MOP) 的有效解.

注意到定理 3.2.9 的假设条件不仅能保证 (MOP) 的有效性, 更能保证解的 Kuhn-Tucker 真有效性.

定义 3.2.5 $\bar{x} \in D$ 称为 (MOP) 的 Kuhn-Tucker 真有效解, 如果它是 (MOP) 的有效解且下面的系统无解:

$$\begin{cases} f_i^\circ(\bar{x}, d) < 0, & \exists i \in I, \\ f_k^\circ(\bar{x}, d) \leqslant 0, & \forall k \in I \backslash \{i\}, \\ g_j^\circ(\bar{x}, d) \leqslant 0, & \forall j \in J(\bar{x}), \\ d \in T(\Omega, \bar{x}). \end{cases}$$

定理 3.2.10 在定理 3.2.9 的假设条件下, $\bar{x}$ 是 (MOP) 的 Kuhn-Tucker 真有效解.

证明 由定理 3.2.9 可知, $\bar{x} \in E(f(D), \mathbb{R}_+^p)$. 此外, 由 $L(M(\bar{x}), \bar{x}) = \{0\}$ 可知, 下面的系统无解, $d_i \in \mathbb{R}^n$:

$$\begin{cases} f_i^\circ(\bar{x}, d_i) < 0, \\ f_k^\circ(\bar{x}, d_i) \leqslant 0, & \forall k \in I \backslash \{i\}, \\ g_j^\circ(\bar{x}, d_i) \leqslant 0, & \forall j \in J(\bar{x}), \\ d_i \in T(\Omega, \bar{x}), \end{cases}$$

即 $\bar{x} \in D$ 是 (MOP) 的 Kuhn-Tucker 真有效解. $\square$

3.2.4　Mordukhovich 次微分下的正则性条件

下面在 Burachik 和 Rizvi 在文献 [139] 中提出的集合 $M^i(\bar{x})$ 和 $M(\bar{x})$ 的基础上推广可微条件下正则性条件到 Mordukhovich 次微分情形. 进而研究 Mordukhovich 次微分下的正则性条件和 Clarke 次微分下的正则性条件之间的关系[165].

考虑如下多目标优化问题:

$$\text{(MOP)} \qquad \min \quad f(x) = (f_1(x), f_2(x), \cdots, f_p(x))$$
$$\text{s.t.} \quad g_j(x) \leqslant 0, \quad j \in J = \{1, 2, \cdots, m\},$$

其中 $f(x) : \mathbb{R}^n \to \mathbb{R}^p$ 和 $g(x) = (g_1(x), g_2(x), \cdots, g_m(x)) : \mathbb{R}^n \to \mathbb{R}^m$.

定义 3.2.6 [166]　设 Ω 是 $\mathbb{R}^n$ 中的非空子集. 给定 $x \in \Omega$ 和 $\varepsilon \geqslant 0$, 则 Ω 在 x 处的 Mordukhovich 基本法锥定义为

$$\hat{N}(\bar{x}; \Omega) = \limsup_{x \xrightarrow{\Omega} \bar{x}, \varepsilon \downarrow 0} \hat{N}_\varepsilon(\bar{x}; \Omega),$$

其中

$$\hat{N}_\varepsilon(\bar{x}; \Omega) = \left\{ x^* \in \mathbb{R}^n \,\middle|\, \limsup_{x \xrightarrow{\Omega} \bar{x}} \frac{\langle x^*, x - \bar{x} \rangle}{\|x - \bar{x}\|} \leqslant \varepsilon \right\}.$$

注 3.2.9 [166]　(i) 若 $x \notin \Omega$, 则有 $\hat{N}(\bar{x}; \Omega) = \varnothing$;

(ii) 若 Ω 是凸集, 则有

$$\hat{N}(\bar{x}; \Omega) = N(\bar{x}; \Omega).$$

函数 $\varphi : \mathbb{R}^n \to \mathbb{R}$ 的上图定义为

$$\text{epi}\varphi = \{(x, a) \in \mathbb{R}^n \times \mathbb{R} \mid \varphi(x) \leqslant a\}.$$

定义 3.2.7 [166]　考虑广义实值函数: $\varphi : \mathbb{R}^n \to \overline{\mathbb{R}} = [-\infty, +\infty]$, $\bar{x} \in \mathbb{R}^n$ 且 $|\varphi(\bar{x})| < \infty$, φ 在 $\bar{x}$ 处的 Mordukhovich 次微分定义为

$$\partial_M \varphi(\bar{x}) = \{x^* \in \mathbb{R}^n \mid (x^*, -1) \in \hat{N}((\bar{x}, \varphi(\bar{x})); \text{epi}\varphi)\},$$

其元素即为 φ 在这一点的 Mordukhovich 次梯度. 若 $|\varphi(\bar{x})| = \infty$, 规定 $\partial_M \varphi(\bar{x}) = \varnothing$.

下面给出 Mordukhovich 次微分下线性化锥的定义, 进而提出新的正则性条件并探讨其与其他正则性条件之间的关系.

定义 3.2.8　Mordukhovich 次微分下集合 $M^i(\bar{x})$ 在 $\bar{x}$ 处的线性化锥为

$$L_M(M^i(\bar{x}), \bar{x}) = \{d \in \mathbb{R}^n | \langle \xi, d \rangle \leqslant 0, \forall \xi \in \partial_M f_i(\bar{x}),$$

$$\langle \eta, d \rangle \leqslant 0, \forall \eta \in \partial_M g_j(\bar{x}), j \in J(\bar{x})\}, \quad i \in I,$$

集合 M 在 $\bar{x} \in M$ 处的线性化锥为

$$L_M(M(\bar{x}), \bar{x}) = \{d \in \mathbb{R}^n | \langle \xi, d \rangle \leqslant 0, \forall \xi \in \partial_M f_i(\bar{x}), i \in I,$$

$$\langle \eta, d \rangle \leqslant 0, \forall \eta \in \partial_M g_j(\bar{x}), j \in J(\bar{x})\}.$$

将线性化锥 $L_M(M^i(\bar{x}), \bar{x})$ 和 $L_M(M(\bar{x}), \bar{x})$ 简记为

$$L_M(M^i(\bar{x}), \bar{x}) = \{d \in \mathbb{R}^n | \langle \partial_M f_i(\bar{x}), d \rangle \leqslant 0,$$

$$\langle \partial_M g_j(\bar{x}), d \rangle \leqslant 0, j \in J(\bar{x})\}, \quad i \in I;$$

$$L_M(M(\bar{x}), \bar{x}) = \{d \in \mathbb{R}^n | \langle \partial_M f_i(\bar{x}), d \rangle \leqslant 0, i \in I,$$

$$\langle \partial_M g_j(\bar{x}), d \rangle \leqslant 0, j \in J(\bar{x})\}.$$

引理 3.2.7 [166]　假定 $f : \mathbb{R}^n \to \mathbb{R}$ 在 $\bar{x} \in \mathbb{R}^n$ 处是局部 Lipschitz 的. 则

$$\partial_C f(\bar{x}) = \mathrm{clconv} \partial_M f(\bar{x}).$$

引理 3.2.8 [166]　假定 φ 在一个包含 $[x, y]$ 的开集上是局部 Lipschitz 函数. 则对于 $c \in [x, y], \xi \in \partial_M \varphi(c)$,

$$\varphi(y) - \varphi(x) \leqslant \langle \xi, y - x \rangle.$$

引理 3.2.9 [167]　对于局部 Lipschitz 函数 $f : \mathbb{R}^n \to \mathbb{R}$, Mordukhovich 次微分映射 $\partial_M f(x)$ 是外半连续的, 即

$$\limsup_{x \to \bar{x}} \partial_M f(x) \subset \partial_M f(\bar{x}), \quad \forall \bar{x} \in \mathbb{R}^n.$$

引理 3.2.10　设 $h : \mathbb{R}^p \to \mathbb{R}$ 是局部 Lipschitz 的. 假定
(i) $x_n \to \bar{x}$;
(ii) $h(x_n) \geqslant h(\bar{x})$;
(iii) 对于所有 n, $s_n > 0$ 且 $v = \lim_{n \to \infty} s_n(x_n - \bar{x})$,
则存在至少一个向量 $\xi \in \partial_M h(\bar{x})$ 使得

$$\langle \xi, v \rangle \geqslant 0.$$

证明   根据引理 3.2.8 可知, 存在 $u_n \in [\bar{x}, x_n)$ 和 $\xi_n \in \partial_M h(u_n)$ 使得

$$h(x_n) - h(\bar{x}) \leqslant \langle \xi_n, x_n - \bar{x} \rangle.$$

则有

$$0 \leqq h(x_n) - h(\bar{x}) \leqslant \langle \xi_n, x_n - \bar{x} \rangle.$$

令

$$u_n = \bar{x} + \lambda_n (x_n - \bar{x}), \quad \lambda_n \in (0, 1).$$

因此, $u_n \to \bar{x}$. 因为 h 是局部 Lipschitz 的, 故序列 $\{\xi_n\}$ 有界. 因此, 在序列 $\{\xi_n\}$ 中必存在收敛子列. 不失一般性, 将该子列记为 $\{\xi_n\}$. 则有 $\xi_n \to \xi_0$. 由引理 3.2.9 可知, $\xi_0 \in \partial_M h(\bar{x})$. 又因为

$$\lim_{n \to \infty} s_n (x_n - \bar{x}) = v,$$

故有

$$0 \leqslant \lim_{n \to \infty} \langle \xi_n, s_n (x_n - \bar{x}) \rangle = \langle \xi_0, v \rangle,$$

其中 $\xi_0 \in \partial_M h(\bar{x})$.   □

下面的定理给出了 Clarke 方向导数和 Mordukhovich 次微分下线性化锥之间的关系.

定理 3.2.11   (i) $L(M^i(\bar{x}), \bar{x}) = L_M(M^i(\bar{x}), \bar{x})$;

(ii) $L(M(\bar{x}), \bar{x}) = L_M(M(\bar{x}), \bar{x})$.

证明   (i) 根据引理 3.2.7 可知

$$L(M^i(\bar{x}), \bar{x}) \subset L_M(M^i(\bar{x}), \bar{x}).$$

下面证明

$$L_M(M^i(\bar{x}), \bar{x}) \subset L(M^i(\bar{x}), \bar{x}).$$

对任意的 $d \in L_M(M^i(\bar{x}), \bar{x})$,

$$\langle x_M, d \rangle \leqslant 0, \quad \forall x_M \in \partial_M f_i(\bar{x});$$

$$\langle y_M, d \rangle \leqslant 0, \quad \forall y_M \in \partial_M g_j(\bar{x}), \quad j \in J(\bar{x}).$$

又由引理 3.2.7, 可将每一个 $x_C \in \partial_C f_i(\bar{x})$ 表达为

$$x_C = \lim_{n \to \infty} \sum_{j=1}^{k} \lambda_n^j x_M^j, \quad x_M^j \in \partial_M f_i(\bar{x}),$$

$$\lambda_n^j \geqslant 0, \quad \sum_{j=1}^{k} \lambda_n^j = 1.$$

因此, 对每一个 $d \in L_M(M^i(\bar{x}), \bar{x}), x_C \in \partial_C f_i(\bar{x})$,

$$\langle x_C, d \rangle = \left\langle \lim_{n \to \infty} \sum_{j=1}^{k} \lambda_n^j x_M^j, d \right\rangle$$

$$= \lim_{n \to \infty} \sum_{j=1}^{k} \lambda_n^j \langle x_M^j, d \rangle \leqslant 0.$$

因此, $f_i^\circ(\bar{x}, d) \leqslant 0$. 同理可得 $g_j^\circ(\bar{x}, d) \leqslant 0, j \in J(\bar{x})$. 综上可知 $d \in L(M^i(\bar{x}), \bar{x})$, 即

$$L(M^i(\bar{x}), \bar{x}) \supset L_M(M^i(\bar{x}), \bar{x}).$$

(ii) 根据 (i), 显然有

$$L(M(\bar{x}), \bar{x}) = L_M(M(\bar{x}), \bar{x}). \qquad \square$$

接下来介绍基于 Mordukhovich 次微分的 (MOP) 四类正则性条件.
Mordukhovich 次微分下推广的广义 Abadie 正则性条件 (EGARCM):

$$L_M(M(\bar{x}), \bar{x}) \subset \bigcap_{i \in I} T(M^i(\bar{x}), \bar{x});$$

Mordukhovich 次微分下广义 Abadie 正则性条件 (GARCM):

$$L_M(Q(\bar{x}), \bar{x}) \subset \bigcap_{i \in I} T(Q^i(\bar{x}), \bar{x});$$

Mordukhovich 次微分下广义 Guignard 正则性条件 (GGRCM):
存在 $i \in I$, 使得

$$L_M(M^i(\bar{x}), \bar{x}) \subset \text{clconv} T(M^i(\bar{x}), \bar{x});$$

Mordukhovich 次微分下广义 Cottle 正则性条件 (GCRCM):
对每一个 $i \in I$, 下面的系统有解, $d^i \in \mathbb{R}^n$:

$$\begin{cases} \langle \partial_M f_k(\bar{x}), d \rangle < 0, & k \in I \backslash \{i\}, \\ \langle \partial_M g_j(\bar{x}), d \rangle < 0, & j \in J(\bar{x}). \end{cases}$$

显然, (GARCM) 和 (GCRCM) 分别推广了文献 [150] 中的 (GACQ) 和 (CCQ) 到非光滑情形. (EGARCM), (GARCM), (GGRCM) 和 (GCRCM) 推广了文献 [168] 中的 (EGARC), (GARC), (GGRC) 和 (GCRC).

推论 3.2.1　Clarke 次微分和 Mordukhovich 次微分意义下正则性条件有如下关系:

(i) (GCRC) $\Longrightarrow$ (GCRCM);

(ii) (GGRC) $\Longleftrightarrow$ (GGRCM);

(iii) (GARC) $\Longleftrightarrow$ (GARCM);

(iv) (EGARC) $\Longleftrightarrow$ (EGARCM).

证明　由定理 3.2.11 和引理 3.2.7 可知结论显然. □

定理 3.2.12　Mordukhovich 次微分下上述正则性条件有如下关系:

(i) (GARCM) $\Longrightarrow$ (EGARCM);

(ii) (GCRCM) $\Longrightarrow$ (GGRCM);

(iii) (GCRCM) $\Longrightarrow$ (GARCM).

证明　(i) 根据定理 3.2.11, 显然有 (GARCM) 蕴含 (EGARCM);

(ii) 因为 (GCRCM) 成立, 所以对任意固定的 $i \in I$, 存在 $d^i \in \mathbb{R}^n$ 使得

$$\begin{cases} \langle \partial_M f_k(\bar{x}), d^i \rangle < 0, & k \in I \backslash \{i\}, \\ \langle \partial_M g_j(\bar{x}), d^i \rangle < 0, & j \in J(\bar{x}). \end{cases}$$

故对于任意给定的 $k \in I \backslash \{i\}$ 及每一个 $v^k \in L_M(M^k(\bar{x}), \bar{x})$ 有

$$\langle \partial_M f_k(\bar{x}), v^k \rangle \leqslant 0$$

且

$$\langle \partial_M g_j(\bar{x}), v^k \rangle \leqslant 0, \quad j \in J(\bar{x}).$$

对于任意的 $t_n \downarrow 0(n \to \infty)$, 定义

$$d_n^k = v^k + t_n d^i.$$

则有

$$\begin{aligned} \langle \partial_M f_k(\bar{x}), d_n^k \rangle &= \langle \partial_M f_k(\bar{x}), v^k + t_n d^i \rangle \\ &= \langle \partial_M f_k(\bar{x}), v^k \rangle + t_n \langle \partial_M f_k(\bar{x}), d^i \rangle \\ &< 0, \end{aligned} \tag{3.2.26}$$

$$\langle \partial_M g_j(\bar{x}), d_n^k \rangle = \langle \partial_M g_j(\bar{x}), v^k + t_n d^i \rangle$$

$$= \langle \partial_M g_j(\bar{x}), v^k \rangle + t_n \langle \partial_M g_j(\bar{x}), d^i \rangle$$

$$< 0, \tag{3.2.27}$$

其中 $k \in I\backslash\{i\}, j \in J(\bar{x})$. 对每一个 d_n^k 以及正序列 $\{s_{nm}^k\}_{m=1}^{\infty} \to 0$, 定义

$$x_{nm}^k = \bar{x} + s_{nm}^k d_n^k.$$

则有

$$d_n^k = \frac{1}{s_{nm}^k}(x_{nm}^k - \bar{x}).$$

进而有 $x_{nm}^k \to \bar{x}(m \to \infty)$. 根据引理 3.2.8, 在区间 $[\bar{x}, x_{nm}^k)$ 中存在 v_0^k, 并且 $\xi_{nm}^k \in \partial_M f_k(v_0^k)$ 使得

$$f_k(x_{nm}^k) - f_k(\bar{x}) \leqslant \langle \xi_{nm}^k, x_{nm}^k - \bar{x} \rangle,$$

其中

$$v_0^k = \bar{x} + \lambda_{nm}^k(x_{nm}^k - \bar{x}), \quad \lambda_{nm}^k \in [0, 1).$$

因此, 当 $m \to \infty$ 时, $v_0^k \to \bar{x}$. 又因为 $f_k(x)$ 是局部 Lipschitz 的, 故序列 $\{\xi_{nm}^k\}$ 有界. 因此, 在序列 $\{\xi_{nm}^k\}$ 中存在收敛子列. 不失一般性, 将该子列表示为 $\{\xi_{nm}^k\}$. 则

$$\xi_{nm}^k \to \xi_0.$$

根据引理 3.2.9 可知, $\xi_0 \in \partial_M f_k(\bar{x})$. 因此

$$\frac{1}{s_{nm}^k}(f_k(x_{nm}^k) - f_k(\bar{x})) \leqslant \left\langle \xi_{nm}^k, \frac{1}{s_{nm}^k}(x_{nm}^k - \bar{x}) \right\rangle.$$

对于 $\langle \partial_M f_k(\bar{x}), d_n^k \rangle < 0$,

$$\lim_{m \to \infty} \frac{1}{s_{nm}^k}(f_k(x_{nm}^k) - f_k(\bar{x})) \leqslant \lim_{m \to \infty} \left\langle \xi_{nm}^k, \frac{1}{s_{nm}^k}(x_{nm}^k - \bar{x}) \right\rangle$$

$$= \langle \xi_0, d_n^k \rangle < 0.$$

因此, 存在正整数 N_0, 当 $m > N_0$ 时,

$$f_k(x_{nm}^k) < f_k(\bar{x}).$$

同理可知, 存在正整数 N_1, 当 $m > N_1$ 时,

$$g_j(x_{nm}^k) < g_j(\bar{x}) = 0, \quad j \in J(\bar{x}).$$

当 $j \notin J(\bar{x})$ 时, 由于 $g_j(x)$ 的连续性, 存在正整数 N_2, 当 $m > N_2$ 时,

$$g_j(x_{nm}^k) < 0.$$

因此, 当 $m > \max\{N_0, N_1, N_2\}$ 时,

$$x_{nm}^k \in M^k(\bar{x}), \quad \lim_{m \to \infty} x_{nm}^k = \bar{x} \in \mathrm{cl}M^k(\bar{x}), \quad d_n^k = \frac{1}{s_{nm}^k}(x_{nm}^k - \bar{x}),$$

即 $d_n^k \in T(M^k(\bar{x}), \bar{x})$. 因此

$$\lim_{n \to \infty} d_n^k = \lim_{n \to \infty}(v^k + t_n d^i) = v^k \in T(M^k(\bar{x}), \bar{x}).$$

则有

$$v^i \in T(M^i(\bar{x}), \bar{x}) \subset \mathrm{clconv}T(M^i(\bar{x}), \bar{x}), \quad \forall i \in I,$$

即 (GGRCM) 成立.

(iii) 证明与 (ii) 类似. □

注 3.2.10　注意到即使在函数具有可微性的情况下, (EGARCM) 也不一定蕴含 (GARCM).

例 3.2.10　考虑如下多目标优化问题:

$$\begin{aligned} \min \quad & f(x) = (f_1(x), f_2(x), f_3(x)) \\ \mathrm{s.t.} \quad & g(x) \leqslant 0, \quad x \in \mathbb{R}^2, \end{aligned}$$

其中

$$f_1(x) = 1, \quad f_2(x) = x_1^2 - x_2, \quad f_3(x) = x_1^2 + x_2, \quad g(x) = -x_1.$$

显然 $\bar{x} = (0,0)$ 是一个可行解. 因此

$$M^1(\bar{x}) = \{(x_1, x_2) \in \mathbb{R}^2 | x_1 \geqslant 0\}, \quad M^2(\bar{x}) = \{(x_1, x_2) \in \mathbb{R}^2 | x_1 \geqslant 0, x_1^2 - x_2 \leqslant 0\},$$

$$M^3(\bar{x}) = \{(x_1, x_2) \in \mathbb{R}^2 | x_1 \geqslant 0, x_1^2 + x_2 \leqslant 0\},$$

$$Q^1(\bar{x}) = \{(x_1, x_2) \in \mathbb{R}^2 | x_1 = 0, x_2 = 0\},$$

$$Q^2(\bar{x}) = \{(x_1, x_2) \in \mathbb{R}^2 | x_1 \geqslant 0, x_1^2 + x_2 \leqslant 0\},$$

$$Q^3(\bar{x}) = \{(x_1, x_2) \in \mathbb{R}^2 | x_1 \geqslant 0, x_1^2 - x_2 \leqslant 0\},$$

$$T(M^1(\bar{x}), \bar{x}) = \{d \in \mathbb{R}^2 | d_1 \geqslant 0\}, \quad T(Q^1(\bar{x}), \bar{x}) = \{(0,0)\},$$

$$T(M^2(\bar{x}), \bar{x}) = T(Q^3(\bar{x}), \bar{x}) = \{d \in \mathbb{R}^2 | d_1 \geqslant 0, d_2 \geqslant 0\},$$

$$T(M^3(\bar{x}), \bar{x}) = T(Q^2(\bar{x}), \bar{x}) = \{d \in \mathbb{R}^2 | d_1 \geqslant 0, d_2 \leqslant 0\},$$

$$L_M(M^1(\bar{x}), \bar{x}) = \{d \in \mathbb{R}^2 | d_1 \geqslant 0\}, \quad L_M(M^2(\bar{x}), \bar{x}) = \{d \in \mathbb{R}^2 | d_1 \geqslant 0, d_2 \geqslant 0\},$$

$$L_M(M^3(\bar{x}), \bar{x}) = \{d \in \mathbb{R}^2 | d_1 \geqslant 0, d_2 \leqslant 0\},$$

则有

$$\bigcap_{i \in I} T(Q^i(\bar{x}), \bar{x}) = \{(0,0)\} \subsetneq \bigcap_{i \in I} T(M^i(\bar{x}), \bar{x}) = \{d \in \mathbb{R}^2 | d_1 \geqslant 0, d_2 = 0\},$$

$$L_M(M(\bar{x}), \bar{x}) = L_M(Q(\bar{x}), \bar{x}) = \{d \in \mathbb{R}^2 | d_1 \geqslant 0, d_2 = 0\} \subset \bigcap_{i \in I} T(M^i(\bar{x}), \bar{x})$$

$$= \{d \in \mathbb{R}^2 | d_1 \geqslant 0, d_2 = 0\},$$

即 (EGARCM) 在 $\bar{x}$ 处成立. 然而

$$L_M(M(\bar{x}), \bar{x}) = L_M(Q(\bar{x}), \bar{x}) = \{d \in \mathbb{R}^2 | d_1 \geqslant 0, d_2 = 0\}$$

$$\not\subset \bigcap_{i \in I} T(Q^i(\bar{x}), \bar{x}) = \{(0,0)\},$$

即 (GARCM) 在 $\bar{x}$ 处不成立.

注 3.2.11 Mordukhovich 次微分下以上四类正则性条件之间的关系可归纳为

$$\text{(EGARCM)} \Longleftarrow \text{(GARCM)} \Longleftarrow \text{(GCRCM)} \Longrightarrow \text{(GGRCM)}.$$

注 3.2.12 根据文献 [168] 中的注 3.6 以及推论 3.2.1 可知, (GGRCM) 和 (GARCM) 是两种不同类型的正则性条件.

3.2.5 Mordukhovich 次微分下的最优性必要条件

下面建立 Mordukhovich 次微分下 (MOP) Geoffrion-真有效解的最优性必要条件.

引理 3.2.11[169] 假定 T, S, P 是任意的指标集, $a_t = a(t) = (a_1(t), a_2(t), \cdots, a_n(t))$, a_p 和 a_s 均是 T 到 $\mathbb{R}^n$ 上的映射且集合

$$\text{conv}\{a_t, t \in T\} + \text{coneconv}\{a_s, s \in S\} + \text{span}\{a_p, p \in P\}$$

是闭集. 则下面的 (i) 和 (ii) 等价:

(i) $\begin{cases} a_t^{'}x > 0, & t \in T, T \neq \varnothing, \\ a_s^{'}x \geqslant 0, & s \in S, \\ a_p^{'}x = 0, & p \in P \end{cases}$ 　无解　$x \in \mathbb{R}^n$;

(ii) $0 \in \mathrm{conv}\{a_t, t \in T\} + \mathrm{coneconv}\{a_s, s \in S\} + \mathrm{span}\{a_p, p \in P\}$.

下面在 (EGARCM) 下建立 (MOP) 的 Geoffrion-真有效解的弱 Kuhn-Tucker 最优性必要条件. 这些结果将文献 [139] 中的定理 4.1 和定理 4.2 推广到了 Mordukhovich 非光滑情形.

定理 3.2.13　假定 $\bar{x} \in D$, $\bar{x}$ 是 (MOP) 的 Geoffrion-真有效解且正则性条件 (EGARCM) 在 $\bar{x}$ 处成立. 则对每个 $i \in I$, 下列系统在 $\mathbb{R}^n$ 中都无解.

$$\begin{cases} \langle \partial_M f_i(\bar{x}), d \rangle < 0, \\ \langle \partial_M f_k(\bar{x}), d \rangle \leqslant 0, & \forall k \in I \backslash \{i\}, \\ \langle \partial_M g_j(\bar{x}), d \rangle \leqslant 0, & \forall j \in J(\bar{x}). \end{cases} \tag{3.2.28}$$

证明　假定存在 $i \in I$ 使得系统 (3.2.28) 有解. 不失一般性, 设

$$\begin{cases} \langle \partial_M f_1(\bar{x}), d \rangle < 0, \\ \langle \partial_M f_k(\bar{x}), d \rangle \leqslant 0, & \forall k \in I \backslash \{1\}, \\ \langle \partial_M g_j(\bar{x}), d \rangle \leqslant 0, & \forall j \in J(\bar{x}). \end{cases} \tag{3.2.29}$$

由 (3.2.29) 可知, $d \in L_M(M(\bar{x}), \bar{x})$. 又因为 (EGARCM) 成立, 故对任意的 $i \in I$,

$$d \in T(M^i(\bar{x}), \bar{x}).$$

即存在 $\{(x_n, t_n)\} \subset M^i(\bar{x}) \times \mathbb{R}_{++}$ 且 $\lim\limits_{n \to \infty} x_n = \bar{x}$ 使得

$$\lim\limits_{n \to \infty} t_n(x_n - \bar{x}) = d.$$

根据引理 3.2.8, 在区间 $[\bar{x}, x_n)$ 上存在 v_n^i 且有 $\xi_n^i \in \partial_M f_k(v_n^i)$ 使得

$$f_i(x_n) - f_i(\bar{x}) \leqslant \langle \xi_n^i, x_n - \bar{x} \rangle, \quad \forall i \in I,$$

其中

$$v_n^i = \bar{x} + \lambda_n^i(x_n - \bar{x}), \quad \lambda_n^i \in [0, 1).$$

因此, $v_n^i \to \bar{x}$. 由 $f_i(x)$ 的局部 Lipschitz 性可知, 序列 $\{\xi_n^i\}$ 是有界的. 因此, 在序列 $\{\xi_n^i\}$ 中必存在收敛子列. 不失一般性, 将其记为 $\{\xi_n^i\}$. 则

$$\xi_n^i \to \xi_0^i, \quad i \in I.$$

根据引理 3.2.9 可知

$$\xi_0^i \in \partial_M f_i(\bar{x}), \quad \forall i \in I.$$

因此, 对 $t_n > 0$, 当 $i = 1$ 时, 由 $\langle \partial_M f_1(\bar{x}), d \rangle < 0$ 可得

$$t_n(f_1(x_n) - f_1(\bar{x})) \leqslant \langle \xi_n^1, t_n(x_n - \bar{x}) \rangle,$$

$$\lim_{n \to \infty} t_n(f_1(x_n) - f_1(\bar{x})) \leqslant \lim_{n \to \infty} \langle \xi_n^1, t_n(x_n - \bar{x}) \rangle = \langle \xi_0^1, d \rangle < 0,$$

即对于 $n > N_0 \in \mathbb{N}$,

$$f_1(x_n) < f_1(\bar{x}).$$

固定 $r < 0$ 使得 $\langle \xi_0^1, d \rangle < r < 0$, 即

$$-\langle \xi_0^1, d \rangle > -r > 0.$$

对任意的正整数 n, 考虑集合

$$\Gamma_n = \{k \geq 2 | f_k(x_n) > f_k(\bar{x})\}.$$

因为 $\bar{x} \in D$ 是 (MOP) 的 Geoffrion-真有效解, 所以对任意的 $n \in \mathbb{N}$ 有 $\Gamma_n \neq \varnothing$ 且 Γ_n 是常值. 根据引理 3.2.10, 对于所有的 $k \in \Gamma_n$, 存在 $\xi_k^\circ \in \partial_M f_k(\bar{x})$ 使得

$$\langle \xi_k^\circ, d \rangle \geqq 0.$$

根据 (3.2.29) 可得 $\langle \xi_k^\circ, d \rangle = 0$. 因此

$$\sup\{\langle \xi_k, d \rangle | \xi_k \in \partial_M f_k(\bar{x})\} = 0, \quad \forall k \in \Gamma_n.$$

则对于所有的 $k \in \Gamma_n \subset I \backslash \{1\}$,

$$0 < t_n(f_k(x_n) - f_k(\bar{x})) \leqslant \langle \xi_n^k, t_n(x_n - \bar{x}) \rangle,$$

且

$$0 \leqslant \lim_{n \to \infty} t_n(f_k(x_n) - f_k(\bar{x}))$$

$$\leqslant \lim_{n \to \infty} \langle \xi_n^k, t_n(x_n - \bar{x}) \rangle$$

$$= \langle \xi_0^k, d \rangle \leqslant \sup\{\langle \xi_k, d \rangle | \xi_k \in \partial_M f_k(\bar{x})\} = 0.$$

显然

$$0 < \frac{f_k(\bar{x}) - f_k(x_n)}{f_1(x_n) - f_1(\bar{x})} = \frac{f_k(x_n) - f_k(\bar{x})}{f_1(\bar{x}) - f_1(x_n)} \leqq \frac{\langle \xi_n^k, x_n - \bar{x} \rangle}{-\langle \xi_n^1, x_n - \bar{x} \rangle}.$$

因此, 对于任意的 $k \in \Gamma_n$ 以及 $n > N_0$,

$$0 \leqslant \lim_{n \to \infty} \frac{f_k(\bar{x}) - f_k(x_n)}{f_1(x_n) - f_1(\bar{x})} \leqslant \lim_{n \to \infty} \frac{t_n \langle \xi_n^k, x_n - \bar{x} \rangle}{-t_n \langle \xi_n^1, x_n - \bar{x} \rangle}$$

$$\leqslant -\frac{1}{r} \lim_{n \to \infty} \langle \xi_n^k, t_n(x_n - \bar{x}) \rangle = 0,$$

即

$$\lim_{n \to \infty} \frac{f_1(x_n) - f_1(\bar{x})}{f_k(\bar{x}) - f_k(x_n)} = +\infty,$$

这与 $\bar{x}$ 是 (MOP) 的 Geoffrion-真有效解矛盾. □

定理 3.2.14　假定 $\bar{x} \in D$, (EGARCM) 在 $\bar{x}$ 处成立且对任意的 $i \in I$, 集合

$$A_i = \text{conv}(\partial_M f_i(\bar{x})) + \text{coneconv}\left(\left(\bigcup_{k \neq i} \partial_M f_k(\bar{x})\right) \cup \left(\bigcup_{j \in J(\bar{x})} \partial_M g_j(\bar{x})\right)\right)$$

是闭集. 如果 $\bar{x}$ 是 (MOP) 的 Geoffrion-真有效解, 则

$$0 \in \text{conv}(\partial_M f_i(\bar{x})) + \text{coneconv}\left(\bigcup_{k \neq i} \partial_M f_k(\bar{x})\right)$$

$$+ \text{coneconv}\left(\bigcup_{j \in J(\bar{x})} \partial_M g_j(\bar{x})\right), \quad \forall i \in I.$$

证明　假定 $\bar{x}$ 是 (MOP) 的 Geoffrion-真有效解. 则由定理 3.2.13 可知, 对于任意的 $i \in I$, 下列 p 个系统都无解, $d \in \mathbb{R}^n$.

$$\begin{cases} \langle \partial_M f_i(\bar{x}), d \rangle < 0, \\ \langle \partial_M f_k(\bar{x}), d \rangle \leqslant 0, \quad \forall k \in I \backslash \{i\}, \\ \langle \partial_M g_j(\bar{x}), d \rangle \leqslant 0, \quad \forall j \in J(\bar{x}). \end{cases}$$

对于任意的 $i \in I$, 根据引理 3.2.11 可知 $0 \in A_i$. 故

$$0 \in \text{conv}(\partial_M f_i(\bar{x})) + \text{coneconv}\left(\bigcup_{k \neq i} \partial_M f_k(\bar{x})\right)$$

$$+ \text{coneconv}\left(\bigcup_{j \in J(\bar{x})} \partial_M g_j(\bar{x})\right), \quad \forall i \in I. □$$

注 3.2.13 注意到定理 3.2.14 实质上是给出了 (MOP) 的弱 Kuhn-Tucker 最优性必要条件.

推论 3.2.2 在定理 3.2.14 中, 若 $\partial_M f_i(\bar{x})$, $i = 1, 2, \cdots, p$ 以及 $\partial_M g_j(\bar{x})$, $j = 1, 2, \cdots, m$ 是凸的, 则存在 $\lambda = (\lambda_1, \lambda_2, \cdots, \lambda_p) > 0$ 及 $\mu = (\mu_1, \mu_2, \cdots, \mu_m) \geqq 0$ 使得

$$0 \in \sum_{i=1}^{p} \lambda_i \partial_M f_i(\bar{x}) + \sum_{j=1}^{m} \mu_j \partial_M g_j(\bar{x}),$$

$$\mu_j g_j(\bar{x}) = 0, \quad j = 1, 2, \cdots, m.$$

证明 若 $\partial_M f_i(\bar{x})$, $i = 1, 2, \cdots, p$ 以及 $\partial_M g_j(\bar{x})$, $j = 1, 2, \cdots, m$ 都是凸集, 则由定理 3.2.14 可知, 对任意的 $i \in I$,

$$0 \in \partial_M f_i(\bar{x}) + \text{coneconv}\left(\bigcup_{k \neq i} \partial_M f_k(\bar{x})\right) + \text{coneconv}\left(\bigcup_{j \in J(\bar{x})} \partial_M g_j(\bar{x})\right).$$

因此

$$0 \in \partial_M f_i(\bar{x}) + \sum_{k \neq i, k \in I} \lambda_k^{(i)} \partial_M f_k(\bar{x}) + \sum_{j \in J(\bar{x})} \mu_j^{(i)} \partial_M g_j(\bar{x}),$$

其中 $\lambda_k^{(i)} \geqslant 0, k, i \in I$, 且 $k \neq i, \mu_j^{(i)} \geqslant 0, j \in J(\bar{x})$. 将上式求和可得

$$0 \in \sum_{i \in I} \left(1 + \sum_{k \neq i, k \in I} \lambda_i^{(k)}\right) \partial_M f_i(\bar{x}) + \sum_{j \in J(\bar{x})} \sum_{i \in I} \mu_j^{(i)} \partial_M g_j(\bar{x}).$$

当 $j \notin J(\bar{x})$ 时, 假设 $\mu_j^{(i)} = 0$. 令

$$\lambda = \left(1 + \sum_{k \neq 1, k \in I} \lambda_1^{(k)}, 1 + \sum_{k \neq 2, k \in I} \lambda_2^{(k)}, \cdots, 1 + \sum_{k \neq l, k \in I} \lambda_l^{(k)}\right),$$

$$\mu = \left(\sum_{i \in I} \mu_1^{(i)}, \cdots, \sum_{i \in I} \mu_m^{(i)}\right).$$

则有 $\lambda > 0, \mu \geqq 0$ 使得

$$0 \in \sum_{i=1}^{p} \lambda_i \partial_M f_i(\bar{x}) + \sum_{j=1}^{m} \mu_j \partial_M g_j(\bar{x})$$

且

$$\mu_j g_j(\bar{x}) = 0, \quad j = 1, 2, \cdots, m. \qquad \square$$

3.3　多目标优化 E-弱有效解的稳定性

本节主要介绍有限维空间中多目标优化问题基于改进集的统一带扰动的稳定性结果. 为此, 首先介绍基于改进集而定义的 E-有效点概念及其修正定义.

定义 3.3.1 [66]　设 $E \in \mathfrak{T}_{\mathbb{R}^p}$, 给定非空集合 $A \subset \mathbb{R}^p$. 称 $a \in A$ 是 E-有效点, 如果 $(a - E) \cap A = \varnothing$, 记为 $a \in O^E(A)$.

注 3.3.1　基于改进集的 E-有效点定义统一了多目标优化中一些精确有效点和近似有效点的定义. 事实上,

(i) 若 $E = K \backslash \{0\}$, 则 E-有效点退化为有效点;

(ii) 若 $E = \mathrm{int}K$, 则 E-有效点退化为弱有效点;

(iii) 若 $\varepsilon \in K \backslash \{0\}$, $E = \varepsilon + K$, 则 E-有效点退化为 ε-有效点;

(iv) 若 $\varepsilon \in K$, $E = \varepsilon + \mathrm{int}K$, 则 E-有效点退化为 ε-弱有效点.

在定义 3.3.1 中, 若在 $\mathbb{R}$ 中取 $\varepsilon > 0$, $E = \varepsilon + \mathbb{R}_+$. 由注 2.2.6 (ii) 可得 $E \in \mathfrak{T}_{\mathbb{R}}$. 因此, 文献 [66] 中给出的多目标优化的 E-有效点的定义在 $\mathbb{R}$ 中可表述为: 对任意的 $y \in A$, $y > a - \varepsilon$, 即 a 是集合 A 严格意义下的近似最优点. 此外, 如果 $E \in \mathfrak{T}_{\mathbb{R}^p}$, 则由注 2.2.6(i) 可知 $E + K \backslash \{0\} \in \mathfrak{T}_{\mathbb{R}^p}$. 基于以上分析, 我们可给出多目标优化问题 E-有效点的如下修正定义.

定义 3.3.2　设 $E \in \mathfrak{T}_{\mathbb{R}^p}$, 非空集合 $A \subset \mathbb{R}^p$. 称 $a \in A$ 是 A 的 E-有效点, 如果

$$(a - E - K \backslash \{0\}) \cap A = \varnothing.$$

记为 $a \in O^{E + K \backslash \{0\}}(A)$.

设 A_m 是 $\mathbb{R}^p$ 中的集合列, A 是 $\mathbb{R}^p$ 中的非空子集. 假定距离函数 $d(\cdot, \cdot)$ 是通过范数 $\| \cdot \|$ 诱导的距离, 即对任意的 $x, y \in \mathbb{R}^p$,

$$d(x, y) = \|x - y\|.$$

定义 3.3.3 [167]　称集合列 A_m 在 Wijsman 意义下收敛到集合 A, 如果

$$\lim_{m \to \infty} d(x, A_m) = d(x, A), \quad \forall x \in \mathbb{R}^p.$$

用 $A_m \to A$ 表示.

为了证明本节的主要结果, 首先给出如下引理.

引理 3.3.1　如果 $E \in \mathfrak{T}_{\mathbb{R}^p}$, 则

$$\mathrm{int}E = E + \mathrm{int}K = \mathrm{cl}E + \mathrm{int}K.$$

证明 首先证明 $\mathrm{int}E = E + \mathrm{int}K$. 由 $E \in \mathfrak{T}_{\mathbb{R}^p}$ 可得

$$E + \mathrm{int}K \subset \mathrm{int}(E + K) = \mathrm{int}E.$$

另一方面, 由注 2.2.6(v) 知 $\mathrm{int}E \in \mathfrak{T}_{\mathbb{R}^p}$. 因此 $\mathrm{int}E = \mathrm{int}E + K$. 故

$$\mathrm{int}E = \mathrm{int}E + K = \mathrm{int}E + \mathrm{int}K \subset E + \mathrm{int}K.$$

因此, $\mathrm{int}E = E + \mathrm{int}K$.

下面证明 $E + \mathrm{int}K = \mathrm{cl}E + \mathrm{int}K$. 显然, $E + \mathrm{int}K \subset \mathrm{cl}E + \mathrm{int}K$. 故只需证明

$$E + \mathrm{int}K \supset \mathrm{cl}E + \mathrm{int}K.$$

对任意的 $x \in \mathrm{cl}E + \mathrm{int}K$, 则存在 $x_1 \in \mathrm{cl}E$ 和 $x_2 \in \mathrm{int}K$ 使得 $x = x_1 + x_2$. 由 $x_2 \in \mathrm{int}K$ 可知, 存在对称零邻域 V 满足 $x_2 + V \subset \mathrm{int}K$. 故由 $x_1 \in \mathrm{cl}E$ 可得

$$(x_1 + V) \cap E \neq \varnothing.$$

所以存在 $v \in V$ 满足 $x_1 + v \in E$ 且

$$x + v + V = x_1 + v + x_2 + V \subset E + \mathrm{int}K.$$

显然, $x + v + V$ 是 x 的邻域, 这表明

$$x \in \mathrm{int}(E + \mathrm{int}K) \subset E + \mathrm{int}K,$$

即 $E + \mathrm{int}K \supset \mathrm{cl}E + \mathrm{int}K$. 故结论成立. □

注 3.3.2 若 E 不是改进集, 则引理 3.3.1 可能不成立. 事实上, 在 $\mathbb{R}^2$ 中, 令

$$K = \mathbb{R}_+^2, \quad E = \{(x_1, x_2) \mid x_1 \leqslant 0, x_2 \leqslant 0\}.$$

显然 $E \notin \mathfrak{T}_{\mathbb{R}^2}$ 且

$$\mathrm{int}E = \{(x_1, x_2) \mid x_1 < 0, x_2 < 0\} \neq E + \mathrm{int}K = \mathbb{R}^2.$$

注 3.3.3 若 $E \in \mathfrak{T}_{\mathbb{R}^p}$, 则由注 2.2.6(v) 和引理 3.3.1 可知 $E + \mathrm{int}K \in \mathfrak{T}_{\mathbb{R}^p}$.

引理 3.3.2 假定集合列 $A_m \to A$ 且 A 是闭集. 则

(i) 对任意的 $x_0 \in A$, 存在 $x_m \in A_m$ 使得 $x_m \to x_0 (m \to \infty)$;

(ii) 如果 $x_m \in A_m$ 使得 $x_m \to x_0 (m \to \infty)$, 则 $x_0 \in A$.

证明 由文献 [167] 中的推论 4.7 可知结论显然成立. □

引理 3.3.3　设集合列 $A_m \to A$ 且 $x_m \to x_0$. 则

$$A_m - x_m \to A - x_0.$$

证明　由文献 [167] 中的 4(3) 可知

$$d(x, A) \leqslant d(y, A) + \|x - y\|, \quad x, y \in \mathbb{R}^p. \tag{3.3.1}$$

由 (3.3.1) 可知, 对任意的 m,

$$d(x + x_m, A_m) \leqslant d(x + x_0, A_m) + \|x_m - x_0\|.$$

由 $x_m \to x_0$ 可得

$$\lim_{m \to \infty} d(x + x_m, A_m) \leqslant \lim_{m \to \infty} d(x + x_0, A_m). \tag{3.3.2}$$

另一方面, 由 (3.3.1) 可知, 对任意的 m,

$$d(x + x_0, A_m) \leqslant d(x + x_m, A_m) + \|x_m - x_0\|.$$

因此, 再由 $x_m \to x_0$ 可得

$$\lim_{m \to \infty} d(x + x_0, A_m) \leqslant \lim_{m \to \infty} d(x + x_m, A_m). \tag{3.3.3}$$

从而通过 $A_m \to A$, (3.3.2) 和 (3.3.3) 易知

$$\lim_{m \to \infty} d(x + x_m, A_m) = \lim_{m \to \infty} d(x + x_0, A_m) = d(x + x_0, A).$$

进一步, 对任意的 m, 显然有

$$d(x + x_m, A_m) = d(x, A_m - x_m)$$

且 $d(x + x_0, A) = d(x, A - x_0)$. 因此, 对任意的 x,

$$\lim_{m \to \infty} d(x, A_m - x_m) = d(x, A - x_0). \qquad \square$$

引理 3.3.4　设集合列 $A_m \to A$ 且 $C_m \to C$. 如果 A 和 C 是闭集, $B \subset \mathbb{R}^p$ 是开集且对任意的 m, $(A_m + B) \cap C_m = \varnothing$. 则

$$(A + B) \cap C = \varnothing.$$

证明   假定结论不成立, 则存在 $a \in A, b \in B$ 且 $c \in C$ 使得 $a + b = c$. 这表明

$$c - a = b \in B. \tag{3.3.4}$$

由假设条件和引理 3.3.2(i) 可知, 存在 $a_m \in A_m$ 和 $c_m \in C_m$ 使得 $a_m \to a$ 且 $c_m \to c$. 因为对任意的 m, $(A_m + B) \cap C_m = \varnothing$, 所以 $c_m - a_m \notin B$. 进一步, 由集合 B 的开性可得

$$c_m - a_m \to c - a \notin B,$$

这与 (3.3.4) 矛盾.   □

引理 3.3.5   设 $E \in \mathfrak{T}_{\mathbb{R}^p}$. 则 $\mathrm{int} E = E + \mathbb{R}^p_{++}$.

证明   由引理 3.3.1 可知结论显然成立.   □

定理 3.3.1   设 $E, E_m \in \mathfrak{T}_{\mathbb{R}^p}$ 且 A 和 E 是闭集, $A_m \to A$ 且 $E_m \to E$. 如果 $x_m \in O^{\mathrm{int}(E_m)}(A_m)$ 且 $x_m \to x_0$, 则 $x_0 \in O^{\mathrm{int} E}(A)$.

证明   由引理 3.3.1 可知, $\mathrm{int} E \in \mathfrak{T}_{\mathbb{R}^p}$ 且 $\mathrm{int}(E_m) \in \mathfrak{T}_{\mathbb{R}^p}$. 对任意的 m, 由 $x_m \in O^{\mathrm{int}(E_m)}(A_m)$ 可得

$$(x_m - \mathrm{int}(E_m)) \cap A_m = \varnothing. \tag{3.3.5}$$

由引理 3.3.5 和 (3.3.5) 式,

$$(x_m - E_m - \mathbb{R}^p_{++}) \cap A_m = \varnothing.$$

因为 $A_m \to A$ 且 $x_m \to x_0$, 由引理 3.3.2(ii) 可得 $x_0 \in A$. 进一步, 因为 $E_m \to E$ 和 $\mathbb{R}^p_{++}$ 是开集, 结合引理 3.3.3 和引理 3.3.4 可得

$$(x_0 - E - \mathbb{R}^p_{++}) \cap A = \varnothing.$$

再由引理 3.3.5 可知 $(x_0 - \mathrm{int} E) \cap A = \varnothing$. 这表明 $x_0 \in O^{\mathrm{int} E}(A)$.   □

推论 3.3.1   设 $E, E_m \in \mathfrak{T}_{\mathbb{R}^p}$ 且 A 和 E 是闭集, $A_m \to A$ 且 $E_m \to E$. 如果 $x_m \in O^{E_m}(A_m)$ 且 $x_m \to x_0$. 则 $x_0 \in O^{\mathrm{int} E}(A)$.

证明   由 $O^{E_m}(A_m) \subset O^{\mathrm{int}(E_m)}(A_m)$ 和定理 3.3.1, 结论显然成立.   □

Luc 等[170] 在适当的条件下证明了当 A_m 收敛到 A 且闭凸锥集合列 C_m 收敛到 C 时, 弱有效点集 $\mathrm{WE}(A_m, C_m)$ 收敛到 $\mathrm{WE}(A, C)$. 下面, 我们证明在 Wijsman 收敛意义下, 当 A_m 收敛到 A 且改进集列 E_m 收敛到 E 时, $O^{\mathrm{int}(E_m)}(A_m)$ 收敛到 $O^E(A)$.

定理 3.3.2　设 $E, E_m \in \mathfrak{T}_{\mathbb{R}^p}$ 且 A 和 E 是闭集, $A_m \to A$ 且 $E_m \to E$. 则对任意的 $x \in \mathbb{R}^p$, 有

$$\liminf_{m\to\infty} d(x, O^{\text{int}(E_m)}(A_m)) \geqslant d(x, O^{\text{int}E}(A)).$$

证明　如果 $\liminf\limits_{m\to\infty} d(x, O^{\text{int}(E_m)}(A_m)) = \infty$, 结论显然成立. 下面证明当

$$\liminf_{m\to\infty} d(x, O^{\text{int}(E_m)}(A_m)) < \infty$$

时, 定理的结论也成立. 否则, 则存在正数 t, 使得对任意的 $m_0 \in \mathbb{N}$, 存在 $m \geqslant m_0$ 和 $y_m \in O^{\text{int}(E_m)}(A_m)$ 使得

$$d(x, y_m) < t < d(x, O^{\text{int}E}(A)). \tag{3.3.6}$$

不妨设 $y_m \to y_0$. 则由 (3.3.6) 可得

$$d(x, y_0) \leqslant t < d(x, O^{\text{int}E}(A)).$$

另一方面, 由定理 3.3.1 可知 $y_0 \in O^{\text{int}E}(A)$. 因此

$$d(x, y_0) \leqslant t < d(x, O^{\text{int}E}(A)) = \inf_{z \in O^{\text{int}E}(A)} d(x, z) \leqslant d(x, y_0),$$

产生矛盾. 故结论成立. □

推论 3.3.2　设 $E \in \mathfrak{T}_{\mathbb{R}^p}$ 且 A 和 E 是闭集, $A_m \to A$. 则对任意的 $x \in \mathbb{R}^p$, 有

$$\liminf_{m\to\infty} d(x, O^{\text{int}E}(A_m)) \geqslant d(x, O^{\text{int}E}(A)).$$

证明　由定理 3.3.2 可知结论显然成立. □

推论 3.3.3　设 $A \subset \mathbb{R}^p$ 是闭集且 $A_m \to A$. 则对任意的 $x \in \mathbb{R}^p$,

$$\liminf_{m\to\infty} d(x, \text{WE}(A_m, \mathbb{R}_+^p)) \geqslant d(x, \text{WE}(A, \mathbb{R}_+^p)).$$

证明　在推论 3.3.2 中, 令 E 满足

$$\mathbb{R}_{++}^n \subset E \subset \mathbb{R}_+^p \setminus \{0\}.$$

显然, $E \in \mathfrak{T}_{\mathbb{R}^p}$ 且 $\text{int}E = \mathbb{R}_{++}^p$. 故结论显然成立. □

推论 3.3.4 设 $\varepsilon \in \mathbb{R}_+^p$, $A \subset \mathbb{R}^p$ 是闭集. 设 $A_m \to A$. 则对任意的 $x \in \mathbb{R}^p$,

$$\liminf_{m \to \infty} d(x, \varepsilon - \mathrm{WE}(A_m, \mathbb{R}_+^p)) \geqslant d(x, \varepsilon - \mathrm{WE}(A, \mathbb{R}_+^p)),$$

其中 $\varepsilon - \mathrm{WE}(A, \mathbb{R}_+^p)$ 表示近似弱有效点集.

证明 在推论 3.3.2 中, 令

$$E = \varepsilon + \mathbb{R}_+^p \backslash \{0\}.$$

显然, $E \in \mathfrak{T}_{\mathbb{R}^p}$ 且 $\mathrm{int} E = \varepsilon + \mathbb{R}_{++}^p$. 故结论显然成立. $\qquad\square$

注 3.3.4 定理 3.3.2 统一了多目标优化问题弱有效解和 ε-弱有效解的稳定性结果. 特别地, 定理 3.3.2 推广了文献 [170] 中的推论 2.2 和定理 2.3 到基于改进集而定义的近似解情形.

第 4 章　多目标优化 Delta 型标量化

多目标优化的 Delta 型标量化是基于 Delta 函数的一类经典非线性标量化方法. Delta 函数由 Hiriart-Urruty[171] 于 1979 年首次提出, 用于分析非光滑问题的几何性质与建立解的最优性条件. 2003 年, Zaffaroni[121] 对 Delta 函数的性质进行了深入研究, 给出了基于 Delta 函数的非凸分离定理, 进而建立了多目标优化问题几类精确的非线性标量化结果. 本章首先介绍 Zaffaroni 关于多目标优化问题有效解和弱有效解等精确解的 Delta 非线性标量化研究结果. 进而也给出了多目标优化问题 ε-Benson 真有效解、(C, ϵ)-真有效解、E-弱有效解三类典型近似解的一些 Delta 非线性标量化结果.

假定 $f : \mathbb{R}^n \to \mathbb{R}^p, D \subset \mathbb{R}^n$ 且 $D \neq \varnothing$. 本章考虑如下多目标优化问题:

$$(\text{MOP}) \quad \min_{x \in D} f(x).$$

4.1　精确解的 Delta 非线性标量化

记 $d_A(y) = \inf\{\|a - y\|, a \in A\}$ 为点 y 到集合 $A \subset \mathbb{R}^p$ 的距离函数, 其中 $y \in \mathbb{R}^p$. 下面首先给出 Delta 函数的定义和其基本性质.

定义 4.1.1[171]　假定 $y \in \mathbb{R}^p$, 集合 $A \subset \mathbb{R}^p$. Delta 函数 $\Delta_A : \mathbb{R}^p \to \mathbb{R} \cup \{\pm\infty\}$ 定义为

$$\Delta_A(y) = d_A(y) - d_{\mathbb{R}^p \setminus A}(y),$$

其中 $d_\varnothing(y) = +\infty$.

Zaffaroni[121] 给出了 Delta 函数的如下基本性质. 注意到性质 4.1.1 中的 (iii) 即是通常的非凸分离性质, 该分离性质对建立多目标优化问题解的 Delta 非线性标量化结果至关重要.

性质 4.1.1　如果集合 A 非空且 $A \neq \mathbb{R}^p$, 则

(i) Δ_A 是实值的;

(ii) Δ_A 是 1-Lipschitz 的;

(iii) $\Delta_A(y) < 0$ 对任何的 $y \in \text{int}A$, $\Delta_A(y) = 0$ 对任何的 $y \in \text{bd}A$, 以及 $\Delta_A(y) > 0$ 对任何的 $y \in \text{int}\mathbb{R}^p \setminus A$;

(iv) 若 A 是闭的, 则 $A = \{y \mid \Delta_A(y) \leqslant 0\}$;

(v) 若 A 是凸的, 则 Δ_A 是凸的;

(vi) 若 A 是锥, 则 Δ_A 是正齐次的;

(vii) 若 A 是闭凸锥, 则 Δ_A 关于 $\mathbb{R}^p$ 上的序关系非增, 即如果 $y_1, y_2 \in \mathbb{R}^p$, 则

$$y_1 - y_2 \in A \Rightarrow \Delta_A(y_1) \leqslant \Delta_A(y_2),$$

如果 A 有非空内部, 则

$$y_1 - y_2 \in \text{int}A \Rightarrow \Delta_A(y_1) < \Delta_A(y_2).$$

证明 参考文献 [121] 中的命题 3.2. □

注 4.1.1 假定 $A = -\mathbb{R}_+^p$. 则函数 $\Delta_{-\mathbb{R}_+^p}(y)$ 是次线性且非降的.

例 4.1.1 给定 $\mathbb{R}^p$ 中的范数 $\|\cdot\|$ 且 $K = \mathbb{R}_+^p$. 则 $d_{-K}(y) = \|y^+\|$, 其中 $y = (y_1, y_2, \cdots, y_p)$, $y_i^+ = \max(y_i, 0), i = 1, 2, \cdots, p$, 且

$$d_{\mathbb{R}^p \setminus -K}(y) = \begin{cases} 0, & \exists i, y_i \geqslant 0, \\ -\max\limits_{i} y_i, & y_i < 0, \ \forall i. \end{cases}$$

则

$$\Delta_{-K}(y) = \begin{cases} \|y^+\|, & y \notin -K, \\ \max\limits_{i} y_i, & y \in -K. \end{cases}$$

例 4.1.2 令 $y = (y_1, y_2, \cdots, y_p) \in \mathbb{R}^p$. 给定 $\mathbb{R}^p$ 中的范数 $\|y\|_\infty = \max\limits_{i} |y_i|$, $K = \mathbb{R}_+^p$. 则函数 Δ_{-K} 为

$$d_{-K}(y) = \begin{cases} \max\limits_{i} y_i, & y \notin -K, \\ 0, & y \in -K, \end{cases}$$

以及

$$d_{\mathbb{R}^p \setminus -K}(y) = \begin{cases} 0, & y \notin -K, \\ -\max\limits_{i} y_i, & y \in -K. \end{cases}$$

因此, 对任意的 $y \in \mathbb{R}^p$,

$$\Delta_{-K}(y) = \max\limits_{i} y_i.$$

假定 $D \subset \mathbb{R}^p$ 为非空集合, $K = \mathbb{R}_+^p$ 且 $q \in \mathbb{R}^p$. 本节考虑多目标优化的如下 Delta 非线性标量化问题:

$$(\text{SOP})_q \quad \min_{x \in D} \Delta_{-K}(f(x) - q).$$

下面介绍 Zaffaroni[121] 建立的集合各类有效点的一些标量化结果.

定理 4.1.1　设 $x_0 \in D$. 则 x_0 是 (MOP) 的有效解当且仅当存在 $\hat{y} \in \mathbb{R}^p$ 满足 x_0 是 $(\text{SOP})_{\hat{y}}$ 的唯一全局最优解.

证明　如果 x_0 是 (MOP) 的有效解, 则必是 $(\text{SOP})_{f(x_0)}$ 的严格全局最优解. 事实上, 若 x_0 是 (MOP) 的有效解, 则对任意的 $x \in D$, $f(x) - f(x_0) \notin -K \backslash \{0\}$. 从而当 $f(x) \neq f(x_0)$ 时, $\Delta_{-K}(f(x) - f(x_0)) = d_{-K}(f(x) - f(x_0))$ 是正的且当 $f(x) = f(x_0)$ 时, $\Delta_{-K}(f(x) - f(x_0)) = 0$.

反之, 假定对任意的 $x \in D$, $f(x) \neq f(x_0)$, 有

$$\Delta_{-K}(f(x_0) - \hat{y}) < \Delta_{-K}(f(x) - \hat{y}).$$

假设存在 $x_1 \in D$ 使得 $f(x_1) \leqslant f(x_0)$ 且 $f(x_1) \neq f(x_0)$. 则 $f(x_1) - \hat{y} \leqslant f(x_0) - \hat{y}$ 成立. 从而根据性质 4.1.1 (vii), 有 $\Delta_{-K}(f(x_1) - \hat{y}) \leqslant \Delta_{-K}(f(x_0) - \hat{y})$, 导致矛盾.　　　　　　□

定理 4.1.2　设 $x_0 \in D$, 则 x_0 是 (MOP) 的弱有效解当且仅当存在 $\hat{y} \in \mathbb{R}^p$ 满足 $f(x_0)$ 是 $(\text{SOP})_{\hat{y}}$ 的全局最优解.

证明　证明过程类似定理 4.1.1.　　　　　　□

定理 4.1.3　设 $x_0 \in D$, 则 x_0 是 (MOP) 的有效解当且仅当 $f(x_0)$ 是 $(\text{SOP})_{f(x_0)}$ 的唯一全局最优解.

证明　由有效解的定义和定理 4.1.1 易知结论成立.　　　　　　□

4.2　近似解的 Delta 非线性标量化

4.2.1　ε-真有效解的 Delta 非线性标量化

对如下一般标量化问题:

$$(\text{SOP}) \quad \min_{x \in D} \phi(x),$$

其中 $\phi : \mathbb{R}^n \to \mathbb{R}, D \subset \mathbb{R}^n$ 且 $D \neq \varnothing$.

设 $\epsilon \geqslant 0$ 且 $\bar{x} \in D$. 若对任意的 $x \in D$, $\phi(x) \geqslant \phi(\bar{x}) - \epsilon$, 则 $\bar{x} \in D$ 称为 (SOP) 的 ϵ-近似解. 若对任意的 $x \in D$, $\phi(x) > \phi(\bar{x}) - \epsilon$, 则称 $\bar{x} \in D$ 为 (SOP) 的严格 ϵ-近似解. (SOP) 的 ϵ-近似解全体和严格 ϵ-近似解全体分别记为 $\text{AMin}(\phi, \epsilon)$ 和 $\text{SAMin}(\phi, \epsilon)$.

下面首先介绍 ε-Benson 真有效解的定义和基于 Delta 函数的标量化问题.

定义 4.2.1　设 $K = \mathbb{R}_+^p$, $\varepsilon \in K$. 如果 $\bar{x} \in D$ 满足

$$\text{clcone}(f(D) + \varepsilon + K - f(\bar{x})) \cap (-K) = \{0\},$$

则称 $\bar{x}$ 是 (MOP) 的 ε-Benson 真有效解.

记 (MOP) 的 ε-Benson 真有效解全体为 $\varepsilon\text{-PE}(f(D), K)$.

本节考虑基于 Delta 非线性标量化函数的 (MOP) 的如下标量化问题:

$$(\text{SOP})_y \quad \min_{x \in D} \Delta_{-K}(f(x) - y),$$

其中 $y \in \mathbb{R}^p$. $(\text{SOP})_y$ 的 ϵ-近似解全体和严格 ϵ-近似解全体分别记为

$$\text{AMin}(\Delta_{-K}(f(x) - y), \epsilon), \quad \text{SAMin}(\Delta_{-K}(f(x) - y), \epsilon).$$

下面建立 (MOP) 的 ε-Benson 真有效解的一些非线性标量化结果[172].

定理 4.2.1 设 $K = \mathbb{R}_+^p$, $\varepsilon \in K$. 则

$$\bar{x} \in \varepsilon\text{-PE}(f(D), K) \Rightarrow \bar{x} \in \text{AMin}(\Delta_{-K}(f(x) - f(\bar{x})), d_{\varepsilon + K}(0)).$$

证明 由 $\bar{x} \in \varepsilon\text{-PE}(f(D), K)$ 可知

$$(f(D) + \varepsilon + K - f(\bar{x})) \cap (-K \setminus \{0\}) = \varnothing,$$

即对任意的 $x \in D$, 任意的 $k \in K$,

$$f(x) + \varepsilon + k - f(\bar{x}) \notin -K \setminus \{0\}.$$

因为 $0 \in \text{bd}K$, 所以

$$d_{\mathbb{R}^p \setminus (-K)}(f(x) + \varepsilon + k - f(\bar{x})) = d_{\mathbb{R}^p \setminus (-K \setminus \{0\})}(f(x) + \varepsilon + k - f(\bar{x})) = 0.$$

从而对任意的 $x \in D$ 和任意的 $k \in K$,

$$\Delta_{-K}(f(x) + \varepsilon + k - f(\bar{x}))$$
$$= d_{-K}(f(x) + \varepsilon + k - f(\bar{x})) - d_{\mathbb{R}^p \setminus (-K)}(f(x) + \varepsilon + k - f(\bar{x}))$$
$$= d_{-K}(f(x) + \varepsilon + k - f(\bar{x})) \geqslant 0. \tag{4.2.1}$$

由 K 是凸锥和性质 4.1.1 可知, 对任意的 $x \in D$ 和 $k \in K$,

$$\Delta_{-K}(f(x) - f(\bar{x})) \geqslant \Delta_{-K}(f(x) + \varepsilon + k - f(\bar{x})) - \Delta_{-K}(\varepsilon + k) \geqslant -\Delta_{-K}(\varepsilon + k).$$

因此

$$\Delta_{-K}(f(x) - f(\bar{x})) \geqslant - \inf_{k \in K} \Delta_{-K}(\varepsilon + k), \quad \forall x \in D. \tag{4.2.2}$$

下面计算 $\inf_{k \in K} \Delta_{-K}(\varepsilon + k)$. 由 K 是点凸锥及 $k \in K$ 有

$$\varepsilon + K \subset K + K = K. \tag{4.2.3}$$

可验证 $K \subset (\mathbb{R}^p \setminus (-K)) \cup \{0\}$. 若不然, 设存在 $\hat{k} \in K \setminus \{0\}$ 且 $\hat{k} \notin \mathbb{R}^p \setminus (-K)$, 则 $-\hat{k} \in K \setminus \{0\}$, 从而

$$0 = \hat{k} - \hat{k} \in K \setminus \{0\} + K \setminus \{0\} = K \setminus \{0\},$$

产生矛盾. 因此, 由 (4.2.3) 可得

$$
\begin{aligned}
\inf_{k \in K} \Delta_{-K}(\varepsilon + k) &= \inf_{k \in K} (d_{-K}(\varepsilon + k) - d_{\mathbb{R}^p \setminus (-K)}(\varepsilon + k)) \\
&= \inf_{k \in K} (d_{-K}(\varepsilon + k) - d_{(\mathbb{R}^p \setminus (-K)) \cup \{0\}}(\varepsilon + k)) \\
&= \inf_{k \in K} d_{-K}(\varepsilon + k) \\
&= \inf_{k_1 \in K} \inf_{k_2 \in K} \|\varepsilon + k_1 + k_2\| \\
&= \inf_{k_1 \in \varepsilon + K} \inf_{k_2 \in K} \|k_1 + k_2\|. \quad (4.2.4)
\end{aligned}
$$

进一步可证

$$\inf_{k_1 \in \varepsilon + K} \inf_{k_2 \in K} \|k_1 + k_2\| = \inf_{k_1' \in \varepsilon + K} \|k_1'\|.$$

事实上, 因为对任意的 $k_1 \in \varepsilon + K$,

$$k_1 + K \subset \varepsilon + K + K = \varepsilon + K.$$

所以

$$\inf_{k_2 \in K} \|k_1 + k_2\| \geqslant \inf_{k_1' \in \varepsilon + K} \|k_1'\|, \quad \forall k_1 \in \varepsilon + K.$$

此外, 对任意的 $\epsilon > 0$, 由 $\inf\limits_{k_1' \in \varepsilon + K} \|k_1'\|$ 及下确界的定义可知存在 $\overline{k}_1 \in \varepsilon + K$, 使得

$$\|\overline{k}_1\| < \inf_{k_1' \in \varepsilon + K} \|k_1'\| + \epsilon.$$

由 $\varepsilon + K$ 满足 $\varepsilon + K + K = \varepsilon + K$, 则存在 $\hat{k}_1 \in \varepsilon + K$, $\hat{k}_2 \in K$ 使得 $\overline{k} = \hat{k}_1 + \hat{k}_2$, 故

$$\inf_{k_1 \in \varepsilon + K} \inf_{k_2 \in K} \|k_1 + k_2\| \leqslant \inf_{k_2 \in K} \|\hat{k}_1 + k_2\| \leqslant \|\hat{k}_1 + \hat{k}_2\| < \inf_{k_1' \in \varepsilon + K} \|k_1'\| + \epsilon.$$

故

$$\inf_{k_1 \in \varepsilon + K} \inf_{k_2 \in K} \|k_1 + k_2\| = \inf_{k_1' \in \varepsilon + K} \|k_1'\| = d_{\varepsilon + K}(0). \quad (4.2.5)$$

又因为 $0 \in \mathrm{bd}K$, 所以由性质 4.1.1 (iii) 可得

$$\Delta_{-K}(f(\bar{x}) - f(\bar{x})) = \Delta_{-K}(0) = 0,$$

从而由 (4.2.2), (4.2.4), (4.2.5) 可得

$$\Delta_{-K}(f(x) - f(\bar{x})) \geqslant \Delta_{-K}(f(\bar{x}) - f(\bar{x})) - d_{\varepsilon+K}(0),$$

即 $\bar{x} \in \mathrm{AMin}(\Delta_{-K}(f(x) - f(\bar{x})), d_{\varepsilon+K}(0))$.　　　　　　　　　□

注 4.2.1　定理 4.2.1 的逆不一定成立.

例 4.2.1　考虑 $\mathbb{R}^2$ 中的 2-范数 $\|\cdot\|_2$. 令 $K = \mathbb{R}_+^2$, $\varepsilon = (1,1) \in K$, $f(x) = (x_1 + 1, 2x_2)$ 且

$$D = \left\{ (x_1, x_2) \mid x_1 \in \mathbb{R}, x_2 \geqslant -\frac{1}{2} \right\}.$$

显然, K 是点闭凸锥且

$$d_{\varepsilon+K}(0) = \sqrt{2}, \quad f(D) = \{(x_1, x_2) \mid x_1 \in \mathbb{R}, x_2 \geqslant -1\}.$$

令 $\bar{x} = (-1, 0) \in D$. 因为对任意的 $x \in D$,

$$\Delta_{-K}(f(x) - f(\bar{x})) = \Delta_{-K}(f(x)) = d_{-K}(f(x)) - d_{\mathbb{R}^2 \setminus (-K)}(f(x))$$

$$\geqslant -1 > -\sqrt{2} = \Delta_{-K}(f(\bar{x}) - f(\bar{x})) - d_{\varepsilon+K}(0).$$

所以 $\bar{x} \in \mathrm{AMin}(\Delta_{-K}(f(x) - f(\bar{x})), d_{\varepsilon+K}(0))$. 然而

$$\mathrm{clcone}(f(D) + \varepsilon + K - f(\bar{x})) \cap (-K) = \{(x_1, x_2) \mid x_1 \in \mathbb{R}, x_2 \geqslant 0\} \cap (-\mathbb{R}_+^2)$$

$$= \{(x_1, x_2) \mid x_1 \leqslant 0, x_2 = 0\} \neq \{0\}.$$

故 $\bar{x} \notin \varepsilon\text{-PE}(f(D), K)$, 即定理 4.2.1 的逆不成立.

定理 4.2.2　设 $K = \mathbb{R}_+^p$, $\varepsilon \in K$, $\mathrm{cone}(f(D) + \varepsilon + K - f(\bar{x}))$ 是闭集且

$$\beta = \inf_{k \in \varepsilon+K} d_{\mathrm{bd}K}(k).$$

则

$$\bar{x} \in \mathrm{SAMin}(\Delta_{-K}(f(x) - f(\bar{x})), \beta) \Rightarrow \bar{x} \in \varepsilon\text{-PE}(f(D), K).$$

证明　若存在 $d \neq 0$, $d \in -K$ 且

$$d \in \mathrm{clcone}(f(D) + \varepsilon + K - f(\bar{x})).$$

由 $\text{cone}(f(D)+\varepsilon+K-f(\bar{x}))$ 的闭性及锥包的定义可知, 存在 $\lambda>0, \hat{x}\in D, \hat{k}\in K$ 使得

$$d=\lambda(f(\hat{x})+\hat{k}+\varepsilon-f(\bar{x}))\in -K.$$

由 K 是锥可得

$$f(\hat{x})+\hat{k}+\varepsilon-f(\bar{x})\in -K.$$

从而由性质 4.1.1 和 $\varepsilon+K\subset K$ 有

$$\Delta_{-K}(f(\hat{x})-f(\bar{x})) \leqslant \Delta_{-K}(f(\hat{x})+\hat{k}+\varepsilon-f(\bar{x}))+\Delta_{-K}(-\hat{k}-\varepsilon)$$
$$\leqslant -d_{\mathbb{R}^p\setminus(-K)}(-\hat{k}-\varepsilon)=-d_{\text{bd}(-K)}(-\hat{k}-\varepsilon)$$
$$=-d_{\text{bd}K}(\hat{k}+\varepsilon)\leqslant -\inf_{k\in\varepsilon+K}d_{\text{bd}K}(k)=-\beta. \tag{4.2.6}$$

另一方面, 由 $\bar{x}\in\text{SAMin}(\Delta_{-K}(f(x)-f(\bar{x})),\beta), 0\in\text{bd}K$ 及性质 4.1.1 (iii) 可得

$$\Delta_{-K}(f(\hat{x})-f(\bar{x}))>\Delta_{-K}(f(\bar{x})-f(\bar{x}))-\beta=-\beta,$$

这与 (4.2.6) 矛盾. 故 $\bar{x}\in\varepsilon\text{-PE}(f(D),K)$.　　　　　$\square$

注 4.2.2　若 $\text{cone}(f(D)+\varepsilon+K-f(\bar{x}))$ 不是闭集, 则定理 4.2.2 不一定成立.

例 4.2.2　给定 $\mathbb{R}^2$ 中的范数 $\|\cdot\|, K=\mathbb{R}_+^2, \varepsilon=(1,1)\in K, f(x_1,x_2)=(x_1,x_2)$ 且

$$D=\{(x_1,x_2)\mid x_1<0, x_2>0\}\cup\{(0,0)\}.$$

显然, K 是点闭凸锥且 $\beta=1$. 令 $\bar{x}=(0,0)\in D$. 容易验证

$$\text{cone}(f(D)+\varepsilon+K-f(\bar{x}))=\{(x_1,x_2)\mid x_1\in\mathbb{R}, x_2>0\}\cup\{(0,0)\}$$

不是闭集. 因为对任意的 $x\in D$,

$$\Delta_{-K}(f(x)-f(\bar{x}))=\Delta_{-K}(f(x))$$
$$=d_{-K}(f(x))-d_{\mathbb{R}^2\setminus(-K)}(f(x))$$
$$\geqslant 0>-1=\Delta_{-K}(f(\bar{x})-f(\bar{x}))-\beta.$$

所以

$$\bar{x}\in\text{SAMin}(\Delta_{-K}(f(x)-f(\bar{x})),\beta).$$

然而

$$\text{clcone}(f(D)+\varepsilon+K-f(\bar{x}))\cap(-K)=\{(x_1,x_2)\mid x_1\in\mathbb{R}, x_2\geqslant 0\}\cap(-\mathbb{R}_+^2)$$

$$= \{(x_1, x_2) \mid x_1 \leqslant 0, x_2 = 0\} \neq \{0\}.$$

故 $\bar{x} \notin \varepsilon\text{-PE}(f(D), K)$, 即定理 4.2.2 不成立.

注 4.2.3　若 $\bar{x} \notin \text{SAMin}(\Delta_{-K}(f(x) - f(\bar{x})))$, 定理 4.2.2 不一定成立.

例 4.2.3　给定 $\mathbb{R}^2$ 中的范数 $\|\cdot\|$. 令 $K = \mathbb{R}^2_+, \varepsilon = (1,1) \in K, f(x_1, x_2) = (x_1, x_2)$ 且

$$D = \{(x_1, x_2) \mid x_1 \leqslant 0, x_2 \geqslant -1\}.$$

显然, K 是点闭凸锥且 $\beta = 1$. 令 $\bar{x} = (0,0) \in D$. 因为存在 $\hat{x} = (-1,-1) \in f(D)$, 使得

$$\Delta_{-K}(f(\hat{x}) - f(\bar{x})) = \Delta_{-K}(f(\hat{x})) = d_{-K}(f(\hat{x})) - d_{\mathbb{R}^2 \setminus (-K)}(f(\hat{x})) = -1 = -\beta.$$

所以

$$\bar{x} \notin \text{SAMin}(\Delta_{-K}(f(x) - f(\bar{x})), \beta).$$

容易验证

$$\text{cone}(f(D) + \varepsilon + K - f(\bar{x})) = \{(x_1, x_2) \mid x_1 \in \mathbb{R}, x_2 \geqslant 0\}$$

是闭集. 然而

$$\text{clcone}(f(D) + \varepsilon + K - f(\bar{x})) \cap (-K) = \{(x_1, x_2) \mid x_1 \in \mathbb{R}, x_2 \geqslant 0\} \cap (-\mathbb{R}^2_+)$$

$$= \{(x_1, x_2) \mid x_1 \leqslant 0, x_2 = 0\} \neq \{0\}.$$

故 $\bar{x} \notin \varepsilon\text{-PE}(f(D), K)$, 即定理 4.2.2 不成立.

4.2.2　(C, ϵ)-真有效解的 Delta 非线性标量化

本节主要研究 (C, ϵ)-真有效解的 Delta 非线性标量化[97], 改进了文献 [134] 中的相应结果. 考虑如下基于 Delta 函数的标量化问题:

$$(\text{SOP})_y \min_{x \in D} \Delta_{-C(0)}(f(x) - y),$$

其中 $y \in \mathbb{R}^p$.

令 $\text{PAE}(f, C, \epsilon)$ 表示 (MOP) 的 (C, ϵ)-真有效解集, $\text{AMin}(\Delta_{-C(0)}(f(x) - y), \beta)$ 表示 $(\text{SOP})_y$ 的 β-最优解集, 其中 $\beta \geqslant 0$ 且

$$\text{AMin}(\Delta_{-C(0)}(f(x) - y), \beta) = \{z \in D | \Delta_{-C(0)}(f(x) - y)$$

$$\geqslant \Delta_{-C(0)}(f(z) - y) - \beta, \forall x \in D\}.$$

Gao 等建立了多目标优化问题 (C, ϵ)-真有效解的如下非线性标量结果[134].

定理 4.2.3　假定以下条件满足:

(i) C 是凸的;

(ii) $\mathbb{R}^p$ 中的范数 $\|\cdot\|$ 是 $C(0)$ 上的 $C(0)$-单调函数, 即对于每个 $x, y \in C(0)$, $x \in y - C(0) \Rightarrow \|x\| \leqslant \|y\|$;

(iii) $0 \notin C$;

(iv) $\epsilon \geqslant 0, \beta = d_C(0)$ 和 $\bar{x} \in \mathrm{PAE}(f, C, \epsilon)$. 则

$$\bar{x} \in \mathrm{AMin}(\Delta_{-C(0)}(f(x) - f(\bar{x})), \epsilon\beta).$$

注 4.2.4　注意到若去掉定理 4.2.3 的假设条件 (ii), 结论也可能成立.

例 4.2.4　给定 $\mathbb{R}^2$ 中的范数 $\|\cdot\|$, $f(x_1, x_2) = (x_1, x_2)$ 和

$$C = \{(x_1, x_2) \mid x_1 + x_2 \geqslant 0, x_2 \geqslant 1\},$$

$$D = \{(x_1, x_2) \mid x_1 \geqslant 0, x_2 \geqslant 0\}.$$

显然 C 是一个凸集, $(0, 0) \notin C$, $\beta = d_C(0) = 1$ 且

$$C(0) = \{(x_1, x_2) \mid x_1 + x_2 \geqslant 0, x_2 > 0\},$$

$$C(\epsilon) = \{(x_1, x_2) \mid x_1 + x_2 \geqslant 0, x_2 \geqslant \epsilon\}, \quad \epsilon > 0.$$

设 $\bar{x} = (0, 0) \in D$. 对于 $\epsilon \geqslant 0$, 因为

$$\mathrm{clcone}(f(D) + C(\epsilon) - f(\bar{x})) \cap (-C(0))$$

$$= \{(x_1, x_2) \mid x_1 + x_2 \geqslant 0, x_2 \geqslant 0\} \cap (-C(0))$$

$$= \varnothing \subset \{(0, 0)\},$$

则 $\bar{x} \in \mathrm{PAE}(f, C, \epsilon)$. 此外, 由于

$$f(D) \subset \mathbb{R}^2 \setminus (-C(0)), \quad (0, 0) \in \mathrm{bd} C(0),$$

故对任意的 $x \in D$,

$$\Delta_{-C(0)}(f(x) - f(\bar{x})) = \Delta_{-C(0)}(f(x))$$

$$= d_{-C(0)}(f(x)) - d_{\mathbb{R}^2 \setminus (-C(0))}(f(x))$$

$$= d_{-C(0)}(f(x))$$

$$\geqslant \Delta_{-C(0)}(f(\bar{x}) - f(\bar{x})) - \epsilon\beta,$$

即
$$\bar{x} \in \mathrm{AMin}(\Delta_{-C(0)}(f(x) - f(\bar{x})), \epsilon\beta).$$

但是, 存在 $\hat{x} = (-3, 3) \in C(0)$ 和 $\hat{y} = (0, 4) \in C(0)$ 使得
$$\hat{x} - \hat{y} = (-3, -1) \in -C(0),$$

但 $\|\hat{x}\| = 3\sqrt{2} > 4 = \|\hat{y}\|$, 所以 $\|\cdot\|$ 在 $C(0)$ 上不是 $C(0)$-单调的.

注 4.2.5 注意到如果去掉定理 4.2.3 的条件 (ii) 和 (iii), 结论也可能成立.

例 4.2.5 给定 $\mathbb{R}^2$ 中的范数 $\|\cdot\|$, $f(x_1, x_2) = (x_1, x_2)$ 和
$$C = \{(x_1, x_2) \mid x_1 + x_2 \geqslant 0, x_2 \geqslant 0\},$$
$$D = \{(x_1, x_2) \mid 0 \leqslant x_1 \leqslant 1, 0 \leqslant x_2 \leqslant 1\}.$$

显然 C 是一个凸集, $\beta = d_C(0) = 0$ 并且 $C(0) = C(\epsilon) = C, \epsilon > 0$. 设 $\bar{x} = (0, 0) \in D$. 对于 $\epsilon \geqslant 0$, 因为
$$\mathrm{clcone}(f(D) + C(\epsilon) - f(\bar{x})) \cap (-C(0)) = C \cap (-C) = \{(0, 0)\} \subset \{(0, 0)\},$$

则 $\bar{x} \in \mathrm{PAE}(f, C, \epsilon)$. 此外, 由于
$$f(D) \subset (\mathbb{R}^2 \setminus (-C(0))) \cup \{(0, 0)\}, (0, 0) \in \mathrm{bd}C(0),$$

故对于任意的 $x \in D$,
$$\begin{aligned}
\Delta_{-C(0)}(f(x) - f(\bar{x})) &= \Delta_{-C(0)}(f(x)) \\
&= d_{-C(0)}(f(x)) - d_{\mathbb{R}^2 \setminus (-C(0))}(f(x)) \\
&= d_{-C(0)}(f(x)) \\
&\geqslant \Delta_{-C(0)}(f(\bar{x}) - f(\bar{x})) - \epsilon\beta,
\end{aligned}$$

即
$$\bar{x} \in \mathrm{AMin}(\Delta_{-C(0)}(f(x) - f(\bar{x})), \epsilon\beta).$$

然而, 注意到 $(0, 0) \in C$ 和 $\|\cdot\|$ 在 $C(0)$ 上不是 $C(0)$-单调. 事实上, 存在 $\hat{x} = (-3, 3) \in C(0)$ 和 $\hat{y} = (0, 3) \in C(0)$ 使得
$$\hat{x} - \hat{y} = (-3, 0) \in -C(0), \quad \|\hat{x}\| = 3\sqrt{2} > 3 = \|\hat{y}\|.$$

下面在不假设范数的单调性和 $0 \notin C$ 的条件下, 建立 (MOP) 的 (C, ϵ)-真有效解的 Delta 非线性标量化结果.

定理 4.2.4　设 C 为凸集, $\epsilon \geqslant 0$ 和 $\beta = d_C(0)$. 如果 $\bar{x} \in \mathrm{PAE}(f, C, \epsilon)$, 则

$$\bar{x} \in \mathrm{AMin}(\Delta_{-C(0)}(f(x) - f(\bar{x})), \epsilon\beta).$$

证明　由于 $\bar{x} \in \mathrm{PAE}(f, C, \epsilon)$, 则

$$\mathrm{clcone}(f(D) + C(\epsilon) - f(\bar{x})) \cap (-C(0)) \subset \{0\}.$$

所以

$$(f(D) + C(\epsilon) - f(\bar{x})) \cap (-C(0) \setminus \{0\}) = \varnothing,$$

从而

$$f(x) - f(\bar{x}) + c \notin -C(0) \setminus \{0\}, \quad \forall x \in D, c \in C(\epsilon). \tag{4.2.7}$$

由 $0 \in \mathrm{bd}C(0)$ 和 (4.2.7), 有

$$d_{\mathbb{R}^p \setminus (-C(0))}(f(x) - f(\bar{x}) + c)$$

$$= d_{\mathbb{R}^p \setminus (-C(0) \setminus \{0\})}(f(x) - f(\bar{x}) + c) = 0, \quad \forall x \in D, c \in C(\epsilon).$$

因此, 对任意的 $x \in D, c \in C(\epsilon)$,

$$\Delta_{-C(0)}(f(x) - f(\bar{x}) + c)$$

$$= d_{-C(0)}(f(x) - f(\bar{x}) + c) - d_{\mathbb{R}^p \setminus (-C(0))}(f(x) - f(\bar{x}) + c)$$

$$= d_{-C(0)}(f(x) - f(\bar{x}) + c) \geqslant 0.$$

由性质 4.1.1, $\Delta_{-C(0)}$ 是次线性函数. 因此

$$0 \leqslant \Delta_{-C(0)}(f(x) - f(\bar{x}) + c) \leqslant \Delta_{-C(0)}(f(x) - f(\bar{x})) + \Delta_{-C(0)}(c),$$

即

$$\Delta_{-C(0)}(f(x) - f(\bar{x})) + \Delta_{-C(0)}(c) \geqslant 0, \quad \forall x \in D, \forall c \in C(\epsilon).$$

所以

$$\Delta_{-C(0)}(f(x) - f(\bar{x})) + \inf_{c \in C(\epsilon)} \Delta_{-C(0)}(c) \geqslant 0, \quad \forall x \in D. \tag{4.2.8}$$

下面计算 $\inf\limits_{c \in C(\epsilon)} \Delta_{-C(0)}(c)$. 显然

$$\Delta_{-C(0)}(c) = d_{-C(0)}(c) - d_{\mathbb{R}^p \setminus (-C(0))}(c), \quad \forall c \in C(\epsilon). \tag{4.2.9}$$

根据 [64] 中的引理 3.1 (v) 可得

$$C(0) + C(\epsilon) \subset C(\epsilon), \quad \forall \epsilon \geqslant 0. \tag{4.2.10}$$

可以证明
$$C(\epsilon) \subset \mathrm{cl}(\mathbb{R}^p \backslash (-C(0))).$$

反证法. 假定存在 $\hat{c} \in C(\epsilon)$ 使得
$$\hat{c} \notin \mathrm{cl}(\mathbb{R}^p \backslash (-C(0))) = \mathbb{R}^p \backslash (-\mathrm{int}C(0)).$$

则 $-\hat{c} \in \mathrm{int}C(0)$ 且由 (4.2.10) 有
$$0 = \hat{c} - \hat{c} \in C(\epsilon) + \mathrm{int}C(0) \subset \mathrm{int}(C(\epsilon) + C(0)) \subset \mathrm{int}C(\epsilon),$$

产生矛盾. 因此
$$d_{\mathbb{R}^p \backslash (-C(0))}(c) = 0, \quad \forall c \in C(\epsilon).$$

由 (4.2.9) 可知
$$\Delta_{-C(0)}(c) = d_{-C(0)}(c), \quad \forall c \in C(\epsilon).$$

所以
$$\inf_{c \in C(\epsilon)} \Delta_{-C(0)}(c) = \inf_{c \in C(\epsilon)} \inf_{k \in C(0)} ||c + k||. \tag{4.2.11}$$

下面证明
$$\inf_{c \in C(\epsilon)} \inf_{k \in C(0)} ||c + k|| = \inf_{c' \in C(\epsilon)} ||c'||. \tag{4.2.12}$$

再由 [64] 中的引理 3.1 (v) 可得
$$c + C(0) \subset C(\epsilon), \quad \forall c \in C(\epsilon).$$

则
$$\inf_{k \in C(0)} ||c + k|| \geqslant \inf_{c' \in C(\epsilon)} ||c'||, \quad \forall c \in C(\epsilon),$$

即 $\inf\limits_{c' \in C(\epsilon)} ||c'||$ 是 $\left\{ \inf\limits_{k \in C(0)} ||c + k|| \right\}_{c \in C(\epsilon)}$ 的下界.

此外, 根据下确界的定义, 对于任何 $\varepsilon > 0$, 存在 $c_0 \in C(\epsilon)$ 使得
$$||c_0|| < \inf_{c' \in C(\epsilon)} ||c'|| + \varepsilon.$$

此外, 可以证明
$$C(\epsilon) + C(0) \cup \{0\} = C(\epsilon). \tag{4.2.13}$$

显然, $C(\epsilon) \subset C(\epsilon) + C(0) \cup \{0\}$. 另一方面, 由 [64] 中的引理 3.1 (v) 有
$$C(0) \cup \{0\} + C(\epsilon) \subset (C(0) + C(\epsilon)) \cup (\{0\} + C(\epsilon))$$

$$\subset C(\epsilon) \cup C(\epsilon)$$

$$= C(\epsilon).$$

所以 (4.2.13) 成立并且存在 $\bar{c} \in C(\epsilon)$ 和 $\bar{k} \in C(0) \cup \{0\}$ 使得 $c_0 = \bar{c} + \bar{k}$. 因此

$$\inf_{k \in C(0)} \|\bar{c} + k\| = \inf_{k \in C(0) \cup \{0\}} \|\bar{c} + k\|$$

$$\leqslant \|\bar{c} + \bar{k}\|$$

$$= \|c_0\|$$

$$< \inf_{c' \in C(\epsilon)} \|c'\| + \varepsilon.$$

因此, (4.2.12) 成立. 由 (4.2.11) 可得

$$\inf_{c \in C(\epsilon)} \Delta_{-C(0)}(c) = \inf_{c' \in C(\epsilon)} \|c'\| = d_{C(\epsilon)}(0) = \epsilon d_C(0) = \epsilon\beta.$$

故由 (4.2.8) 可知, 对任何 $x \in D$,

$$\Delta_{-C(0)}(f(x) - f(\bar{x})) + \epsilon\beta = \Delta_{-C(0)}(f(x) - f(\bar{x})) + \inf_{c \in C(\epsilon)} \Delta_{-C(0)}(c) \geqslant 0. \quad (4.2.14)$$

因为 $0 \in \mathrm{bd}C(0)$ 和性质 4.1.1, 所以

$$\Delta_{-C(0)}(f(\bar{x}) - f(\bar{x})) = \Delta_{-C(0)}(0) = 0. \quad (4.2.15)$$

由 (4.2.14) 和 (4.2.15) 可知

$$\Delta_{-C(0)}(f(x) - f(\bar{x})) \geqslant \Delta_{-C(0)}(f(\bar{x}) - f(\bar{x})) - \epsilon\beta, \quad \forall x \in D.$$

所以 $\bar{x} \in \mathrm{AMin}(\Delta_{-C(0)}(f(x) - f(\bar{x})), \epsilon\beta)$. □

注 4.2.6　下面的例子表明: 定理 4.2.4 中 C 的凸性是一个较强的假设条件. 如何减弱 C 的凸性仍然是一个非常有趣的问题.

例 4.2.6　给定 $\mathbb{R}^2$ 中的范数 $\|\cdot\|$, $f(x_1, x_2) = (x_1, x_2)$ 和

$$C = \{(x_1, x_2) \mid x_1 + x_2 > 0, x_2 > 1\} \cup \{(x_1, x_2) \mid x_1 > 1, 0 < x_2 \leqslant 1\},$$

$$D = \{(x_1, x_2) \mid -1 \leqslant x_1 \leqslant 0, -1 \leqslant x_2 \leqslant 0\}.$$

显然 $\beta = d_C(0) = 1$ 且

$$C(0) = \{(x_1, x_2) \mid x_1 + x_2 > 0, x_2 > 0\},$$

$$C(\epsilon) = \{(x_1, x_2) \mid x_1 + x_2 > 0, x_2 > \epsilon\} \cup \{(x_1, x_2) \mid x_1 > \epsilon, 0 < x_2 \leqslant \epsilon\}, \quad \epsilon > 0.$$

设 $\bar{x} = (-1, -1) \in D$. 对于 $\epsilon \geqslant 0$, 因为

$$\mathrm{clcone}(f(D) + C(\epsilon) - f(\bar{x})) \cap (-C(0)) = \mathrm{cl}C(0) \cap (-C(0)) = \varnothing \subset \{(0,0)\},$$

则 $\bar{x} \in \mathrm{PAE}(f, C, \epsilon)$. 此外, 因

$$f(D) - f(\bar{x}) \subset \mathbb{R}^2 \setminus (-C(0)), \quad (0,0) \in \mathrm{bd}C(0),$$

故对任意的 $x \in D$,

$$\Delta_{-C(0)}(f(x) - f(\bar{x})) = d_{-C(0)}(f(x) - f(\bar{x})) - d_{\mathbb{R}^2 \setminus (-C(0))}(f(x) - f(\bar{x}))$$

$$= d_{-C(0)}(f(x) - f(\bar{x}))$$

$$\geqslant \Delta_{-C(0)}(f(\bar{x}) - f(\bar{x})) - \epsilon\beta,$$

即

$$\bar{x} \in \mathrm{AMin}(\Delta_{-C(0)}(f(x) - f(\bar{x})), \epsilon\beta).$$

但注意到 C 不是凸集.

4.2.3 E-弱有效解的 Delta 非线性标量化

本节主要研究多目标优化问题 E-有效解和 E-弱有效解的 Delta 非线性标量化结果[176]. 考虑如下基于 Delta 函数的标量优化问题:

$$(\mathrm{SOP})_y \min_{x \in D} \Delta_{-K}(f(x) - y),$$

其中 $y \in \mathbb{R}^p$. $\mathrm{WAE}(f, D, E)$ 表示 (MOP) 关于改进集 E 的弱有效解集, $\mathrm{AE}(f, D, E)$ 表示 (MOP) 关于改进集 E 的有效解集, $\mathrm{AMin}(\Delta_{-K}(f(x) - y), \epsilon)$ 表示 $(\mathrm{SOP})_y$ 的 ϵ-最优解集, $\mathrm{SAMin}(\Delta_{-K}(f(x) - y), \epsilon)$ 表示 $(\mathrm{SOP})_y$ 的严格 ϵ-最优解集.

定理 4.2.5 假定 $K = \mathbb{R}_+^p$, $E \in \mathfrak{T}_{\mathbb{R}^p}$. 则

$$\bar{x} \in \mathrm{WAE}(f, D, E) \Rightarrow \bar{x} \in \mathrm{AMin}(\Delta_{-K}(f(x) - f(\bar{x})), d_E(0)).$$

证明 由 $\bar{x} \in \mathrm{WAE}(f, D, E)$ 可知 $(f(\bar{x}) - \mathrm{int}E) \cap f(D) = \varnothing$. 因此, 利用 [168] 中的定理 3.1 可得

$$(f(\bar{x}) - E - \mathrm{int}K) \cap f(D) = \varnothing,$$

即

$$f(x) - f(\bar{x}) + e \notin -\mathrm{int}K, \quad \forall x \in D, \forall e \in E,$$

这意味着

$$\Delta_{-K}(f(x) - f(\bar{x}) + e) \geqslant 0, \quad \forall x \in D, \forall e \in E.$$

由 K 是凸锥可得

$$0 \leqslant \Delta_{-K}(f(x) - f(\bar{x}) + e) \leqslant \Delta_{-K}(f(x) - f(\bar{x})) + \Delta_{-K}(e),$$

即

$$\Delta_{-K}(f(x) - f(\bar{x})) + \Delta_{-K}(e) \geqslant 0, \quad \forall x \in D, \forall e \in E.$$

故

$$\Delta_{-K}(f(x) - f(\bar{x})) + \inf_{e \in E} \Delta_{-K}(e) \geqslant 0, \quad \forall x \in D. \tag{4.2.16}$$

下面计算 $\inf\limits_{e \in E} \Delta_{-K}(e)$. 根据 Δ_{-K} 的定义可得

$$\Delta_{-K}(e) = d_{-K}(e) - d_{\mathbb{R}^p \setminus (-K)}(e), \quad \forall e \in E. \tag{4.2.17}$$

可以证明 $E \subset \mathbb{R}^p \setminus (-K)$. 反证法. 假定存在 $\hat{e} \in E$ 使得 $\hat{e} \notin \mathbb{R}^p \setminus (-K)$, 则 $-\hat{e} \in K$. 因此, 从 $E \in \mathfrak{T}_{\mathbb{R}^p}$ 可知

$$0 = \hat{e} - \hat{e} \in E + K = E,$$

这与 $0 \notin E$ 矛盾. 因此

$$d_{\mathbb{R}^p \setminus (-K)}(e) = 0, \quad \forall e \in E.$$

由 (4.2.17) 可得

$$\Delta_{-K}(e) = d_{-K}(e), \quad \forall e \in E.$$

所以

$$\inf_{e \in E} \Delta_{-K}(e) = \inf_{e \in E} \inf_{k \in K} ||e + k||. \tag{4.2.18}$$

下面证明

$$\inf_{e \in E} \inf_{k \in K} ||e + k|| = \inf_{e' \in E} ||e'||. \tag{4.2.19}$$

因为 $E + K = E$, 所以

$$\{e + k | k \in K\} \subset E, \quad \forall e \in E,$$

这表明

$$\inf_{k \in K} ||e + k|| \geqslant \inf_{e' \in E} ||e'||, \quad \forall e \in E.$$

所以, $\inf\limits_{e' \in E} \|e'\|$ 是 $\left\{ \inf\limits_{k \in K} \|e+k\| \right\}_{e \in E}$ 的下界. 此外, 根据下确界的定义, 对于任何给定的 $\epsilon > 0$, 存在 $e_0 \in E$ 使得

$$\|e_0\| < \inf_{e' \in E} \|e'\| + \epsilon.$$

从 $E + K = E$ 可知, 存在 $\bar{e} \in E$ 和 $\bar{k} \in K$ 使得 $e_0 = \bar{e} + \bar{k}$. 因此

$$\inf_{k \in K} \|\bar{e} + k\| \leqslant \|\bar{e} + \bar{k}\| = \|e_0\| < \inf_{e' \in E} \|e'\| + \epsilon.$$

因此, (4.2.19) 成立. 进而由 (4.2.18) 有

$$\inf_{e \in E} \Delta_{-K}(e) = \inf_{e' \in E} \|e'\| = d_E(0).$$

由 (4.2.16) 可知, 对任意的 $x \in D$,

$$\Delta_{-K}(f(x) - f(\bar{x})) + d_E(0) = \Delta_{-K}(f(x) - f(\bar{x})) + \inf_{e \in E} \Delta_{-K}(e) \geqslant 0. \quad (4.2.20)$$

由于 $0 \in \mathrm{bd}K$ 和性质 4.1.1, 则

$$\Delta_{-K}(f(\bar{x}) - f(\bar{x})) = \Delta_{-K}(0) = 0. \quad (4.2.21)$$

结合 (4.2.20) 和 (4.2.21), 可得

$$\Delta_{-K}(f(x) - f(\bar{x})) \geqslant \Delta_{-K}(f(\bar{x}) - f(\bar{x})) - d_E(0), \quad \forall x \in D.$$

因此, $\bar{x} \in \mathrm{AMin}(\Delta_{-K}(f(x) - f(\bar{x})), d_E(0))$. □

注 4.2.7 定理 4.2.5 的逆命题可能不成立.

例 4.2.7 给定 $\mathbb{R}^2$ 中的范数 $\|\cdot\|$, $K = \mathbb{R}_+^2$, $f(x_1, x_2) = (x_1, x_2)$ 和

$$E = \{(x_1, x_2) \mid x_1 + x_2 \geqslant 2, x_1 \geqslant 0, x_2 \geqslant 0\},$$

$$D = \{(x_1, x_2) \mid -1 \leqslant x_1 \leqslant 1, 0 \leqslant x_2 \leqslant 1\}.$$

显然, $E \in \mathfrak{T}_{\mathbb{R}^2}$ 和 $d_E(0) = \sqrt{2}$. 设 $\bar{x} = (1, 1) \in D$. 由

$$\Delta_{-K}(f(x) - f(\bar{x})) \geqslant -1 > -\sqrt{2} = -d_E(0), \quad \forall x \in D,$$

有

$$\bar{x} \in \mathrm{AMin}(\Delta_{-K}(f(x) - f(\bar{x})), d_E(0)).$$

但是

$$(f(\bar{x}) - \mathrm{int}E) \cap f(D) = \{(x_1, x_2) \mid x_1 < 1, x_2 < 1, x_1 + x_2 < 0\} \cap f(D)$$

$$= \{(x_1, x_2) \mid x_1 + x_2 < 0, -1 \leqslant x_1 < 0, x_2 \geqslant 0\} \neq \varnothing,$$

这意味着 $\bar{x} \notin \mathrm{WAE}(f, D, E)$.

在适当的条件下, 可以证明定理 4.2.5 的逆命题是成立的.

定理 4.2.6　假定 $K = \mathbb{R}_+^p$, $E \subset K$, $E \in \mathfrak{T}_{\mathbb{R}^p}$ 且 $\epsilon = \inf\limits_{e \in E} d_{\mathrm{bd}K}(e)$. 则

$$\bar{x} \in \mathrm{AMin}(\Delta_{-K}(f(x) - f(\bar{x})), \epsilon) \Rightarrow \overline{x} \in \mathrm{WAE}(f, D, E).$$

证明　设 $\bar{x} \notin \mathrm{WAE}(f, D, E)$, 则存在 $\hat{x} \in D$ 使得

$$f(\hat{x}) - f(\bar{x}) \in -\mathrm{int}E.$$

根据 $E \in \mathfrak{T}_{\mathbb{R}^p}$ 和 [136] 中的定理 3.1, 存在 $\hat{e} \in E$ 使得 $f(\hat{x}) - f(\bar{x}) + \hat{e} \in -\mathrm{int}K$. 由性质 4.1.1 可得

$$\Delta_{-K}(f(\hat{x}) - f(\bar{x}) + \hat{e}) < 0.$$

故

$$\Delta_{-K}(f(\hat{x}) - f(\bar{x})) \leqslant \Delta_{-K}(f(\hat{x}) - f(\bar{x}) + \hat{e}) + \Delta_{-K}(-\hat{e}).$$

因此

$$\Delta_{-K}(f(\hat{x}) - f(\bar{x})) < \Delta_{-K}(-\hat{e}) = -d_{Y \setminus (-K)}(-\hat{e})$$

$$= -d_{-\mathrm{bd}K}(-\hat{e}) = -d_{\mathrm{bd}K}(\hat{e}) \leqslant -\inf_{e \in E} d_{\mathrm{bd}K}(e) = -\epsilon. \quad (4.2.22)$$

另一方面, $\bar{x} \in \mathrm{AMin}(\Delta_{-K}(f(x) - f(\bar{x})), \epsilon)$ 意味着

$$\Delta_{-K}(f(\hat{x}) - f(\bar{x})) \geqslant \Delta_{-K}(f(\bar{x}) - f(\overline{x})) - \epsilon = -\epsilon,$$

这与 (4.2.22) 相矛盾, 所以 $\bar{x} \in \mathrm{WAE}(f, D, E)$.　　　　□

利用非线性标量化函数 Δ_{-K} 也可类似建立 (MOP) 的 E-有效解的 Delta 非线性标量化刻画结果. 证明与定理 4.2.5 和定理 4.2.6 类似.

定理 4.2.7　设 $K = \mathbb{R}_+^p$, $E \in \mathfrak{T}_{\mathbb{R}^p}$, 则

$$\bar{x} \in \mathrm{AE}(f, D, E) \Rightarrow \bar{x} \in \mathrm{SAMin}(\Delta_{-K}(f(x) - f(\bar{x})), d_E(0)).$$

定理 4.2.8　设 $K = \mathbb{R}_+^p$, $E \subset K$, $E \in \mathfrak{T}_{\mathbb{R}^p}$ 和 $\epsilon = \inf\limits_{e \in E} d_{\mathrm{bd}K}(e)$, 则

$$\bar{x} \in \mathrm{SAMin}(\Delta_{-K}(f(x) - f(\bar{x})), \epsilon) \Rightarrow \overline{x} \in \mathrm{AE}(f, D, E).$$

第 5 章　多目标优化 Gerstewitz 型标量化

Gerstewitz 型标量化是基于序锥的闵可夫斯基泛函而提出的多目标优化问题的一类非线性标量化方法. 这类标量化方法依赖于基于标量化函数的非线性分离定理. 当序锥是自然序锥时, Gerstewitz 非线性标量化就退化为 Pascoletti 和 Serafini[173] 于 1984 年提出的 Pascoletti-Serafini 标量化. 本章首先介绍多目标优化问题 ε-真有效解、(C,ϵ)-真有效解、E-弱有效解三类近似解的 Gerstewitz 非线性标量化结果. 特殊情况下, 这些标量化结果可退化为多目标优化问题相应精确解的 Gerstewitz 非线性标量化结果. 进一步, 我们也介绍了基于自然序锥下的两类改进的 Gerstewitz 非线性标量化, 即弹性 Pascoletti-Serafini 标量化和改进的 Pascoletti-Serafini 标量化以及几类近似解的一些非线性标量化结果.

假定 $f : \mathbb{R}^n \to \mathbb{R}^p, D \subset \mathbb{R}^n$ 且 $D \neq \varnothing$. 本章考虑如下多目标优化问题:

$$(\text{MOP}) \quad \min_{x \in D} f(x).$$

5.1　ε-真有效解的 Gerstewitz 非线性标量化

Göpfert 等在文献 [38] 中提出了如下非线性标量化函数:

$$\varphi_{q,G}(y) = \inf\{s \in \mathbb{R} | y \in sq - G\}, \quad y \in \mathbb{R}^p,$$

其中 G 是 $\mathbb{R}^p$ 中的子集, $\inf \varnothing = +\infty$.

称这类非线性标量化函数为 Gerstewitz 非线性标量化函数. 进一步, Göpfert 等在文献 [38] 中也给出了 Gerstewitz 非线性标量化函数 $\varphi_{q,G}$ 的一些基本性质. 特别地, 由文献 [38] 中的命题 2.3.4 和定理 2.3.1 可知下面的非凸分离定理成立.

引理 5.1.1　设 $K = \mathbb{R}^p_+, \varepsilon \in K$ 及 $q \in \text{int}K$. 则函数 $\varphi_{q,\varepsilon+K}$ 连续且满足

$$\{y \in \mathbb{R}^p | \varphi_{q,\varepsilon+K}(y) < c\} = cq - \text{int}(\varepsilon + K), \quad \forall c \in \mathbb{R},$$

$$\{y \in \mathbb{R}^p | \varphi_{q,\varepsilon+K}(y) = c\} = cq - \text{bd}(\varepsilon + K), \quad \forall c \in \mathbb{R},$$

$$\varphi_{q,\varepsilon+K}(-\varepsilon - k) \leqslant 0, \qquad \varphi_{q,\varepsilon+K}(-\text{bd}(\varepsilon + k)) = 0, \quad \forall k \in K.$$

考虑 (MOP) 的如下 Gerstewitz 非线性标量化问题:

$$(\text{SOP})_{q,y} \quad \min_{x \in D} \varphi_{q,\varepsilon+K}(f(x) - y),$$

其中 $y \in \mathbb{R}^p$, $q \in \text{int} K$.

将 $\varphi_{q,\varepsilon+K}(f(x) - y)$ 记为 $(\varphi_{q,\varepsilon+K,y} \circ f)(x)$, $(\text{SOP})_{q,y}$ 的 ϵ-近似解集记为 $\text{AMin}(\varphi_{q,\varepsilon+K,y} \circ f, \epsilon)$, 严格 ϵ-近似解集记为 $\text{SAMin}(\varphi_{q,\varepsilon+K,y} \circ f, \epsilon)$.

下面给出 (MOP) 的 ε-Benson 真有效解的 Gerstewitz 非线性标量化结果. 当 $\varepsilon = 0$ 时, 退化为经典的 Benson 真有效解的 Gerstewitz 非线性标量化刻画. 本节的主要结果是文献 [174] 中当序锥退化为 $K = \mathbb{R}^p_+$ 时的特殊情形.

定理 5.1.1　假定 $K = \mathbb{R}^p_+$, $\varepsilon \in K$, $q \in \text{int} K$ 且

$$\beta = \inf\{s \in \mathbb{R}_+ | sq \in \varepsilon + K\}.$$

则

(i) $\bar{x} \in \varepsilon\text{-PE}(f(D), K) \Rightarrow \bar{x} \in \text{AMin}(\varphi_{q,\varepsilon+K,f(\bar{x})} \circ f, \beta)$.

(ii) 如果 $\text{cone}(f(D) + \varepsilon + K - f(\bar{x}))$ 是闭集, 则

$$\bar{x} \in \text{SAMin}(\varphi_{q,\varepsilon+K,f(\bar{x})} \circ f, \beta) \Rightarrow \bar{x} \in \varepsilon\text{-PE}(f(D), K).$$

证明　(i) 由引理 5.1.1 可知

$$\{y \in \mathbb{R}^p | \varphi_{q,\varepsilon+K}(y) < 0\} = -\text{int}(\varepsilon + K) = -\text{int}(\varepsilon + K \setminus \{0\}). \tag{5.1.1}$$

因为 $\bar{x} \in \varepsilon\text{-PE}(f(D), K)$, 所以

$$\text{clcone}(f(D) + \varepsilon + K - f(\bar{x})) \cap (-K) = \{0\}.$$

从而 $(f(D) + \varepsilon + K - f(\bar{x})) \cap (-K \setminus \{0\}) = \varnothing$. 故由 $0 \in K$ 可得

$$(f(D) - f(\bar{x})) \cap (-\varepsilon - K \setminus \{0\}) = \varnothing. \tag{5.1.2}$$

结合 (5.1.1) 和 (5.1.2) 有

$$(\varphi_{q,\varepsilon+K,f(\bar{x})} \circ f)(x) = \varphi_{q,\varepsilon+K}(f(x) - f(\bar{x})) \geqslant 0, \quad \forall x \in D. \tag{5.1.3}$$

此外

$$(\varphi_{q,\varepsilon+K,f(\bar{x})} \circ f)(\bar{x}) = \varphi_{q,\varepsilon+K}(f(\bar{x}) - f(\bar{x})) = \varphi_{q,\varepsilon+K}(0)$$

$$= \inf\{s \in \mathbb{R} | sq \in \varepsilon + K\} \leqslant \beta.$$

故由 (5.1.3) 可得

$$(\varphi_{q,\varepsilon+K,f(\bar{x})} \circ f)(x) \geqslant (\varphi_{q,\varepsilon+K,f(\bar{x})} \circ f)(\bar{x}) - \beta.$$

因此, $\bar{x} \in \mathrm{AMin}(\varphi_{q,\varepsilon+K,f(\bar{x})} \circ f, \beta)$.

(ii) 反证法. 假定 $\bar{x} \notin \varepsilon\text{-PE}(f(D), K)$. 则存在 $d \neq 0$ 使得 $d \in -K$ 且

$$d \in \mathrm{clcone}(f(D) + \varepsilon + K - f(\bar{x})).$$

由 $\mathrm{cone}(f(D) + \varepsilon + K - f(\bar{x}))$ 是闭集可知

$$d \in \mathrm{cone}(f(D) + \varepsilon + K - f(\bar{x})).$$

因此, 存在 $\lambda > 0, \hat{x} \in D, \hat{k} \in K$ 使得

$$d = \lambda(f(\hat{x}) + \hat{k} + \varepsilon - f(\bar{x})) \in -K.$$

由 K 是锥可得 $f(\hat{x}) + \hat{k} + \varepsilon - f(\bar{x}) \in -K$. 从而

$$f(\hat{x}) - f(\bar{x}) \in -\hat{k} - \varepsilon - K \subset -\varepsilon - K - K = -\varepsilon - K.$$

此外, 由引理 5.1.1 可得 $\{y \in \mathbb{R}^p | \varphi_{q,\varepsilon+K}(y) \leqslant 0\} = -\varepsilon - K$. 故

$$\varphi_{q,\varepsilon+K}(f(\hat{x}) - f(\bar{x})) \leqslant 0. \tag{5.1.4}$$

进而由 $\bar{x} \in \mathrm{SAMin}(\varphi_{q,\varepsilon+K,f(\bar{x})} \circ f, \beta)$ 可得

$$\begin{aligned}
\varphi_{q,\varepsilon+K}(f(\hat{x}) - f(\bar{x})) &= (\varphi_{q,\varepsilon+K,f(\bar{x})} \circ f)(\hat{x}) \\
&> (\varphi_{q,\varepsilon+K,f(\bar{x})} \circ f)(\bar{x}) - \beta \\
&= \varphi_{q,\varepsilon+K}(f(\bar{x}) - f(\bar{x})) - \beta \\
&= \varphi_{q,\varepsilon+K}(0) - \beta. \tag{5.1.5}
\end{aligned}$$

下面证明

$$\varphi_{q,\varepsilon+K}(0) = \beta. \tag{5.1.6}$$

情形 1: 若 $\varepsilon = 0$, 即 $\varepsilon + K = K$, 则对任意的 $s < 0, sq \notin K$. 否则, 若存在 $\hat{s} < 0$ 使得 $\hat{s}q \in K$, 由 $q \in \mathrm{int}K$, 有 $-\hat{s}q \in \mathrm{int}K$. 故

$$0 = \hat{s}q - \hat{s}q \in K + \mathrm{int}K = \mathrm{int}K.$$

这显然导致矛盾. 故

$$\begin{aligned}
\varphi_{q,\varepsilon+K}(0) &= \inf\{s \in \mathbb{R} | 0 \in sq - \varepsilon - K\} \\
&= \inf\{s \in \mathbb{R} | sq \in \varepsilon + K\}
\end{aligned}$$

$$= \inf\{s \in \mathbb{R}_+ | sq \in \varepsilon + K\} = \beta.$$

情形 2: 若 $\varepsilon \neq 0$, 则 $0 \notin \varepsilon + K$. 故对任意的 $s \leqslant 0, sq \notin \varepsilon + K$. 当 $s = 0$ 时, 显然 $0 \notin \varepsilon + K$, 故只需证明对任意的 $s < 0, sq \notin \varepsilon + K$. 否则, 若存在 $\hat{s} < 0$ 使得 $\hat{s}q \in \varepsilon + K$. 由 $q \in \mathrm{int}K$ 可得 $-\hat{s}q \in \mathrm{int}K \subset K$. 故

$$0 = \hat{s}q - \hat{s}q \in \varepsilon + K + K = \varepsilon + K.$$

这显然导致矛盾. 故

$$\varphi_{q,\varepsilon+K}(0) = \inf\{s \in \mathbb{R} | 0 \in sq - \varepsilon - K\}$$
$$= \inf\{s \in \mathbb{R} | sq \in \varepsilon + K\}$$
$$= \inf\{s \in \mathbb{R}_{++} | sq \in \varepsilon + K\}$$
$$= \inf\{s \in \mathbb{R}_+ | sq \in \varepsilon + K\} = \beta.$$

故 (5.1.6) 成立且由 (5.1.5) 可得 $\varphi_{q,\varepsilon+K}(f(\hat{x}) - f(\bar{x})) > 0$. 这与 (5.1.4) 矛盾. □

　　注 5.1.1　若 $\mathrm{cone}(f(D) + \varepsilon + K - f(\bar{x}))$ 不是闭集, 定理 5.1.1(ii) 不一定成立.

　　例 5.1.1　令 $K = \mathbb{R}_+^2, \varepsilon = (1,1) \in K, q = (1,1) \in \mathrm{int}K, f(x_1, x_2) = (x_1, x_2)$ 且

$$D = \{(x_1, x_2) \mid x_1 \leqslant 0, x_2 = 0\}.$$

显然, K 是点闭凸锥且 $\beta = 1$. 令 $\bar{x} = (0, 0) \in D$. 容易验证

$$\mathrm{cone}(f(D) + \varepsilon + K - f(\bar{x})) = \{(x_1, x_2) \mid x_1 \in \mathbb{R}, x_2 > 0\} \cup \{(0,0)\}$$

不是闭集. 因为对任意的 $x \in D$,

$$\varphi_{q,\varepsilon+K}(f(x) - f(\bar{x})) = \varphi_{q,\varepsilon+K}(f(x))$$
$$= \inf\{s \in \mathbb{R} | f(x) \in sq - (\varepsilon + K)\}$$
$$= 1 > 1 - 1$$
$$= \varphi_{q,\varepsilon+K}(f(\bar{x}) - f(\bar{x})) - \beta.$$

所以

$$\bar{x} \in \mathrm{SAMin}(\varphi_{q,\varepsilon+K}(f(x) - f(\bar{x})), \beta).$$

然而

$$\mathrm{clcone}(f(D) + \varepsilon + K - f(\bar{x})) \cap (-K) = \{(x_1, x_2) \mid x_1 \in \mathbb{R}, x_2 \geqslant 0\} \cap (-\mathbb{R}_+^2)$$

$$= \{(x_1, x_2) \mid x_1 \leqslant 0, x_2 = 0\} \neq \{(0, 0)\}.$$

故 $\bar{x} \notin \varepsilon\text{-PE}(f(D), K)$, 即定理 5.1.1(ii) 的结论不成立.

注 5.1.2　若 $\bar{x} \in \text{AMin}(\varphi_{q, \varepsilon+K, f(\bar{x})} \circ f, \beta)$, 但 $\bar{x} \notin \text{SAMin}(\varphi_{q, \varepsilon+K, f(\bar{x})} \circ f, \beta)$, 定理 5.1.1(ii) 不一定成立.

例 5.1.2　令 $K = \mathbb{R}_+^2, \varepsilon = (0, 0) \in K, q = (1, 1) \in \text{int} K, f(x_1, x_2) = (x_1, x_2)$ 且

$$D = \{(x_1, x_2) \mid x_1 \leqslant 0, x_2 = 0\}.$$

显然, K 是点闭凸锥且 $\beta = 0$. 令 $\bar{x} = (0, 0) \in D$. 容易验证

$$\text{cone}(f(D) + \varepsilon + K - f(\bar{x})) = \{(x_1, x_2) \mid x_1 \in \mathbb{R}, x_2 \geqslant 0\}$$

是闭集. 因为对任意的 $x \in D$,

$$\begin{aligned}
\varphi_{q, \varepsilon+K}(f(x) - f(\bar{x})) &= \varphi_{q, \varepsilon+K}(f(x)) \\
&= \inf\{s \in \mathbb{R} \mid f(x) \in sq - K\} \\
&= 0 = 0 - 0 \\
&= \varphi_{q, \varepsilon+K}(f(\bar{x}) - f(\bar{x})) - \beta.
\end{aligned}$$

所以 $\bar{x} \in \text{AMin}(\varphi_{q, \varepsilon+K}(f(x) - f(\bar{x})), \beta)$ 且

$$\bar{x} \notin \text{SAMin}(\varphi_{q, \varepsilon+K}(f(x) - f(\bar{x})), \beta).$$

此外

$$\begin{aligned}
\text{clcone}(f(D) + \varepsilon + K - f(\bar{x})) \cap (-K) &= \{(x_1, x_2) \mid x_1 \in \mathbb{R}, x_2 \geqslant 0\} \cap (-\mathbb{R}_+^2) \\
&= \{(x_1, x_2) \mid x_1 \leqslant 0, x_2 = 0\} \neq \{(0, 0)\}.
\end{aligned}$$

故 $\bar{x} \notin \varepsilon\text{-PE}(f(D), K)$, 即定理 5.1.1(ii) 的结论不成立.

注 5.1.3　即使 $f(D) + \varepsilon + K - f(\bar{x})$ 是闭集, $\text{cone}(f(D) + \varepsilon + K - f(\bar{x}))$ 也不一定是闭集.

例 5.1.3　令 $f(D) = \{(x_1, x_2) \mid x_1^2 - x_2 \leqslant 0, x_1 \leqslant 0\}$ 且

$$K = \mathbb{R}_+^2, \quad \varepsilon = (0, 0), \quad f(\bar{x}) = (0, 0).$$

则

$$f(D) + \varepsilon + K - f(\bar{x}) = \mathbb{R}_+^2 \cup \{(x_1, x_2) \mid x_1^2 - x_2 \leqslant 0, x_1 \leqslant 0\}$$

是闭集. 然而, $\text{cone}(f(D) + \varepsilon + K - f(\bar{x})) = \mathbb{R}_+^2 \cup \{(x_1, x_2) \mid x_1 < 0, x_2 > 0\}$ 不是闭集.

5.2　(C, ϵ)-真有效解的 Gerstewitz 非线性标量化

本节主要介绍多目标优化问题的 (C, ϵ)-真有效解的 Gerstewitz 非线性标量化结果. 考虑如下 Gerstewitz 非线性标量化问题:

$$(\text{SOP})_{q,\epsilon,f(\bar{x})}\quad \min_{x \in D} \varphi_{q,\text{cl } C(\epsilon)}(f(x) - f(\bar{x})),$$

其中 $y \in \mathbb{R}^p, \bar{x} \in D, q \in \text{int}C, \epsilon \geqslant 0$.

如果对任意的 $x \in D$, $\beta \geqslant 0$,

$$\varphi_{q,\text{cl } C(\epsilon)}(f(x) - f(\bar{x})) \geqslant \varphi_{q,\text{cl } C(\epsilon)}(f(\bar{x}) - f(\bar{x})) - \beta,$$

则称 $\bar{x} \in D$ 为 $(\text{SOP})_{q,\epsilon,f(\bar{x})}$ 的 β-最优解. 用 $\text{WAE}(f, C, \epsilon)$ 表示 (MOP) 的 (C, ϵ) 弱有效解集. 将 $\varphi_{q,\text{cl } C(\epsilon)}(f(x) - f(\bar{x}))$ 记为 $(\varphi_{q,\text{cl } C(\epsilon),f(\bar{x})} \circ f)(x)$, 将 $(\text{SOP})_{q,\epsilon,f(\bar{x})}$ 的 β-最优解集表示为

$$\text{AMin}(\varphi_{q,\text{cl } C(\epsilon),f(\bar{x})} \circ f, \beta).$$

为了证明本节的主要结果, 首先给出下面的引理.

引理 5.2.1 [63,66]　假定 C 是 solid 凸集. 则

(i) $C(0) + C(\epsilon) \subset C(\epsilon)$, $\forall \epsilon \geqslant 0$;

(ii) $C(0)$ 是 solid 凸锥;

(iii) $\text{int}(\text{cl } C(\epsilon)) = \text{int } C(\epsilon)$, $\forall \epsilon > 0$.

由文献 [134] 中的引理 4.2, 下面的非凸分离定理是显然的.

引理 5.2.2　假定 C 是真闭 solid 凸集且 $q \in \text{int}C$. 则对任意的 $\epsilon > 0$, $\varphi_{q,C(\epsilon)}(y)$ 连续且满足

$$\{y \in \mathbb{R}^p | \varphi_{q,C(\epsilon)}(y) < c\} = cq - \text{int}C(\epsilon), \quad \forall c \in \mathbb{R},$$

$$\{y \in \mathbb{R}^p | \varphi_{q,C(\epsilon)}(y) = c\} = cq - \text{bd}C(\epsilon), \quad \forall c \in \mathbb{R},$$

$$\varphi_{q,C(\epsilon)}(-y) \leqslant 0, \ \forall y \in C(\epsilon), \quad \varphi_{q,C(\epsilon)}(-y) = 0, \ \forall y \in \text{bd}C(\epsilon).$$

下面首先通过一个例子说明文献 [134] 中建立的多目标优化问题 (C, ϵ)-真有效解的非线性标量化定理的逆不一定成立. 进而建立 (MOP) 的 (C, ϵ)-真有效解的两个新的非线性标量化结果 [175].

定理 5.2.1 [134]　假定 C 是真闭 solid 凸集, $0 \notin C, q \in \text{int}C$ 且 $\epsilon > 0$. 则

$$\bar{x} \in \text{PAE}(f, C, \epsilon) \Rightarrow \bar{x} \in \text{AMin}(\varphi_{q,\text{cl } C(0),f(\bar{x})} \circ f, \epsilon).$$

注 5.2.1 下面的例子说明定理 5.2.1 的逆可能不成立.

例 5.2.1 在 $\mathbb{R}^2$ 中, 令 $f(x_1, x_2) = (x_1, x_2)$,

$$C = \{(x_1, x_2) \mid x_1 + x_2 \geqslant 1, x_1 \geqslant 0, x_2 \geqslant 0\},$$

$$D = \{(x_1, x_2) \mid x_1 \leqslant 0, 0 \leqslant x_2 \leqslant 1\}.$$

显然, C 是真点闭 solid Co-radiant 凸集, $(0,0) \notin C$ 且 $C(0) = \mathbb{R}_+^2 \setminus \{0\}$. 令

$$\bar{x} = (0,0) \in D, \quad q = (1,1) \in \mathrm{int}C, \quad \epsilon > 0.$$

对任意的 $x \in D$, 因为

$$\varphi_{q, \mathrm{cl}\, C(0)}(f(x) - f(\bar{x})) = \varphi_{q, \mathrm{cl}\, C(0)}(f(x)) = \inf\{s \in \mathbb{R} | f(x) \in sq - \mathrm{cl}\, C(0)\}$$

$$\geqslant 0 > 0 - \epsilon = \varphi_{q, \mathrm{cl}\, C(0)}(0) - \epsilon$$

$$= \varphi_{q, \mathrm{cl}\, C(0)}(f(\bar{x}) - f(\bar{x})) - \epsilon,$$

所以 $\bar{x} \in \mathrm{AMin}(\varphi_{q, \mathrm{cl}\, C(0), f(\bar{x})} \circ f, \epsilon)$. 然而, 因为

$$\mathrm{cl}\, \mathrm{cone}(f(S) + C(\epsilon) - f(\bar{x})) \cap (-C(0)) = \{(x_1, x_2) \mid x_2 \geqslant 0\} \cap (-C(0))$$

$$= \{(x_1, 0) \mid x_1 < 0\} \not\subset \{0\},$$

所以 $\bar{x} \notin \mathrm{PAE}(f, C, \epsilon)$.

注 5.2.2 下面的例子说明即使 $C(0)$ 是开集, 定理 5.2.1 的逆也可能不成立.

例 5.2.2 在 $\mathbb{R}^2$ 中, 令 $f(x_1, x_2) = (x_1, x_2)$, $C = \{(x_1, x_2) \mid 4x_1 x_2 \geqslant 1, x_1 > 0\}$ 且

$$D = \left\{(x_1, x_2) \mid x_1 \leqslant 0, -\frac{1}{2} \leqslant x_2 \leqslant 0\right\}.$$

显然, C 是真点闭 solid Co-radiant 凸集, $(0,0) \notin C$ 且 $C(0) = \mathbb{R}_{++}^2$ 是开集.

令 $\epsilon = \dfrac{1}{2}$ 且

$$\bar{x} = (0,0) \in D, \quad q = (1,1) \in \mathrm{int}C.$$

则对任意的 $x \in D$,

$$\varphi_{q, \mathrm{cl}\, C(0)}(f(x) - f(\bar{x})) = \varphi_{q, \mathrm{cl}\, C(0)}(f(x)) = \inf\{s \in \mathbb{R} | f(x) \in sq - \mathrm{cl}\, C(0)\}$$

$$\geqslant -\frac{1}{2} = 0 - \epsilon = \varphi_{q, \mathrm{cl}\, C(0)}(f(\bar{x}) - f(\bar{x})) - \epsilon,$$

因此, $\bar{x} \in \mathrm{AMin}(\varphi_{q,\mathrm{cl}\,C(0),f(\bar{x})} \circ f, \epsilon)$. 然而, 因为

$$\mathrm{cl\,cone}(f(D) + C(\epsilon) - f(\bar{x})) \cap (-C(0)) = \mathbb{R}^2 \cap (-C(0)) = -C(0) \not\subset \{0\},$$

所以 $\bar{x} \notin \mathrm{PAE}(f, C, \epsilon)$.

下面建立 (MOP) 的 (C, ϵ)-真有效解的两个新的非线性标量化结果.

定理 5.2.2   假定 C 是真 solid 凸集. 如果 $q \in \mathrm{int}C$, $\epsilon \geqslant 0$ 且

$$\beta = \inf\{c \in \mathbb{R}_+ | cq \in \mathrm{cl}\,C(\epsilon)\}.$$

则

$$\bar{x} \in \mathrm{PAE}(f, C, \epsilon) \Rightarrow \bar{x} \in \mathrm{AMin}(\varphi_{q,\mathrm{cl}\,C(\epsilon),f(\bar{x})} \circ f, \beta).$$

证明   设 $\bar{x} \in \mathrm{PAE}(f, C, \epsilon)$. 则显然有 $\bar{x} \in \mathrm{WAE}(f, C, \epsilon)$. 由引理 5.2.2 和引理 5.2.1(iii) 可知

$$\{y \in \mathbb{R}^p | \varphi_{q,\mathrm{cl}\,C(\epsilon)}(y) < c\} = cq - \mathrm{int}(\mathrm{cl}\,C(\epsilon)) = cq - \mathrm{int}C(\epsilon), \quad \forall c \in \mathbb{R}. \quad (5.2.1)$$

在 (5.2.1) 中令 $c = 0$ 可得

$$\{y \in \mathbb{R}^p | \varphi_{q,\mathrm{cl}\,C(\epsilon)}(y) < 0\} = -\mathrm{int}C(\epsilon). \quad (5.2.2)$$

因为 $\bar{x} \in \mathrm{WAE}(f, C, \epsilon)$, 所以

$$(f(D) - f(\bar{x})) \cap (-\mathrm{int}C(\epsilon)) = \varnothing. \quad (5.2.3)$$

由 (5.2.2) 和 (5.2.3) 有

$$(f(D) - f(\bar{x})) \cap \{y \in \mathbb{R}^p | \varphi_{q,\mathrm{cl}\,C(\epsilon)}(y) < 0\} = \varnothing.$$

因此

$$(\varphi_{q,\mathrm{cl}\,C(\epsilon),f(\bar{x})} \circ f)(x) = \varphi_{q,\mathrm{cl}\,C(\epsilon)}(f(x) - f(\bar{x})) \geqslant 0, \quad \forall x \in D. \quad (5.2.4)$$

此外

$$(\varphi_{q,\mathrm{cl}\,C(\epsilon),f(\bar{x})} \circ f)(\bar{x}) = \varphi_{q,\mathrm{cl}\,C(\epsilon)}(f(\bar{x}) - f(\bar{x})) = \varphi_{q,\mathrm{cl}\,C(\epsilon)}(0)$$
$$= \inf\{s \in \mathbb{R} | 0 \in sq - \mathrm{cl}\,C(\epsilon)\}$$
$$= \inf\{s \in \mathbb{R} | sq \in \mathrm{cl}\,C(\epsilon)\} \leqslant \inf\{s \in \mathbb{R}_+ | sq \in \mathrm{cl}\,C(\epsilon)\} = \beta.$$

因此, 由 (5.2.4) 可得

$$(\varphi_{q,\mathrm{cl}\,C(\epsilon),f(\bar{x})} \circ f)(x) \geqslant (\varphi_{q,\mathrm{cl}\,C(\epsilon),f(\bar{x})} \circ f)(\bar{x}) - \beta, \quad \forall x \in D. \qquad \square$$

定理 5.2.3 假定 C 是真 solid 凸集. 如果 $q \in \text{int}C$, $\epsilon \geqslant 0$,

$$\beta = \inf\{c \in \mathbb{R}_+ | cq \in \text{cl } C(\epsilon)\},$$

且 $C(0)$ 是开集, 则

$$\bar{x} \in \text{AMin}(\varphi_{q,\text{cl } C(\epsilon),f(\bar{x})} \circ f, \beta) \Rightarrow \bar{x} \in \text{PAE}(f,C,\epsilon).$$

证明 反证法. 假定 $\bar{x} \in \text{AMin}(\varphi_{q,\text{cl } C(\epsilon),f(\bar{x})} \circ f, \beta)$ 且 $\bar{x} \notin \text{PAE}(f,C,\epsilon)$. 则存在 $0 \neq d \in -C(0)$ 和

$$\{\lambda_i(f(x_i) - f(\bar{x}) + p_i)\}_{i \in T} \subset \text{cone}(f(S) + C(\epsilon) - f(\bar{x})),$$

使得

$$\lim_i \lambda_i(f(x_i) - f(\bar{x}) + p_i) = d.$$

因为 $C(0)$ 是开集, 故存在 $i_0 \in T$, 使得对任意的 $i \geqslant i_0$,

$$\lambda_i(f(x_i) - f(\bar{x}) + p_i) \in -C(0).$$

因为 $C(0)$ 是锥, 所以

$$f(x_i) - f(\bar{x}) + p_i \in -C(0).$$

因此, 由引理 5.2.1 可知, 对任意的 $i \geqslant i_0$,

$$f(x_i) - f(\bar{x}) \in -p_i - C(0) \subset -C(\epsilon) - C(0) = -C(\epsilon) - \text{int}C(0)$$

$$\subset -\text{int}(C(\epsilon) + C(0)) \subset -\text{int}C(\epsilon) = -\text{int}(\text{cl } C(\epsilon)).$$

此外, 利用引理 5.2.2 可知, 对任意的 $c \in \mathbb{R}, i \geqslant i_0$,

$$cq + f(x_i) - f(\bar{x}) \in cq - \text{int}(\text{cl } C(\epsilon)) = \{y \in \mathbb{R}^p | \varphi_{q,\text{cl } C(\epsilon)}(y) < c\},$$

即

$$\varphi_{q,\text{cl } C(\epsilon)}(cq + f(x_i) - f(\bar{x})) < c, \quad \forall i \geqslant i_0. \tag{5.2.5}$$

在 (5.2.5) 中令 $c = 0$ 可得

$$\varphi_{q,\text{cl } C(\epsilon)}(f(x_i) - f(\bar{x})) < 0, \quad \forall i \geqslant i_0. \tag{5.2.6}$$

另一方面, 根据 $\bar{x} \in \text{AMin}(\varphi_{q,\text{cl } C(\epsilon),f(\bar{x})} \circ f, \beta)$ 可知, 对任意的 $i \geqslant i_0$,

$$\varphi_{q,\text{cl } C(\epsilon)}(f(x_i) - f(\bar{x})) \geqslant \varphi_{q,\text{cl } C(\epsilon)}(f(\bar{x}) - f(\bar{x})) - \beta = \varphi_{q,\text{cl } C(\epsilon)}(0) - \beta. \tag{5.2.7}$$

下面证明

$$\varphi_{q,\mathrm{cl}\,C(\epsilon)}(0) = \beta. \tag{5.2.8}$$

可以证明对任意的 $s < 0$, $sq \notin \mathrm{cl}\,C(\epsilon)$. 否则, 假定存在 $\hat{s} < 0$ 使得 $\hat{s}q \in \mathrm{cl}\,C(\epsilon)$. 由 $q \in \mathrm{int}C \subset \mathrm{int}C(0)$ 和 $C(0)$ 是锥可得

$$-\hat{s}q \in \mathrm{int}C(0).$$

因此, 由引理 5.2.1 可得

$$0 = \hat{s}q - \hat{s}q \in \mathrm{cl}\,C(\epsilon) + \mathrm{int}C(0) \subset \mathrm{int}(\mathrm{cl}\,C(\epsilon) + \mathrm{cl}\,C(0)) = \mathrm{int}(\mathrm{cl}\,C(\epsilon)) = \mathrm{int}C(\epsilon),$$

产生矛盾. 这表明

$$\varphi_{q,\mathrm{cl}\,C(\epsilon)}(0) = \inf\{s \in \mathbb{R}|0 \in sq - \mathrm{cl}\,C(\epsilon)\} = \inf\{s \in \mathbb{R}|sq \in \mathrm{cl}\,C(\epsilon)\}$$

$$= \inf\{s \in \mathbb{R}_+|sq \in \mathrm{cl}\,C(\epsilon)\} = \beta.$$

因此, (5.2.8) 成立且有 $\varphi_{q,\mathrm{cl}\,C(\epsilon)}(0) - \beta = 0$. 由 (5.2.7) 可得

$$\varphi_{q,\mathrm{cl}\,C(\epsilon)}(f(x_i) - f(\bar{x})) \geqslant 0, \quad \forall i \geqslant i_0,$$

这与 (5.2.6) 矛盾.　　　　　　　　　　　　　　　　　　　　　　　　　　　　□

注 5.2.3　如果 $C(0)$ 不是开集, 则定理 5.2.3 的充分性条件可能不成立.

例 5.2.3　考虑例 5.2.1. 显然 C 是真点 solid Co-radiant 凸集, $C(0) = \mathbb{R}^2_+ \setminus \{0\}$ 不是开集. 令

$$\bar{x} = (0,0) \in S, \quad q = (1,1) \in \mathrm{int}C, \quad \epsilon \geqslant 0.$$

所以 $\beta = \dfrac{\epsilon}{2}$. 对任意的 $x \in D$, 因为

$$\varphi_{q,\mathrm{cl}\,C(\epsilon)}(f(x) - f(\bar{x})) = \inf\{s \in \mathbb{R}|f(x) \in sq - \mathrm{cl}\,C(\epsilon)\}$$

$$\geqslant 0 = \varphi_{q,\mathrm{cl}\,C(\epsilon)}(f(\bar{x}) - f(\bar{x})) - \beta,$$

所以 $\bar{x} \in \mathrm{AMin}(\varphi_{q,\mathrm{cl}\,C(\epsilon),f(\bar{x})} \circ f, \beta)$. 然而, 根据例 5.2.1 有 $\bar{x} \notin \mathrm{PAE}(f, C, \epsilon)$.

5.3　E-弱有效解的 Gerstewitz 非线性标量化

本节主要利用 Gerstewitz 非线性标量化研究 (MOP) 的 E-有效解和 E-弱有效解的非线性标量化结果[176]. 假定 $K = \mathbb{R}^p_+$, $E \subset \mathbb{R}^p$ 是闭集.

考虑如下 Gerstewitz 非线性标量化问题:

$$(\text{SOP})_{q,y} \min_{x \in D} \varphi_{q,E}(f(x) - y),$$

其中 $y \in \mathbb{R}^p, q \in \text{int}K$.

将 $\varphi_{q,E}(f(x) - y)$ 记为 $(\varphi_{q,E,y} \circ f)(x)$, $(\text{SOP})_{q,y}$ 的 ϵ-最优解集记为 AMin $(\varphi_{q,E,y} \circ f, \epsilon)$, $(\text{SOP})_{q,y}$ 的严格 ϵ-最优解集记为 SAMin$(\varphi_{q,E,y} \circ f, \epsilon)$.

为了证明本节的主要结果, 首先给出下面的引理.

引理 5.3.1[177]　设 $A \subset \mathbb{R}^p$ 为凸集. 如果 $x \in A$ 并且存在 $y^* \in A^+ \setminus \{0\}$ 使得 $\langle y^*, x \rangle = 0$, 则 $x \in \text{bd}A$.

引理 5.3.2　设 $E \in \mathfrak{T}_{\mathbb{R}^p}$ 和 $q \in \text{int}K$. 则函数 $\varphi_{q,E}$ 是连续的且

$$\{y \in \mathbb{R}^p | \varphi_{q,E}(y) < c\} = cq - \text{int}E, \quad \forall c \in \mathbb{R},$$

$$\{y \in \mathbb{R}^p | \varphi_{q,E}(y) = c\} = cq - \text{bd}E, \quad \forall c \in \mathbb{R},$$

$$\varphi_{q,E}(-E) \leqslant 0, \quad \varphi_{q,E}(-\text{bd}E) = 0.$$

证明　从 $E \in \mathfrak{T}_{\mathbb{R}^p}$, $q \in \text{int}K$ 和 [38] 中的命题 2.3.4 可得

(i) $E + \mathbb{R}_{++}q \subset \text{int}E$;

(ii) $\mathbb{R}^p = \mathbb{R}q - E$;

(iii) $\forall y \in \mathbb{R}^p, \exists s \in \mathbb{R}$ 使得 $y + sq \notin E$.

因此, 由 (i)~(iii) 和 [38] 中的定理 2.3.1 可知, 结论显然成立.　　□

引理 5.3.3　假定 $E \in \mathfrak{T}_{\mathbb{R}^p}$ 为凸集. 则 $\text{int}(E \cap K) \neq \varnothing$.

证明　首先证明 $E \cap K \neq \varnothing$. 如果 $E \cap K = \varnothing$, 则 E 和 K 都是凸的, 利用分离定理, 存在 $y^* \in \mathbb{R}^p \setminus \{0\}$ 使得

$$\langle y^*, e \rangle \geqslant \langle y^*, k \rangle, \quad \forall e \in E, \forall k \in K. \tag{5.3.1}$$

令 (5.3.1) 中的 $k = 0$ 可得 $\langle y^*, e \rangle \geqslant 0, \forall e \in E$. 因此, $y^* \in E^+$. 由文献 [66] 中的命题 2.6(a) 可得 $y^* \in K^+$, 即

$$\langle y^*, k \rangle \geqslant 0, \quad \forall k \in K. \tag{5.3.2}$$

由 (5.3.1) 和 K 是锥可知 $\langle y^*, k \rangle \leqslant 0, \forall k \in K$. 所以, 利用 (5.3.2) 可得

$$\langle y^*, k \rangle = 0, \quad \forall k \in K.$$

根据引理 5.3.1, $K = \text{bd}K$. 这与 $\text{int}K \neq \varnothing$ 矛盾.

下面证明 $E \cap K$ 是关于 K 的改进集. 由于 $0 \notin E$ 和 $0 \in K$, 则 $0 \notin E \cap K$ 和 $E \cap K \subset E \cap K + K$. 只需要证明

$$E \cap K + K \subset E \cap K.$$

因为 K 是凸锥, 所以有

$$E \cap K + K \subset K + K = K. \tag{5.3.3}$$

从 $E \in \mathfrak{T}_{\mathbb{R}^p}$ 可知

$$E \cap K + K \subset E + K = E. \tag{5.3.4}$$

从 (5.3.3) 和 (5.3.4) 可得 $E \cap K + K \subset E \cap K$. 因此, 由 $E \cap K \neq \varnothing, \mathrm{int}K \neq \varnothing$ 和文献 [136] 中的定理 3.1 可知

$$\mathrm{int}(E \cap K) = E \cap K + \mathrm{int}K \neq \varnothing. \qquad \square$$

注 5.3.1　改进集 E 的凸性只是保证 $\mathrm{int}(E \cap K) \neq \varnothing$ 的充分条件. 事实上, 令 $K = \mathbb{R}_+^2$ 和

$$E = \mathbb{R}_+^2 \setminus \{(x_1, x_2) \mid 0 \leqslant x_1 < 1, 0 \leqslant x_2 < 1\}.$$

显然, E 是关于 K 的闭改进集, E 不是凸集. 但是

$$\mathrm{int}(E \cap K) = \{(x_1, x_2) \mid x_1 > 0, x_2 > 0\} \setminus \{(x_1, x_2) \mid 0 \leqslant x_1 \leqslant 1, 0 \leqslant x_2 \leqslant 1\} \neq \varnothing.$$

根据引理 5.3.3, 我们可以限制 $q \in \mathrm{int}(E \cap K)$ 并通过非线性标量函数 $\varphi_{q,E}$ 及相应的非凸分离定理建立 (MOP) 的 E-弱有效解的非线性标量化结果.

定理 5.3.1　假定 $E \in \mathfrak{T}_{\mathbb{R}^p}$ 为闭凸集, $q \in \mathrm{int}(E \cap K)$ 且

$$\epsilon = \inf\{s \in \mathbb{R}_{++} \mid sq \in \mathrm{int}(E \cap K)\}.$$

则

$$\bar{x} \in \mathrm{WAE}(f, D, E) \Leftrightarrow \bar{x} \in \mathrm{AMin}(\varphi_{q,E,f(\bar{x})} \circ f, \epsilon).$$

证明　假设 $\bar{x} \in \mathrm{WAE}(f, D, E)$. 从引理 5.3.2 可知

$$\{y \in Y \mid \varphi_{q,E}(y) < 0\} = -\mathrm{int}E. \tag{5.3.5}$$

由 $\bar{x} \in \mathrm{WAE}(f, D, E)$ 可知

$$(f(D) - f(\bar{x})) \cap (-\mathrm{int}E) = \varnothing. \tag{5.3.6}$$

由 (5.3.5) 和 (5.3.6) 可得

$$(f(D) - f(\bar{x})) \cap \{y \in Y | \varphi_{q,E}(y) < 0\} = \varnothing.$$

因此

$$(\varphi_{q,E,f(\bar{x})} \circ f)(x) = \varphi_{q,E}(f(x) - f(\bar{x})) \geqslant 0, \quad \forall x \in D. \tag{5.3.7}$$

此外, 因为 $\epsilon q \in E \cap K \subset E$, 所以

$$(\varphi_{q,E,f(\bar{x})} \circ f)(\bar{x}) = \varphi_{q,E}(0) = \inf\{s \in \mathbb{R} | sq \in E\} \leqslant \epsilon.$$

从 (5.3.7) 可以得出

$$(\varphi_{q,E,f(\bar{x})} \circ f)(x) \geqslant (\varphi_{q,E,f(\bar{x})} \circ f)(\bar{x}) - \epsilon.$$

因此, $\bar{x} \in \mathrm{AMin}(\varphi_{q,E,f(\bar{x})} \circ f, \epsilon)$.

反之, 假定 $\bar{x} \in \mathrm{AMin}(\varphi_{q,E,f(\bar{x})} \circ f, \epsilon)$ 和 $\bar{x} \notin \mathrm{WAE}(f, D, E)$. 则存在 $\hat{x} \in D$ 使得

$$f(\hat{x}) - f(\bar{x}) \in -\mathrm{int}E. \tag{5.3.8}$$

从 (5.3.8) 和引理 5.3.2 可知, 对于任何 $c \in \mathbb{R}$,

$$cq + f(\hat{x}) - f(\bar{x}) \in cq - \mathrm{int}E = \{y \in Y | \varphi_{q,E}(y) < c\}.$$

这表明

$$\varphi_{q,E}(cq + f(\hat{x}) - f(\bar{x})) < c. \tag{5.3.9}$$

令 (5.3.9) 中的 $c = 0$, 则

$$\varphi_{q,E}(f(\hat{x}) - f(\bar{x})) < 0. \tag{5.3.10}$$

另一方面, $\bar{x} \in \mathrm{AMin}(\varphi_{q,E,f(\bar{x})} \circ f, \epsilon)$ 意味着

$$\varphi_{q,E}(f(\hat{x}) - f(\bar{x})) \geqslant \varphi_{q,E}(f(\bar{x}) - f(\bar{x})) - \epsilon = \varphi_{q,E}(0) - \epsilon. \tag{5.3.11}$$

可以证明

$$\varphi_{q,E}(0) = \inf\{s \in \mathbb{R} | 0 \in sq - E\}$$

$$= \inf\{s \in \mathbb{R} | sq \in E\}$$

$$= \inf\{s \in \mathbb{R}_{++} | sq \in E\}. \tag{5.3.12}$$

事实上, 只需要证明对于任何 $s \leqslant 0$, $sq \notin E$. 显然, 当 $s = 0$ 时, $0 \notin E$. 假设存在 $\hat{s} < 0$ 使得 $\hat{s}q \in E$. 由于 $q \in \mathrm{int}(E \cap K) \subset K$ 和 $-\hat{s}q \in K$, 那么

$$0 = \hat{s}q - \hat{s}q \in E + K = E,$$

这与 $E \in \mathfrak{T}_{\mathbb{R}^p}$ 矛盾. 故 (5.3.12) 成立.

此外, 根据 $q \in \mathrm{int}(E \cap K) \subset K$, 对于任何 $s \in \mathbb{R}_{++}$, $sq \in K$. 从 (5.3.12) 可以看出

$$\varphi_{q,E}(0) = \inf\{s \in \mathbb{R}_{++} | sq \in E \cap K\}.$$

因此

$$\varphi_{q,E}(0) - \epsilon = \inf\{s \in \mathbb{R}_{++} | sq \in E \cap K\} - \inf\{s \in \mathbb{R}_{++} | sq \in \mathrm{int}(E \cap K)\} = 0.$$

通过 (5.3.11) 可得

$$\varphi_{q,E}(f(\hat{x}) - f(\bar{x})) \geqslant 0.$$

这与 (5.3.10) 矛盾. 因此, $\bar{x} \in \mathrm{WAE}(f, D, E)$. $\qquad\square$

类似可通过非线性标量函数 $\varphi_{q,E}$ 建立 (MOP) 的 E-有效解的非线性标量结果. 证明过程与定理 5.3.1 类似.

定理 5.3.2 假定 $E \in \mathfrak{T}_{\mathbb{R}^p}$ 为闭凸集, $q \in \mathrm{int}(E \cap K)$ 和

$$\epsilon = \inf\{s \in \mathbb{R}_{++} | sq \in \mathrm{int}(E \cap K)\}.$$

则

$$\bar{x} \in \mathrm{AE}(f, D, E) \Leftrightarrow \bar{x} \in \mathrm{SAMin}(\varphi_{q,E,f(\bar{x})} \circ f, \epsilon).$$

5.4 Gerstewitz 非线性标量化的推广

Pascoletti 和 Serafini[173] 于 1984 年提出了 Pascoletti-Serafini 标量化方法. 这类标量化可看作序锥是自然序锥时的 Gerstewitz 非线性标量化. 本节主要利用 Akbari, Ghaznavi 和 Khorram 在文献 [178] 中提出的弹性 Pascoletti-Serafini 标量化模型和改进 Pascoletti-Serafini 标量化模型, 建立多目标优化问题 ε-弱有效解、ε-有效解和 ε-真有效解的一些非线性标量化刻画结果.

5.4.1 近似解的弹性 Pascoletti-Serafini 标量化

考虑 Akbari, Ghaznavi 和 Khorram 在文献 [178] 中提出的如下弹性 Pascoletti-Serafini 标量化模型:

$$(\mathrm{FPSSOP})_{ar\mu} \quad \min \quad t + \sum_{i=1}^{p} \mu_i s_i$$

$$\text{s.t.} \quad \begin{cases} f_i(x) \leqslant a_i + tr_i + s_i, & i = 1, 2, \cdots, p, \\ x \in D, t \in \mathbb{R}, s_i \geqslant 0, & i = 1, 2, \cdots, p, \end{cases}$$

其中

$$a = (a_1, a_2, \cdots, a_p) \in \mathbb{R}^p, \quad r = (r_1, r_2, \cdots, r_p) \in \mathbb{R}_+^p \backslash \{0\},$$

$$\mu = (\mu_1, \mu_2, \cdots, \mu_p) \in \mathbb{R}_+^p.$$

定理 5.4.1 假定 $\widehat{x} \in D, \widehat{s} \geqq 0, \widehat{t} \in \mathbb{R}, a \in \mathbb{R}^p, r \in \mathbb{R}_+^p \backslash \{0\}, \mu \in \mathbb{R}_+^p, \varepsilon \in \mathbb{R}_+^p$ 且

$$0 \leqslant \epsilon \leqslant \min \left\{ \min\{\varepsilon_i | r_i = 0\}, \min \left\{ \frac{\varepsilon_i}{r_i} \Big| r_i > 0 \right\} \right\}.$$

若 $(\widehat{x}, \widehat{s}, \widehat{t})$ 是 $(\text{FPSSOP})_{ar\mu}$ 的 ϵ-最优解, 则 $\widehat{x}$ 是 (MOP) 的 ε-弱有效解.

证明 当 $\varepsilon \in \mathbb{R}_+^p \backslash \mathbb{R}_{++}^p$ 时, 由文献 [178] 中的定理 3.1 可知, $\widehat{x}$ 是 (MOP) 的弱有效解, 显然是 (MOP) 的 ε-弱有效解, 故结论成立.

下证 $\varepsilon \in \mathbb{R}_{++}^p$ 时结论成立. 反证法. 假定 $\widehat{x}$ 不是 (MOP) 的 ε-弱有效解. 则存在 $\widetilde{x} \in D$ 使得 $f(\widetilde{x}) < f(\widehat{x}) - \varepsilon$. 从而存在 $y > 0$ 使得 $f(\widetilde{x}) + y = f(\widehat{x}) - \varepsilon$. 取

$$\xi = \min_{1 \leqslant i \leqslant p} \frac{y_i}{2(r_i + 1)}, \quad \widetilde{t} = \widehat{t} - \xi - \epsilon.$$

则 $\xi > 0, y - \xi r > 0$ 且

$$\widetilde{t} + \sum_{i=1}^{p} \mu_i \widehat{s}_i < \widehat{t} - \epsilon + \sum_{i=1}^{p} \mu_i \widehat{s}_i.$$

此外, 由 $(\widehat{x}, \widehat{s}, \widehat{t})$ 的可行性可得

$$a_i + \widetilde{t} r_i + \widehat{s}_i \geqslant f_i(\widehat{x}) - \xi r_i - \epsilon r_i = f_i(\widetilde{x}) + y_i + \varepsilon_i - \xi r_i - \epsilon r_i > f_i(\widetilde{x}).$$

这表明 $(\widetilde{x}, \widehat{s}, \widetilde{t})$ 是 $(\text{FPSSOP})_{ar\mu}$ 的可行解且其目标函数值严格小于 $(\widehat{x}, \widehat{s}, \widehat{t})$ 对应的目标函数值. 这与 $(\widehat{x}, \widehat{s}, \widehat{t})$ 是 $(\text{FPSSOP})_{ar\mu}$ 的 ϵ-最优解矛盾. $\qquad \square$

定理 5.4.2 假定 $\widehat{x} \in D, \varepsilon \in \mathbb{R}_+^p$.

(i) 若 $\widehat{x}$ 是 (MOP) 的 ε-弱有效解, 则存在 $a \in \mathbb{R}^p$ 使得 $(\widehat{x}, 0, 0)$ 是 $(\text{FPSSOP})_{ar\mu}$ 的 ϵ-最优解, 其中

$$\mu = +\infty, \quad r \in \mathbb{R}_{++}^p, \quad \epsilon = \max_{1 \leqslant i \leqslant p} \frac{\varepsilon_i}{r_i}.$$

(ii) 若 $\widehat{x}$ 是 (MOP) 的 ε-弱有效解, 则存在 $a \in \mathbb{R}^p$ 使得 $(\widehat{x}, 0, 0)$ 是 $(\text{FPSSOP})_{ar\mu}$ 的 ϵ-最优解, 其中 $\mu \in \mathbb{R}_{++}^p, r \in \mathbb{R}_{++}^p$ 满足对任意的 $i = 1, 2, \cdots, p$,

$$\mu_i r_i \geqslant 1, \quad \epsilon = \max_{1 \leqslant i \leqslant p} \frac{\varepsilon_i}{r_i}.$$

证明 (i) 令 $a = f(\widehat{x})$. 显然, $(\widehat{x}, 0, 0)$ 是 $(\mathrm{FPSSOP})_{ar\mu}$ 的可行解. 下证 $(\widehat{x}, 0, 0)$ 是 $(\mathrm{FPSSOP})_{ar\mu}$ 的 ϵ-最优解. 反证法. 假定 $(\widehat{x}, 0, 0)$ 不是 $(\mathrm{FPSSOP})_{ar\mu}$ 的 ϵ-最优解. 则存在 $(\mathrm{FPSSOP})_{ar\mu}$ 的可行解 $(\widetilde{x}, 0, \widetilde{t})$ 使得 $\widetilde{t} < -\epsilon$ 且

$$f_i(\widehat{x}) + \widetilde{t} r_i \geqslant f_i(\widetilde{x}), \quad i = 1, 2, \cdots, p.$$

从而对任意的 $i = 1, 2, \cdots, p$,

$$f_i(\widetilde{x}) < f_i(\widehat{x}) - \epsilon r_i \leqslant f_i(\widehat{x}) - \varepsilon_i.$$

这与 $\widehat{x} \in D$ 是 (MOP) 的 ε-弱有效解矛盾. 故 $(\widehat{x}, 0, 0)$ 是 $(\mathrm{FPSSOP})_{ar\mu}$ 的 ϵ-最优解.

(ii) 令 $a = f(\widehat{x})$. 显然, $(\widehat{x}, 0, 0)$ 是 $(\mathrm{FPSSOP})_{ar\mu}$ 的可行解. 下证 $(\widehat{x}, 0, 0)$ 是 $(\mathrm{FPSSOP})_{ar\mu}$ 的 ϵ-最优解. 反证法. 假定 $(\widehat{x}, 0, 0)$ 不是 $(\mathrm{FPSSOP})_{ar\mu}$ 的 ϵ-最优解. 则存在 $(\mathrm{FPSSOP})_{ar\mu}$ 的可行解 $(\widetilde{x}, \widetilde{s}, \widetilde{t})$ 使得 $\widetilde{t} + \sum_{i=1}^{p} \mu_i \widetilde{s}_i < -\epsilon$ 且

$$f_i(\widehat{x}) + \widetilde{t} r_i + \widetilde{s}_i \geqslant f_i(\widetilde{x}), \quad i = 1, 2, \cdots, p.$$

从而对任意的 $i = 1, 2, \cdots, p$,

$$f_i(\widetilde{x}) \leqslant f_i(\widehat{x}) + \widetilde{t} r_i + \mu_i r_i \widetilde{s}_i = f_i(\widehat{x}) + (\widetilde{t} + \mu_i \widetilde{s}_i) r_i < f_i(\widehat{x}) - \epsilon r_i \leqslant f_i(\widehat{x}) - \varepsilon_i.$$

这与 $\widehat{x} \in D$ 是 (MOP) 的 ε-弱有效解矛盾. 故 $(\widehat{x}, 0, 0)$ 是 $(\mathrm{FPSSOP})_{ar\mu}$ 的 ϵ-最优解. $\square$

推论 5.4.1 若 $\widehat{x} \in D$ 是 (MOP) 的弱有效解, 则存在 $a \in \mathbb{R}^p$ 使得 $(\widehat{x}, 0, 0)$ 是 $(\mathrm{FPSSOP})_{ar\mu}$ 的最优解, 其中 $\mu \in \mathbb{R}_{++}^p, r \in \mathbb{R}_{++}^p$ 满足对任意的 $i = 1, 2, \cdots, p$,

$$\mu_i r_i \geqslant 1.$$

证明 令 $\varepsilon = 0$. 利用定理 5.4.2(ii) 可知, 结论成立. $\square$

定理 5.4.3 假定 $\widehat{x} \in D, \widehat{s} > 0, \widehat{t} \in \mathbb{R}, a \in \mathbb{R}^p, r \in \mathbb{R}_+^p \backslash \{0\}, \mu \in \mathbb{R}_{++}^p, \varepsilon \in \mathbb{R}_+^p$ 且

$$0 \leqslant \epsilon \leqslant \min \left\{ \min\{\varepsilon_i | r_i = 0\}, \min \left\{ \frac{\varepsilon_i}{r_i} \Big| r_i > 0 \right\} \right\}.$$

若 $(\widehat{x}, \widehat{s}, \widehat{t})$ 是 $(\mathrm{FPSSOP})_{ar\mu}$ 的 ϵ-最优解, 则 $\widehat{x}$ 是 (MOP) 的 ε-有效解.

证明 当 $\varepsilon \in \mathbb{R}_+^p \backslash \mathbb{R}_{++}^p$ 时, 由文献 [178] 中的定理 3.3 可知, $\widehat{x}$ 是 (MOP) 的有效解, 显然是 (MOP) 的 ε-有效解, 故结论成立.

下证 $\varepsilon \in \mathbb{R}_{++}^p$ 时结论成立. 反证法. 假定 $\widehat{x}$ 不是 (MOP) 的 ε-有效解. 则存在 $\widetilde{x} \in D$ 和 k, 使得对任意的 $i = 1, 2, \cdots, p$, $f_i(\widetilde{x}) \leqslant f_i(\widehat{x}) - \varepsilon_i$ 且 $f_k(\widetilde{x}) < f_k(\widehat{x}) - \varepsilon_k$. 从而由 $\widehat{s}_k > 0$ 可知, 存在 $\Delta s > 0$ 使得

$$\widehat{s}_k - \Delta s \geqslant 0, \quad f_k(\widetilde{x}) + \Delta s \leqslant f_k(\widehat{x}) - \varepsilon_k.$$

令 $\widetilde{t} = \widehat{t} - \epsilon$ 且 $\widetilde{s} = (\widetilde{s}_1, \widetilde{s}_2, \cdots, \widetilde{s}_p)$ 满足

$$\widetilde{s}_i = \begin{cases} \widehat{s}_i, & i \neq k, \\ \widehat{s}_i - \Delta s, & i = k. \end{cases}$$

则 $0 \leqslant \widetilde{s} \leqslant \widehat{s}$ 且由 $\mu > 0$ 可得

$$\widetilde{t} + \sum_{i=1}^p \mu_i \widetilde{s}_i < \widehat{t} - \epsilon + \sum_{i=1}^p \mu_i \widehat{s}_i.$$

此外, 由 $(\widehat{x}, \widehat{s}, \widehat{t})$ 的可行性可得

$$a_i + \widetilde{t} r_i + \widetilde{s}_i \geqslant f_i(\widehat{x}) - \epsilon r_i \geqslant f_i(\widetilde{x}) + \varepsilon_i - \epsilon r_i \geqslant f_i(\widetilde{x}), \quad \forall i \neq k$$

且

$$a_k + \widetilde{t} r_k + \widetilde{s}_k \geqslant f_k(\widehat{x}) - \Delta s - \epsilon r_k \geqslant f_k(\widetilde{x}) + \varepsilon_k - \epsilon r_k \geqslant f_k(\widetilde{x}).$$

这表明 $(\widetilde{x}, \widetilde{s}, \widetilde{t})$ 是 (FPSSOP)$_{ar\mu}$ 的可行解且其目标函数值严格小于 $(\widehat{x}, \widehat{s}, \widehat{t})$ 对应的目标函数值. 这与 $(\widehat{x}, \widehat{s}, \widehat{t})$ 是 (FPSSOP)$_{ar\mu}$ 的 ϵ-最优解矛盾. $\square$

定理 5.4.4 假定 $\widehat{x} \in D, \widehat{s} > 0, \widehat{t} \in \mathbb{R}, a \in \mathbb{R}^p, r \in \mathbb{R}_+^p \setminus \{0\}, \mu \in \mathbb{R}_{++}^p, \varepsilon \in \mathbb{R}_+^p$ 且

$$0 \leqslant \epsilon \leqslant \min\left\{\min\{\varepsilon_i | r_i = 0\}, \min\left\{\frac{\varepsilon_i}{r_i}\Big| r_i > 0\right\}\right\}.$$

若 $(\widehat{x}, \widehat{s}, \widehat{t})$ 是 (FPSSOP)$_{ar\mu}$ 的 ϵ-最优解, 则 $\widehat{x}$ 是 (MOP) 的 ε-真有效解.

证明 由定理 5.4.3 可知, $\widehat{x}$ 是 (MOP) 的 ε-有效解. 若 $\widehat{x}$ 不是 (MOP) 的 ε-真有效解, 则存在序列 $\{M_k\}$ 使得

$$M_k > 0(\forall k), \quad \lim_{k \to \infty} M_k = +\infty.$$

对任意的 M_k, 存在满足 $f_i(x_k) < f_i(\widehat{x}) - \varepsilon_i$ 的 $x_k \in S$ 和 i 使得对任意满足 $f_j(\widehat{x}) - \varepsilon_j < f_j(x_k)$ 的 $j \neq i$,

$$\frac{f_i(\widehat{x}) - f_i(x_k) - \varepsilon_i}{f_j(x_k) - f_j(\widehat{x}) + \varepsilon_j} > M_k. \tag{5.4.1}$$

不失一般性, 选择 $\{M_k\}$ 的无界子序列 $\{M_{k'}\}$ 使得对任意的 k', 均有 i 和 $J = \{j|f_j(\widehat{x}) - \varepsilon_j < f_j(x_{k'})\}$ 不变. 不妨设 $\{M_{k'}\} = \{M_k\}$. 由 $\widehat{x}$ 的可行性可知, 对任意的 $j \in \{1, 2, \cdots, p\} \setminus (J \cup \{i\})$ 和任意的 k,

$$f_j(x_k) \leqslant f_j(\widehat{x}) - \varepsilon_j \leqslant a_j + \widehat{t}r_j + \widehat{s}_j - \varepsilon_j$$

且

$$f_i(x_k) + (f_i(\widehat{x}) - f_i(x_k) - \varepsilon_i) \leqslant a_i + \widehat{t}r_i + \widehat{s}_i - \varepsilon_i.$$

因此

$$\begin{aligned} f_j(x_k) - \widehat{s}_j &\leqslant a_j + \widehat{t}r_j - \varepsilon_j \leqslant a_j + \widehat{t}r_j - \epsilon r_j \\ &= a_j + (\widehat{t} - \epsilon)r_j, \quad \forall k, \forall j \in \{1, \cdots, p\} \setminus (J \cup \{i\}) \end{aligned} \qquad (5.4.2)$$

且

$$f_i(x_k) + (f_i(\widehat{x}) - f_i(x_k) - \varepsilon_i) - \widehat{s}_i \leqslant a_i + \widehat{t}r_i - \varepsilon_i \leqslant a_i + (\widehat{t} - \epsilon)r_i, \quad \forall k. \qquad (5.4.3)$$

令

$$\xi = \inf_k (f_i(\widehat{x}) - f_i(x_k) - \varepsilon_i), \quad \zeta = \min\left\{\frac{\mu_{\min}}{2|J|\mu_{\max}}, \frac{\widehat{s}_i}{2\xi}\right\}.$$

特别地, 当 $\xi = 0$ 时, 记

$$\frac{\widehat{s}_i}{2\xi} = +\infty.$$

则 $\xi \geqslant 0$ 且由 $|J| \geqslant 1$ 可得 $0 < \zeta < 1$. 若 $\xi > 0$, 则 $\widehat{s}_i - \zeta\xi > 0$ 且由 ξ 的定义和 (5.4.3) 式可得

$$f_i(x_k) + \zeta\xi - \widehat{s}_i \leqslant a_i + (\widehat{t} - \epsilon)r_i, \quad \forall k. \qquad (5.4.4)$$

此外, 由 $f(D)$ 的有界性和 (5.4.1) 式可知 $f_j(x_k)$ 的极限存在且

$$\lim_{k\to\infty} f_j(x_k) = f_j(\widehat{x}) - \varepsilon_j < a_j + \widehat{t}r_j + \widehat{s}_j - \varepsilon_j + \zeta^2\xi \leqslant a_j + (\widehat{t} - \epsilon)r_j + \widehat{s}_j + \zeta^2\xi, \quad \forall j \in J.$$

因此, 存在 $\widetilde{k} > 0$ 使得

$$f_j(x_{\widetilde{k}}) - \widehat{s}_j - \zeta^2\xi < a_j + (\widehat{t} - \epsilon)r_j, \quad \forall j \in J. \qquad (5.4.5)$$

若 $\xi = 0$, 则由 $f_i(\widehat{x}) - f_i(x_k) - \varepsilon_i > 0 (\forall k)$ 可知, 序列 $\{f_i(\widehat{x}) - f_i(x_k) - \varepsilon_i | k \in \mathbb{N}^+\}$ 存在子列收敛于 0. 不妨设

$$\lim_{k\to\infty} (f_i(\widehat{x}) - f_i(x_k) - \varepsilon_i) = \xi < \frac{\widehat{s}_i}{2}.$$

则存在正整数 K_1 使得当 $k > K_1$ 时,

$$0 < f_i(\widehat{x}) - f_i(x_k) - \varepsilon_i < \frac{\widehat{s}_i}{2}. \tag{5.4.6}$$

此外, 由 (5.4.1) 可知, 存在正整数 $K_2 > K_1$, 当 $k > K_2$ 时,

$$f_j(x_k) - f_j(\widehat{x}) + \varepsilon_j < \zeta^2(f_i(\widehat{x}) - f_i(x_k) - \varepsilon_i).$$

因此, 存在 $\widetilde{k} > K_2$ 使得

$$f_j(x_{\widetilde{k}}) - \widehat{s}_j - \zeta^2(f_i(\widehat{x}) - f_i(x_{\widetilde{k}}) - \varepsilon_i) < f_j(\widehat{x}) - \widehat{s}_j - \varepsilon_j \leqslant a_j + (\widehat{t} - \epsilon)r_j, \quad \forall j \in J. \tag{5.4.7}$$

综上, 令 $\widetilde{x} = x_{\widetilde{k}}$, $\widetilde{t} = \widehat{t} - \epsilon$ 且 $\widetilde{s} = (\widetilde{s}_1, \widetilde{s}_2, \cdots, \widetilde{s}_p)$ 满足

$$\widetilde{s}_j = \begin{cases} \widehat{s}_j - \zeta\overline{\xi}, & j = i, \\ \widehat{s}_j + \zeta^2\overline{\xi}, & j \in J, \\ \widehat{s}_j, & j \in \{1, 2, \cdots, p\} \setminus (J \cup \{i\}), \end{cases}$$

其中

$$\overline{\xi} = \begin{cases} \xi, & \xi > 0, \\ f_i(\widehat{x}) - f_i(x_{\widetilde{k}}) - \varepsilon_i, & \xi = 0. \end{cases}$$

则 $\overline{\xi} > 0$ 且 $\widetilde{s} > 0$. 从而由 (5.4.2)~(5.4.7) 可知, $(\widetilde{x}, \widetilde{s}, \widetilde{t})$ 是 $(\text{FPSSOP})_{ar\mu}$ 的可行解且

$$\begin{aligned} \widetilde{t} + \sum_{j=1}^{p} \mu_j\widetilde{s}_j &= \widehat{t} - \epsilon + \sum_{j \notin J \cup \{i\}} \mu_j\widehat{s}_j + \sum_{j \in J} \mu_j(\widehat{s}_j + \zeta^2\overline{\xi}) + \mu_i(\widehat{s}_i - \zeta\overline{\xi}) \\ &= \widehat{t} + \sum_{j=1}^{p} \mu_j\widehat{s}_j - \epsilon + \sum_{j \in J} \mu_j(\zeta^2\overline{\xi}) - \mu_i\zeta\overline{\xi} \\ &\leqslant \widehat{t} + \sum_{j=1}^{p} \mu_j\widehat{s}_j - \epsilon + |J| \cdot \zeta^2 \cdot \overline{\xi} \cdot \mu_{\max} - \mu_i\zeta\overline{\xi} \\ &\leqslant \widehat{t} + \sum_{j=1}^{p} \mu_j\widehat{s}_j - \epsilon + \frac{\mu_{\min}}{2}\zeta\overline{\xi} - \mu_i\zeta\overline{\xi} \\ &< \widehat{t} + \sum_{j=1}^{p} \mu_j\widehat{s}_j - \epsilon. \end{aligned}$$

这与 $(\widehat{x}, \widehat{s}, \widehat{t})$ 是 $(\text{FPSSOP})_{ar\mu}$ 的 ϵ-最优解矛盾. $\qquad\square$

注 5.4.1　当 $\varepsilon = 0$ 时, 定理 5.4.4 退化为 Akbari, Ghaznavi 和 Khorram 在文献 [178] 中建立的定理 3.5.

5.4.2　近似解的改进 Pascoletti-Serafini 标量化

考虑 Akbari, Ghaznavi 和 Khorram 在文献 [178] 中提出的改进 Pascoletti-Serafini 标量化问题:

$$(\text{MPSSOP})_{ar\nu} \quad \min \quad t - \sum_{i=1}^{p} \nu_i s_i$$

$$\text{s.t.} \quad \begin{cases} f_i(x) \leqslant a_i + tr_i - s_i, & \forall i = 1, 2, \cdots, p, \\ x \in D, t \in \mathbb{R}, s_i \geqslant 0, & \forall i = 1, 2, \cdots, p, \end{cases}$$

其中

$$a = (a_1, a_2, \cdots, a_p) \in \mathbb{R}^p, \quad r = (r_1, r_2, \cdots, r_p) \in \mathbb{R}_+^p \backslash \{0\},$$

$$\nu = (\nu_1, \nu_2, \cdots, \nu_p) \in \mathbb{R}_+^p.$$

定理 5.4.5　假定 $\widehat{x} \in D, \widehat{s} \geqq 0, \widehat{t} \in \mathbb{R}, a \in \mathbb{R}^p, r \in \mathbb{R}_+^p \backslash \{0\}, \nu \in \mathbb{R}_+^p, \varepsilon \in \mathbb{R}_+^p$ 且

$$0 \leqslant \epsilon \leqslant \min \left\{ \min\{\varepsilon_i | r_i = 0\}, \min \left\{ \frac{\varepsilon_i}{r_i} \Big| r_i > 0 \right\} \right\}.$$

若 $(\widehat{x}, \widehat{s}, \widehat{t})$ 是 $(\text{MPSSOP})_{ar\nu}$ 的 ϵ-最优解, 则 $\widehat{x}$ 是 (MOP) 的 ε-弱有效解.

证明　当 $\varepsilon \in \mathbb{R}_+^p \backslash \mathbb{R}_{++}^p$ 时, 由文献 [178] 中的定理 4.1 可知, $\widehat{x}$ 是 (MOP) 的弱有效解, 显然是 (MOP) 的 ε-弱有效解, 故结论成立.

下证 $\varepsilon \in \mathbb{R}_{++}^p$ 时结论成立. 反证法. 假定 $\widehat{x}$ 不是 (MOP) 的 ε-弱有效解. 则存在 $\widetilde{x} \in D$ 使得 $f(\widetilde{x}) < f(\widehat{x}) - \varepsilon$. 从而存在 $y > 0$ 使得 $f(\widetilde{x}) + y = f(\widehat{x}) - \varepsilon$. 取

$$\xi = \min_{1 \leqslant i \leqslant p} \frac{y_i}{2(r_i + 1)}, \quad \widetilde{t} = \widehat{t} - \xi - \epsilon.$$

则 $\xi > 0, y - \xi r > 0$ 且

$$\widetilde{t} - \sum_{i=1}^{p} \nu_i \widehat{s}_i < \widehat{t} - \epsilon - \sum_{i=1}^{p} \nu_i \widehat{s}_i.$$

此外, 由 $(\widehat{x}, \widehat{s}, \widehat{t})$ 的可行性可得

$$a_i + \widetilde{t} r_i - \widehat{s}_i \geqslant f_i(\widehat{x}) - \xi r_i - \epsilon r_i = f_i(\widetilde{x}) + y_i + \varepsilon_i - \xi r_i - \epsilon r_i > f_i(\widetilde{x}).$$

这表明 $(\widetilde{x}, \widehat{s}, \widetilde{t})$ 是 $(\text{MPSSOP})_{ar\nu}$ 的可行解且其目标函数值严格小于 $(\widehat{x}, \widehat{s}, \widehat{t})$ 的对应的目标函数值. 这与 $(\widehat{x}, \widehat{s}, \widehat{t})$ 是 $(\text{MPSSOP})_{ar\nu}$ 的 ϵ-最优解矛盾.　　□

定理 5.4.6　假定 $\widehat{x} \in D, \varepsilon \in \mathbb{R}^p_+$. 若 $\widehat{x}$ 是 (MOP) 的 ε-弱有效解, 则存在 $a \in \mathbb{R}^p$ 和 $\nu \in \mathbb{R}^p_+$ 使得 $(\widehat{x}, 0, 0)$ 是 (MPSSOP)$_{ar\nu}$ 的 ϵ-最优解, 其中 $r \in \mathbb{R}^p_{++}$ 且

$$\epsilon = \max_{1 \leqslant i \leqslant p} \frac{\varepsilon_i}{r_i}.$$

证明　令 $a = f(\widehat{x})$ 和 $\nu = 0$. 显然, $(\widehat{x}, 0, 0)$ 是 (MPSSOP)$_{ar\nu}$ 的可行解. 下证 $(\widehat{x}, 0, 0)$ 是 (MPSSOP)$_{ar\nu}$ 的 ϵ-最优解. 反证法. 假定 $(\widehat{x}, 0, 0)$ 不是 (MPSSOP)$_{ar\nu}$ 的 ϵ-最优解. 则存在 (MPSSOP)$_{ar\nu}$ 的可行解 $(\widetilde{x}, \widetilde{s}, \widetilde{t})$ 使得

$$\widetilde{t} < -\epsilon, \quad f_i(\widehat{x}) + \widetilde{t} r_i - \widetilde{s}_i \geqslant f_i(\widetilde{x}) \quad (\forall i).$$

从而对任意的 $i = 1, 2, \cdots, p$,

$$f_i(\widetilde{x}) \leqslant f_i(\widehat{x}) + \widetilde{t} r_i < f_i(\widehat{x}) - \epsilon r_i \leqslant f_i(\widehat{x}) - \varepsilon_i.$$

这与 $\widehat{x}$ 是 (MOP) 的 ε-弱有效解矛盾. 故 $(\widehat{x}, 0, 0)$ 是 (MPSSOP)$_{ar\nu}$ 的 ϵ-最优解. □

推论 5.4.2　假定 $\widehat{x} \in D$ 是 (MOP) 的弱有效解. 则存在 $a \in \mathbb{R}^p$ 和 $\nu \in \mathbb{R}^p_+$ 使得 $(\widehat{x}, 0, 0)$ 是 (MPSSOP)$_{ar\nu}$ 的最优解, 其中 $r \in \mathbb{R}^p_{++}$.

证明　令 $\varepsilon = 0$. 利用定理 5.4.6 可知, 结论成立. □

定理 5.4.7　假定 $\widehat{x} \in D, \widehat{s} \geqq 0, \widehat{t} \in \mathbb{R}, a \in \mathbb{R}^p, r \in \mathbb{R}^p_+ \setminus \{0\}, \nu \in \mathbb{R}^p_{++}, \varepsilon \in \mathbb{R}^p_+$ 且

$$0 \leqslant \epsilon \leqslant \min\left\{\min\{\varepsilon_i | r_i = 0\}, \min\left\{\frac{\varepsilon_i}{r_i} \Big| r_i > 0\right\}\right\}.$$

若 $(\widehat{x}, \widehat{s}, \widehat{t})$ 是 (MPSSOP)$_{ar\nu}$ 的 ϵ-最优解, 则 $\widehat{x} \in D$ 是 (MOP) 的 ε-有效解.

证明　当 $\varepsilon \in \mathbb{R}^p_+ \setminus \mathbb{R}^p_{++}$ 时, 由文献 [178] 中的定理 4.3 可知, $\widehat{x}$ 是 (MOP) 的有效解, 显然是 (MOP) 的 ε-有效解, 故结论成立.

下证 $\varepsilon \in \mathbb{R}^p_{++}$ 时结论成立. 反证法. 假定 $\widehat{x}$ 不是 (MOP) 的 ε-有效解. 则存在 $\widetilde{x} \in D$ 和 k, 使得对任意的 $i = 1, 2, \cdots, p, f_i(\widetilde{x}) \leqslant f_i(\widehat{x}) - \varepsilon_i$ 且 $f_k(\widetilde{x}) < f_k(\widehat{x}) - \varepsilon_k$. 从而存在 $\Delta s > 0$ 使得

$$f_k(\widetilde{x}) + \Delta s \leqslant f_k(\widehat{x}) - \varepsilon_k.$$

令 $\widetilde{t} = \widehat{t} - \epsilon$ 且取 $\widetilde{s}$ 满足

$$\widetilde{s}_i = \begin{cases} \widehat{s}_i, & i \neq k, \\ \widehat{s}_i + \Delta s, & i = k. \end{cases}$$

则 $\widetilde{s} \geqslant \widehat{s} \geqq 0$ 且由 $\nu > 0$ 可得

$$\widetilde{t} - \sum_{i=1}^{p} \nu_i \widetilde{s}_i < \widehat{t} - \epsilon - \sum_{i=1}^{p} \nu_i \widehat{s}_i.$$

此外, 由 $(\widehat{x}, \widehat{s}, \widehat{t})$ 的可行性可得

$$a_i + \widetilde{t} r_i - \widetilde{s}_i \geqslant f_i(\widehat{x}) - \epsilon r_i \geqslant f_i(\widetilde{x}) + \varepsilon_i - \epsilon r_i \geqslant f_i(\widetilde{x}), \quad \forall i \neq k$$

且

$$a_k + \widetilde{t} r_k - \widetilde{s}_k \geqslant f_k(\widehat{x}) - \Delta s - \epsilon r_k \geqslant f_k(\widetilde{x}) + \varepsilon_k - \epsilon r_k \geqslant f_k(\widetilde{x}).$$

这表明 $(\widetilde{x}, \widetilde{s}, \widetilde{t})$ 是 $(\mathrm{MPSSOP})_{ar\nu}$ 的可行解且其目标函数值严格小于 $(\widehat{x}, \widehat{s}, \widehat{t})$ 对应的目标函数值. 这与 $(\widehat{x}, \widehat{s}, \widehat{t})$ 是 $(\mathrm{MPSSOP})_{ar\nu}$ 的 ϵ-最优解矛盾. □

定理 5.4.8　假定 $\widehat{x} \in D, \widehat{s} > 0, \widehat{t} \in \mathbb{R}, a \in \mathbb{R}^p, r \in \mathbb{R}_+^p \backslash \{0\}, \nu \in \mathbb{R}_{++}^p, \varepsilon \in \mathbb{R}_+^p$ 且

$$0 \leqslant \epsilon \leqslant \min \left\{ \min\{\varepsilon_i | r_i = 0\}, \min\left\{ \frac{\varepsilon_i}{r_i} \Big| r_i > 0 \right\} \right\}.$$

若 $(\widehat{x}, \widehat{s}, \widehat{t})$ 是 $(\mathrm{MPSSOP})_{ar\nu}$ 的 ϵ-最优解, 则 $\widehat{x}$ 是 (MOP) 的 ε-真有效解.

证明　由定理 5.4.7 可知, $\widehat{x}$ 是 (MOP) 的 ε-有效解. 若 $\widehat{x}$ 不是 (MOP) 的 ε-真有效解, 则存在序列 $\{M_k\}$ 使得 $M_k > 0 (\forall k)$ 且 $\lim\limits_{k \to \infty} M_k = +\infty$. 对任意的 M_k, 存在满足 $f_i(x_k) < f_i(\widehat{x}) - \varepsilon_i$ 的 $x_k \in S$ 和 i, 使得对任意满足 $f_j(\widehat{x}) - \varepsilon_j < f_j(x_k)$ 的 $j \neq i$,

$$\frac{f_i(\widehat{x}) - f_i(x_k) - \varepsilon_i}{f_j(x_k) - f_j(\widehat{x}) + \varepsilon_j} > M_k. \tag{5.4.8}$$

不失一般性, 设 $\{M_k\}$ 满足对任意的 k, 均有 i 和 $J = \{j | f_j(\widehat{x}) - \varepsilon_j < f_j(x_k)\}$ 不变. 由 $\widehat{x}$ 的可行性可知, 对任意的 $j \in \{1, 2, \cdots, p\} \backslash J$ 和任意的 k,

$$f_j(x_k) \leqslant f_j(\widehat{x}) - \varepsilon_j \leqslant a_j + \widehat{t} r_j - \widehat{s}_j - \varepsilon_j, \quad j \neq i;$$

$$f_i(x_k) + (f_i(\widehat{x}) - f_i(x_k) - \varepsilon_i) \leqslant a_i + \widehat{t} r_i - \widehat{s}_i - \varepsilon_i.$$

因此, 对任意的 $j \in \{1, 2, \cdots, p\} \backslash J$ 和任意的 k,

$$f_j(x_k) + \widehat{s}_j \leqslant a_j + \widehat{t} r_j - \varepsilon_j \leqslant a_j + \widehat{t} r_j - \epsilon r_j = a_j + (\widehat{t} - \epsilon) r_j, \quad \forall j \neq i; \tag{5.4.9}$$

$$f_i(x_k) + (f_i(\widehat{x}) - f_i(x_k) - \varepsilon_i) + \widehat{s}_i \leqslant a_i + \widehat{t} r_i - \varepsilon_i \leqslant a_i + (\widehat{t} - \epsilon) r_i. \tag{5.4.10}$$

令

$$\xi = \inf_k (f_i(\widehat{x}) - f_i(x_k) - \varepsilon_i), \quad \zeta = \min\left\{\frac{\nu_{\min}}{2|J|\nu_{\max}}, \frac{\widehat{s}_j}{2\xi}, j \in J\right\}.$$

特别地, 当 $\xi = 0$ 时, 记

$$\frac{\widehat{s}_j}{2\xi} = +\infty \quad (\forall j \in J).$$

则 $\xi \geqslant 0$ 且 $0 < \zeta < 1$. 若 $\xi > 0$, 则 $\widehat{s}_j - \zeta\xi > 0$ $(\forall j \in J)$ 且由 ξ 的定义和 (5.4.10) 可得

$$f_i(x_k) + \xi + \widehat{s}_i \leqslant a_i + (\widehat{t} - \epsilon)r_i, \quad \forall k. \tag{5.4.11}$$

此外, 由 $f(D)$ 的有界性和 (5.4.8) 可知 $f_j(x_k)$ 的极限存在且

$$\lim_{k\to\infty} f_j(x_k) = f_j(\widehat{x}) - \varepsilon_j < a_j + \widehat{t}r_j - \widehat{s}_j - \varepsilon_j + \zeta\xi \leqslant a_j + (\widehat{t}-\epsilon)r_j - \widehat{s}_j + \zeta\xi, \quad \forall j \in J.$$

因此, 存在 $\widetilde{k} > 0$ 使得

$$f_j(x_{\widetilde{k}}) + \widehat{s}_j - \zeta\xi < a_j + (\widehat{t}-\epsilon)r_j, \quad \forall j \in J. \tag{5.4.12}$$

若 $\xi = 0$, 则由 $f_i(\widehat{x}) - f_i(x_k) - \varepsilon_i > 0 (\forall k)$ 可知, 序列 $\{f_i(\widehat{x}) - f_i(x_k) - \varepsilon_i | k \in \mathbb{N}^+\}$ 存在子列收敛到 0. 不妨设

$$\lim_{k\to\infty} (f_i(\widehat{x}) - f_i(x_k) - \varepsilon_i) = \xi < \frac{1}{2}\min_{j\in J} s_j.$$

则由 (5.4.8) 可知, 存在 $\widetilde{k}$ 使得

$$0 < f_i(\widehat{x}) - f_i(x_{\widetilde{k}}) - \varepsilon_i < \frac{1}{2}\min_{j\in J} s_j, \tag{5.4.13}$$

$$f_j(x_{\widetilde{k}}) + \widehat{s}_j - \zeta(f_i(\widehat{x}) - f_i(x_{\widetilde{k}}) - \varepsilon_i) < f_j(\widehat{x}) + \widehat{s}_j - \varepsilon_j$$
$$\leqslant a_j + (\widehat{t} - \epsilon)r_j, \quad \forall j \in J. \tag{5.4.14}$$

此外, 由 $0 < \zeta < 1$ 和 (5.4.13) 可得

$$\widehat{s}_j - \zeta(f_i(\widehat{x}) - f_i(x_{\widetilde{k}}) - \varepsilon_i) > 0, \quad \forall j \in J. \tag{5.4.15}$$

综上, 令 $\widetilde{x} = x_{\widetilde{k}}, \widetilde{t} = \widehat{t} - \epsilon$ 且

$$\widetilde{s}_j = \begin{cases} \widehat{s}_j + \overline{\xi}, & j = i, \\ \widehat{s}_j - \zeta\overline{\xi}, & j \in J, \\ \widehat{s}_j, & j \in \{1, 2, \cdots, p\} \setminus (J \cup \{i\}), \end{cases}$$

其中

$$\overline{\xi} = \begin{cases} \xi, & \xi > 0, \\ f_i(\widehat{x}) - f_i(x_{\widetilde{k}}) - \varepsilon_i, & \xi = 0. \end{cases}$$

则 $\overline{\xi} > 0$ 且 $\widetilde{s} > 0$. 从而由 (5.4.9)~(5.4.12), (5.4.14) 和 (5.4.15) 可知, $(\widetilde{x}, \widetilde{s}, \widetilde{t})$ 是 (MPSSOP)$_{ar\mu}$ 的可行解且

$$\widetilde{t} - \sum_{j=1}^{p} \nu_j \widetilde{s}_j = \widehat{t} - \epsilon - \sum_{j \notin J \cup \{i\}} \nu_j \widehat{s}_j - \sum_{j \in J} \nu_j (\widehat{s}_j - \zeta\overline{\xi}) - \nu_i(\widehat{s}_i + \overline{\xi}) < \widehat{t} - \sum_{j=1}^{p} \nu_j \widehat{s}_j - \epsilon.$$

这与 $(\widehat{x}, \widehat{s}, \widehat{t})$ 是 (MPSSOP)$_{ar\mu}$ 的 ϵ-最优解矛盾. □

推论 5.4.3　假定 $\widehat{x} \in D$, $\widehat{s} > 0$, $\widehat{t} \in \mathbb{R}$, $a \in \mathbb{R}^p, r \in \mathbb{R}_+^p \setminus \{0\}, \nu \in \mathbb{R}_{++}^p$. 若 $(\widehat{x}, \widehat{s}, \widehat{t})$ 是 (MPSSOP)$_{ar\nu}$ 的最优解, 则 $\widehat{x}$ 是 (MOP) 的 Geoffrion-真有效解.

证明　令 $\varepsilon = 0$. 利用定理 5.4.8 可知结论成立. □

注 5.4.2　由定理 5.4.8 退化后得到的 Geoffrion-真有效解的标量化结果推论 5.4.3 与 Akbari, Ghaznavi 和 Khorram 在文献 [178] 中建立的结果 (见文献 [178] 中的定理 4.5) 有一个关键条件不同. 推论 5.4.3 中使用的条件为 $\widehat{s} > 0$, 而文献 [178] 中的定理 4.5 用到的条件是 $a + \widehat{t}r - f(\widehat{x}) - \widehat{s} \in \mathbb{R}_{++}^p$. 但是, 注意到在其余条件成立的情况下, 条件 $a + \widehat{t}r - f(\widehat{x}) - \widehat{s} \in \mathbb{R}_{++}^p$ 与 $(\widehat{x}, \widehat{s}, \widehat{t})$ 是 (MPSSOP)$_{ar\nu}$ 的最优解矛盾. 事实上, 若 $(\widehat{x}, \widehat{s}, \widehat{t})$ 满足

$$a + \widehat{t}r - f(\widehat{x}) - \widehat{s} \in \mathbb{R}_{++}^p,$$

则存在 $\zeta > 0$ 使得

$$a + \widehat{t}r - \zeta r - f(\widehat{x}) - \widehat{s} \in \mathbb{R}_+^p \setminus \{0\}.$$

故 $(\widehat{x}, \widehat{s}, \widehat{t} - \zeta)$ 是 (MPSSOP)$_{ar\nu}$ 的可行解且目标函数值严格小于 $(\widehat{x}, \widehat{s}, \widehat{t})$ 对应的目标函数值, 即 $(\widehat{x}, \widehat{s}, \widehat{t})$ 不是 (MPSSOP)$_{ar\nu}$ 的最优解. 此外, 推论 5.4.3 在 $\widehat{s} \geq 0$ 情形下结论可能不成立.

定理 5.4.9　令 $\widehat{x} \in D$, $\varepsilon \in \mathbb{R}_+^p$. 若 $\widehat{x}$ 是 (MOP) 的 ε-真有效解, 则存在 $a \in \mathbb{R}^p, \nu \in \mathbb{R}_{++}^p$ 和 $r \in \mathbb{R}_{++}^p$ 使得 $(\widehat{x}, 0, 0)$ 是 (MPSSOP)$_{ar\nu}$ 的 ϵ-最优解, 其中

$$\epsilon = \max_{1 \leq i \leq p} \frac{\varepsilon_i}{r_i}.$$

证明　令

$$a = f(\widehat{x}), \quad I(x) = \{i \,|\, f_i(x) < f_i(\widehat{x}) - \varepsilon_i\} \quad (\forall x \in D).$$

先证 $\bigcup\limits_{x \in D} I(x) = \varnothing$ 情形. 事实上, 令 (x, s, t) 是 $(\mathrm{MPSSOP})_{ar\nu}$ 的任一可行解. 则

$$f_i(x) \leqslant f_i(x) + s_i \leqslant f_i(\widehat{x}) + t r_i, \quad \forall i \in \{1, 2, \cdots, p\}.$$

从而对任意的 i,

$$0 \leqslant f_i(x) - f_i(\widehat{x}) + \varepsilon_i \leqslant t r_i + \varepsilon_i \leqslant (t + \epsilon) r_i,$$

$$-s_i \geqslant f_i(x) - f_i(\widehat{x}) - t r_i + \varepsilon_i - \varepsilon_i \geqslant -t r_i - \varepsilon_i \geqslant -t r_i - \epsilon r_i.$$

故

$$t - \sum_{i=1}^{p} \nu_i s_i \geqslant t - \sum_{i=1}^{p} \nu_i r_i (t + \epsilon) = \left(1 - \sum_{i=1}^{p} \nu_i r_i\right) t - \sum_{i=1}^{p} \nu_i r_i \epsilon.$$

因此, 在 $\bigcup\limits_{x \in D} I(x) = \varnothing$ 情形下, 对任意满足 $\sum\limits_{i=1}^{p} v_i r_i \leqslant 1$ 的 $\nu \in \mathbb{R}_{++}^{p}$ 和 $r \in \mathbb{R}_{++}^{p}$, $(\widehat{x}, 0, 0)$ 是 $(\mathrm{MPSSOP})_{ar\nu}$ 的 ϵ-最优解.

下证 $\bigcup\limits_{x \in D} I(x) \neq \varnothing$ 情形, 即存在 $x \in D$ 和 i 使得 $I(x) \neq \varnothing$. 因为 $\widehat{x}$ 是 ε-真有效解, 所以存在 $M > 2p$ 使得对任意满足 $f_i(x) < f_i(\widehat{x}) - \varepsilon_i$ 的 $x \in D$ 和 i, 均存在满足 $f_{j_i}(\widehat{x}) - \varepsilon_{j_i} < f_{j_i}(x)$ 的 $j_i \neq i$ 使得

$$\frac{f_i(\widehat{x}) - f_i(x) - \varepsilon_i}{f_{j_i}(x) - f_{j_i}(\widehat{x}) + \varepsilon_{j_i}} \leqslant M. \tag{5.4.16}$$

设 (x, s, t) 是 $(\mathrm{MPSSOP})_{ar\nu}$ 的任一可行解. 下面需证

$$t - \sum_{i=1}^{p} \nu_i s_i \geqslant \widehat{t} - \sum_{i=1}^{p} \nu_i \widehat{s}_i - \epsilon = -\epsilon. \tag{5.4.17}$$

若 $I(x) = \varnothing$. 由第一类情形的证明过程可知 (5.4.17) 成立. 接下来假设 $I(x) \neq \varnothing$. 令

$$f_{\overline{j}}(x) - f_{\overline{j}}(\widehat{x}) + \varepsilon_{\overline{j}} = \max_{i \in I(x)} (f_{j_i}(x) - f_{j_i}(\widehat{x}) + \varepsilon_{j_i})$$

且对任意的 $i \in \{1, 2, \cdots, p\}$,

$$\nu_i = \frac{1}{M^2}, \quad r_i = 1.$$

则由 (5.4.16) 和 $f_{\overline{j}}(x) - f_{\overline{j}}(\widehat{x}) + \varepsilon_{\overline{j}}$ 的定义可得

$$\sum_{i=1}^{p} (f_i(\widehat{x}) - f_i(x) - \varepsilon_i) \leqslant \sum_{i \in I(x)} (f_i(\widehat{x}) - f_i(x) - \varepsilon_i)$$

$$\leqslant \sum_{i \in I(x)} M\left(f_{j_i}(x) - f_{j_i}(\widehat{x}) + \varepsilon_{j_i}\right)$$

$$\leqslant p \cdot M \cdot \left(f_{\overline{j}}(x) - f_{\overline{j}}(\widehat{x}) + \varepsilon_{\overline{j}}\right).$$

从而

$$\frac{1}{M^2} \sum_{i=1}^{p} (f_i(\widehat{x}) - f_i(x) - \varepsilon_i) \leqslant \frac{p}{M}(f_{\overline{j}}(x) - f_{\overline{j}}(\widehat{x}) + \varepsilon_{\overline{j}}).$$

因此

$$t - \sum_{i=1}^{p} \nu_i s_i \geqslant t - \sum_{i=1}^{p} \nu_i (f_i(\widehat{x}) - f_i(x) - \varepsilon_i + \varepsilon_i + t r_i)$$

$$\geqslant t - \sum_{i=1}^{p} \nu_i (f_i(\widehat{x}) - f_i(x) - \varepsilon_i) - \sum_{i=1}^{p} \nu_i (\epsilon + t) r_i$$

$$= \left(1 - \frac{p}{M^2}\right) t - \sum_{i=1}^{p} \frac{1}{M^2}(f_i(\widehat{x}) - f_i(x) - \varepsilon_i) - \frac{p}{M^2} \epsilon$$

$$\geqslant \left(1 - \frac{p}{M^2}\right)\left(f_{\overline{j}}(x) - f_{\overline{j}}(\widehat{x}) + \varepsilon_{\overline{j}}\right) - \frac{p}{M}(f_{\overline{j}}(x) - f_{\overline{j}}(\widehat{x}) + \varepsilon_{\overline{j}}) - \epsilon \geqslant -\epsilon.$$

故 (5.4.17) 成立. 因此, $(\widehat{x}, 0, 0)$ 是 $(\text{MPSSOP})_{ar\nu}$ 的 ϵ-最优解. □

第 6 章　多目标优化 Tchebycheff 型标量化

多目标优化 Tchebycheff 型标量化方法的早期研究应是 Bowman 等于 1976 年提出的加权 Tchebycheff 标量化方法[179], 也称为广义 Tchebycheff 标量化. 基于广义 Tchebycheff 范数的标量化能够对多目标优化问题的弱有效解进行等价刻画[43], 但无法对真有效解进行等价刻画. 正因如此, 很多学者相继提出了多目标优化的广义 Tchebycheff 标量化、基于 Epsilon-约束法的广义 Tchebycheff 标量化、基于松弛变量的广义 Tchebycheff 标量化、基于剩余变量的广义 Tchebycheff 标量化和基于松弛与剩余变量的广义 Tchebycheff 标量化方法等. 本章主要介绍多目标优化问题的几类 Tchebycheff 型标量化方法和精确与近似解的一些非线性标量化结果. 假定 $f : \mathbb{R}^n \to \mathbb{R}^p, D \subset \mathbb{R}^n$ 且 $D \neq \varnothing$. 本章考虑如下多目标优化问题:

$$\text{(MOP)} \quad \min_{x \in D} f(x).$$

6.1　精确解的广义 Tchebycheff 标量化

6.1.1　广义 Tchebycheff 标量化

本节介绍 Choo 和 Atkins 于 1983 年提出的改进的广义 Tchebycheff 范数以及基于这类范数标量化而建立的多目标优化问题 Geoffrion-真有效解的一个等价非线性标量化结果[122].

定义 6.1.1 [122]　令 $\alpha \in \mathbb{R}, \beta = (\beta_1, \beta_2, \cdots, \beta_p) \in \mathbb{R}^p_{++}, \|\cdot\|^{\alpha}_{\beta}$ 是定义在 $\mathbb{R}^p$ 上的实值函数且对任意的 $y \in \mathbb{R}^p, \|y\|^{\alpha}_{\beta} = \max\limits_{1 \leqslant i \leqslant p} \beta_i \left| \left(I_{\alpha}^{-1} y^{\mathrm{T}} \right)_i \right|$, 其中 I_{α} 是 $p \times p$ 矩阵且

$$(I_{\alpha})_{ij} = \begin{cases} 1, & i = j, \\ \alpha, & i \neq j. \end{cases}$$

引理 6.1.1 [122]　若 $-\dfrac{1}{2p} < \alpha \leqslant 0$, 则 I_{α} 非奇异且 I_{α} 的逆矩阵中的所有元素均非负. 特别地, 当 $-\dfrac{1}{2p} < \alpha < 0$ 时, I_{α} 的逆矩阵中的所有元素均大于零.

注 6.1.1　可以验证, 当 $-\dfrac{1}{2p} < \alpha < 0$ 时, $\|\cdot\|^{\alpha}_{\beta}$ 满足非负性、齐次性和三角不等式, 即 $\|\cdot\|^{\alpha}_{\beta}$ 满足范数的条件. 此外, 注意到当 $\alpha = 0$ 时, $\|\cdot\|^{\alpha}_{\beta}$ 退化为 Bowman[179] 提出的广义 Tchebycheff 范数 $\|\cdot\|_{\beta}$.

考虑如下改进的广义 Tchebycheff 标量化问题:

$$(\text{GWTSOP})_{\alpha\beta} \quad \min_{x \in D} \ \|f(x) - f^*\|_{\beta}^{\alpha}.$$

Choo 和 Atkins[122] 在目标函数无任何凸性假设下建立了 (MOP) Geoffrion-真有效解的如下等价标量化结果.

定理 6.1.1　令 $\bar{x} \in D$. 则 $\bar{x}$ 是 (MOP) 的 Geoffrion-真有效解当且仅当存在 $-\dfrac{1}{2p} < \alpha < 0,\ \beta > 0$ 使得 $\bar{x}$ 是 $(\text{GWTSOP})_{\alpha\beta}$ 的最优解.

证明　先证必要性. 假定 $\bar{x} \in D$ 是 (MOP) 的 Geoffrion-真有效解且 $\bar{y} = f(\bar{x})$. 则存在正数 $M > 0$ 使得对任意满足 $f_k(x) < f_k(\bar{x})$ 的 k 和 $x \in D$, 存在满足 $f_j(x) > f_j(\bar{x})$ 的 j 使得

$$f_k(\bar{x}) - f_k(x) < M(f_j(x) - f_j(\bar{x})).$$

令 α 是充分趋近于零的负数且满足

$$M + 1 < -\frac{1 - \alpha}{\alpha p}. \tag{6.1.1}$$

则由 $f(\bar{x}) - f^* > 0$ 和引理 6.1.1 可得 $I_{\alpha}^{-1}(f(\bar{x}) - f^*)^{\mathrm{T}} > 0$. 对任意的 $i = 1, 2, \cdots, p$, 令

$$\bar{\theta}_i = \left(I_{\alpha}^{-1}(f(\bar{x}) - f^*)^{\mathrm{T}}\right)_i, \quad \beta_i = \frac{1}{\bar{\theta}_i}.$$

则

$$I_{\alpha}\bar{\theta}^{\mathrm{T}} = (f(\bar{x}) - f^*)^{\mathrm{T}}, \quad \|f(\bar{x}) - f^*\|_{\beta}^{\alpha} = 1.$$

下证 $\bar{x}$ 是 $(\text{GWTSOP})_{\alpha\beta}$ 的最优解. 反证法. 假定存在 $\hat{x} \in D$ 使得

$$\|f(\hat{x}) - f^*\|_{\beta}^{\alpha} < \|f(\bar{x}) - f^*\|_{\beta}^{\alpha}.$$

对任意的 $i = 1, 2, \cdots, p$, 令 $\hat{\theta}_i = \left(I_{\alpha}^{-1}(f(\hat{x}) - f^*)^{\mathrm{T}}\right)_i$. 则 $I_{\alpha}\hat{\theta}^{\mathrm{T}} = (f(\hat{x}) - f^*)^{\mathrm{T}}$ 且

$$\max_{1 \leqslant i \leqslant p} \beta_i \hat{\theta}_i = \|f(\hat{x}) - f^*\|_{\beta}^{\alpha} < 1.$$

因此

$$\hat{\theta}_i < \bar{\theta}_i, \quad i = 1, 2, \cdots, p. \tag{6.1.2}$$

从而由 $\bar{\theta}$ 和 $\hat{\theta}$ 的定义可得

$$\left(I_{\alpha}^{-1}(f(\hat{x}) - f(\bar{x}))^{\mathrm{T}}\right)_i = \hat{\theta}_i - \bar{\theta}_i, \quad i = 1, 2, \cdots, p. \tag{6.1.3}$$

若对任意的 $i = 1, 2, \cdots, p, f_i(\hat{x}) \geqslant f_i(\bar{x})$, 则由引理 6.1.1 可知

$$\left(I_\alpha^{-1}(f(\hat{x}) - f(\bar{x}))^{\mathrm{T}}\right)_i \geqslant 0.$$

这与 (6.1.2) 和 (6.1.3) 矛盾. 因此, 存在 k 使得 $f_k(\hat{x}) < f_k(\bar{x})$. 令

$$q = (\bar{\theta}_1 - \hat{\theta}_1) + (\bar{\theta}_2 - \hat{\theta}_2) + \cdots + (\bar{\theta}_p - \hat{\theta}_p).$$

则

$$f_i(\bar{x}) - f_i(\hat{x}) = \left(I_\alpha(\bar{\theta} - \hat{\theta})^{\mathrm{T}}\right)_i = \alpha q + (1 - \alpha)(\bar{\theta}_i - \hat{\theta}_i), \quad \forall\, i = 1, 2, \cdots, p. \quad (6.1.4)$$

不失一般性, 假定

$$\bar{\theta}_1 - \hat{\theta}_1 = \max_{1 \leqslant i \leqslant p} (\bar{\theta}_i - \hat{\theta}_i).$$

由 (6.1.4) 和 q 的定义可得, $f_1(\bar{x}) > f_1(\hat{x})$ 且 $\bar{\theta}_1 - \hat{\theta}_1 > \dfrac{q}{p}$. 对任意使得 $f_j(\bar{x}) < f_j(\hat{x})$ 的 j, 由 (6.1.1) 和 (6.1.4) 可得

$$
\begin{aligned}
\frac{f_1(\bar{x}) - f_1(\hat{x})}{f_j(\hat{x}) - f_j(\bar{x})} &= \frac{\alpha q + (1 - \alpha)(\bar{\theta}_1 - \hat{\theta}_1)}{-\alpha q - (1 - \alpha)(\bar{\theta}_j - \hat{\theta}_j)} \\
&= \frac{\alpha q/(1 - \alpha) + (\bar{\theta}_1 - \hat{\theta}_1)}{-\alpha q/(1 - \alpha) - (\bar{\theta}_j - \hat{\theta}_j)} \\
&> \frac{\alpha q/(1 - \alpha) + q/p}{-\alpha q/(1 - \alpha)} \\
&= -1 - \frac{1 - \alpha}{\alpha p} > M,
\end{aligned}
$$

这与 $\bar{x}$ 是 (MOP) 的 Geoffrion-真有效解矛盾. 因此, $\bar{x}$ 是 $(\mathrm{GWTSOP})_{\alpha\beta}$ 的最优解.

充分性. 假定存在 $-\dfrac{1}{2p} < \alpha < 0, \beta > 0$ 使得 $\bar{x} \in D$ 是 $(\mathrm{GWTSOP})_{\alpha\beta}$ 的最优解. 对任意的 $i = 1, 2, \cdots, p$, 令

$$\hat{x} \in D, \bar{\theta}_i = \left(I_\alpha^{-1}(f(\bar{x}) - f^*)^{\mathrm{T}}\right)_i, \quad \hat{\theta}_i = \left(I_\alpha^{-1}(f(\hat{x}) - f^*)^{\mathrm{T}}\right)_i.$$

则

$$I_\alpha(\bar{\theta} - \hat{\theta})^{\mathrm{T}} = (f(\bar{x}) - f(\hat{x}))^{\mathrm{T}}.$$

假定对任意的 $i = 1, 2, \cdots, p$, $f_i(\hat{x}) \leqslant f_i(\bar{x})$ 且 $f(\hat{x}) \neq f(\bar{x})$. 则由引理 6.1.1 可得

$$\bar{\theta}_i - \hat{\theta}_i = \left(I_\alpha^{-1}(f(\bar{x}) - f(\hat{x}))^{\mathrm{T}}\right)_i > 0, \quad i = 1, 2, \cdots, p.$$

这意味着

$$\|f(\hat{x}) - f^*\|_\beta^\alpha = \max_{1 \leqslant i \leqslant p} \beta_i \hat{\theta}_i < \max_{1 \leqslant i \leqslant p} \beta_i \bar{\theta}_i = \|f(\bar{x}) - f^*\|_\beta^\alpha,$$

产生矛盾. 因此, $\bar{x} \in D$ 是 (MOP) 的有效解.

假定 $f_k(\hat{x}) < f_k(\bar{x})$. 令

$$\bar{\theta}_j - \hat{\theta}_j = \min_{1 \leqslant i \leqslant p} (\bar{\theta}_i - \hat{\theta}_i).$$

则 $\bar{\theta}_j - \hat{\theta}_j \leqslant 0$ 且 $f_j(\bar{x}) < f_j(\hat{x})$. 从而

$$f_j(\hat{x}) - f_j(\bar{x}) = -\alpha(\bar{\theta}_k - \hat{\theta}_k) - (\bar{\theta}_j - \hat{\theta}_j) - \alpha t > 0,$$

其中 $t = \sum_{i \neq j, k} (\bar{\theta}_i - \hat{\theta}_i)$. 下面证明

$$f_k(\bar{x}) - f_k(\hat{x}) \leqslant -\frac{1}{\alpha}(f_j(\hat{x}) - f_j(\bar{x})).$$

事实上,

$$\frac{f_k(\bar{x}) - f_k(\hat{x})}{f_j(\hat{x}) - f_j(\bar{x})} = \frac{(\bar{\theta}_k - \hat{\theta}_k) + \alpha(\bar{\theta}_j - \hat{\theta}_j) + \alpha t}{-\alpha(\bar{\theta}_k - \hat{\theta}_k) - (\bar{\theta}_j - \hat{\theta}_j) - \alpha t}$$

$$= \frac{1}{-\alpha} + \frac{(\alpha - 1/\alpha)(\bar{\theta}_j - \hat{\theta}_j) - (1 - \alpha)t}{-\alpha(\bar{\theta}_k - \hat{\theta}_k) - (\bar{\theta}_j - \hat{\theta}_j) - \alpha t}$$

且

$$-\frac{1}{p+1} < \alpha < 0 \Rightarrow \frac{1+\alpha}{-\alpha} > p - 2$$

$$\Rightarrow \frac{(\bar{\theta}_j - \hat{\theta}_j)(1+\alpha)}{-\alpha} \leqslant (p-2)(\bar{\theta}_j - \hat{\theta}_j) \leqslant t$$

$$\Rightarrow \frac{(1-\alpha)(\bar{\theta}_j - \hat{\theta}_j)(1+\alpha)}{-\alpha} - (1-\alpha)t \leqslant 0$$

$$\Rightarrow \left(\alpha - \frac{1}{\alpha}\right)(\bar{\theta}_j - \hat{\theta}_j) - (1-\alpha)t \leqslant 0.$$

故

$$\frac{f_k(\bar{x}) - f_k(\hat{x})}{f_j(\hat{x}) - f_j(\bar{x})} \leqslant -\frac{1}{\alpha}.$$

因此, 由 Geoffrion-真有效解的定义可知, $\bar{x} \in D$ 是 (MOP) 的 Geoffrion-真有效解. $\qquad\square$

6.1.2 基于 Epsilon-约束法的广义 Tchebycheff 标量化

本节主要介绍基于多目标优化经典的 Epsilon-约束标量化思想和 Tchebycheff 范数标量化方法而提出的一类新的标量化方法——基于 Epsilon-约束法的广义 Tchebycheff 标量化方法. 通过调节标量化模型的参数范围建立了多目标优化问题弱有效解、有效解、严有效解和 Geoffrion-真有效解的一些等价标量化结果[180].

考虑基于 Epsilon-约束标量化思想的如下广义 Tchebycheff 标量化问题:

$$\text{(SOP)}_{\alpha\beta\gamma} \quad \begin{aligned} &\min && \|f(x) - f^*\|_\beta^\alpha \\ &\text{s.t.} && f_i(x) \leqslant \gamma_i, \quad x \in D, i = 1, 2, \cdots, p, \end{aligned}$$

其中

$$\alpha \in \mathbb{R}, \quad \beta = (\beta_1, \beta_2, \cdots, \beta_p) \in \mathbb{R}^p_{++},$$
$$\gamma = (\gamma_1, \gamma_2, \cdots, \gamma_p) \in \mathbb{R}^p, \quad f^* = (f_1^*, f_2^*, \cdots, f_p^*)$$

满足

$$f_i^* = \min_{x \in D} f_i(x) - \delta, \quad \delta > 0, \quad i = 1, 2, \cdots, p.$$

注 6.1.2 令 $\gamma_i = \sup\limits_{x \in D} f_i(x)$, $i = 1, 2, \cdots, p$. 则 $\text{(SOP)}_{\alpha\beta\gamma}$ 等价于 Choo 和 Atkins 在文献 [122] 中提出的如下标量化问题:

$$\text{(GWTSOP)}_{\alpha\beta} \quad \min_{x \in D} \|f(x) - f^*\|_\beta^\alpha.$$

下面基于 $\text{(SOP)}_{\alpha\beta\gamma}$ 给出多目标优化问题有效解、弱有效解、严有效解和 Geoffrion-真有效解的等价标量化刻画结果.

定理 6.1.2 假设 $\hat{x} \in D$, $\gamma \geqq f(\hat{x})$. 则 $\hat{x}$ 是 (MOP) 的弱有效解当且仅当存在 $-\dfrac{1}{2p} < \alpha \leqslant 0$ 和 $\beta \in \mathbb{R}^p_{++}$ 使得 $\hat{x}$ 是 $\text{(SOP)}_{\alpha\beta\gamma}$ 的最优解.

证明 先证必要性. 令

$$\alpha = 0, \quad \beta_i = \frac{1}{f_i(\hat{x}) - f_i^*}, \quad i = 1, 2, \cdots, p.$$

显然, $\widehat{x}$ 是 (SOP)$_{\alpha\beta\gamma}$ 的可行解. 故由文献 [43] 中的定理 4.24 可知, $\widehat{x}$ 是 (SOP)$_{\alpha\beta\gamma}$ 的最优解.

下证充分性. 用反证法, 假定 $\widehat{x} \in D$ 不是 (MOP) 的弱有效解. 则由定义可知, 存在 $\widetilde{x} \in D$ 使得 $f(\widetilde{x}) < f(\widehat{x})$. 从而由 $\widehat{x}$ 是 (SOP)$_{\alpha\beta\gamma}$ 的最优解可得

$$f_i(\widetilde{x}) < f_i(\widehat{x}) \leqslant \gamma_i, \quad i = 1, 2, \cdots, p.$$

故 $\widetilde{x}$ 是 (SOP)$_{\alpha\beta\gamma}$ 的可行解. 此外, 由 $f_i^* = \min_{x \in D} f_i(x) - \delta$ 和引理 6.1.1 可知

$$0 < (I_\alpha^{-1}(f(\widetilde{x}) - f^*)^{\mathrm{T}})_i = \sum_{j=1}^{p}(I_\alpha^{-1})_{ij}(f(\widetilde{x}) - f^*)_j$$

$$< \sum_{j=1}^{p}(I_\alpha^{-1})_{ij}(f(\widehat{x}) - f^*)_j = (I_\alpha^{-1}(f(\widehat{x}) - f^*)^{\mathrm{T}})_i, \quad i = 1, \cdots, p.$$

故由 $\beta \in \mathbb{R}_{++}^p$ 可得

$$\|f(\widetilde{x}) - f^*\|_\beta^\alpha = \max_{1 \leqslant i \leqslant p} \beta_i(I_\alpha^{-1}(f(\widetilde{x}) - f^*)^{\mathrm{T}})_i$$

$$< \max_{1 \leqslant i \leqslant p} \beta_i(I_\alpha^{-1}(f(\widehat{x}) - f^*)^{\mathrm{T}})_i = \|f(\widehat{x}) - f^*\|_\beta^\alpha.$$

因此, $\widetilde{x} \in D$ 是 (SOP)$_{\alpha\beta\gamma}$ 的可行解且其目标函数值小于 $\widehat{x}$ 对应的目标函数值. 这与 $\widehat{x} \in D$ 是 (SOP)$_{\alpha\beta\gamma}$ 的最优解矛盾. $\qquad\square$

定理 6.1.3　假定 $\widehat{x} \in D$, $\gamma = f(\widehat{x})$. 则 $\widehat{x} \in D$ 是 (MOP) 的有效解当且仅当存在 $-\dfrac{1}{2p} < \alpha < 0$ 和 $\beta \in \mathbb{R}_{++}^p$ 使得 $\widehat{x}$ 是 (SOP)$_{\alpha\beta\gamma}$ 的最优解.

证明　先证必要性. 显然, 由 (SOP)$_{\alpha\beta\gamma}$ 可行集的定义可知, $\widehat{x}$ 是 (SOP)$_{\alpha\beta\gamma}$ 的可行解. 此外, 令 $\widetilde{x}$ 是 (SOP)$_{\alpha\beta\gamma}$ 的可行解. 则 $\widetilde{x} \in D$ 且

$$f_i(\widetilde{x}) \leqslant \gamma_i = f_i(\widehat{x}), \quad i = 1, 2, \cdots, p.$$

从而由 $\widehat{x}$ 的有效性可知, $f(\widetilde{x}) = f(\widehat{x})$. 因此, 对任意的 $\alpha \in \left(-\dfrac{1}{2p}, 0\right)$ 和 $\beta \in \mathbb{R}_{++}^p$,

$$\|f(\widetilde{x}) - f^*\|_\beta^\alpha = \|f(\widehat{x}) - f^*\|_\beta^\alpha,$$

即 $\widehat{x}$ 是 (SOP)$_{\alpha\beta\gamma}$ 的最优解.

下证充分性. 用反证法, 假定 $\widehat{x} \in D$ 不是 (MOP) 的有效解. 则由有效解的定义可知, 存在 $\widetilde{x} \in D$ 使得对任意的 $i = 1, 2, \cdots, p$, $f_i(\widetilde{x}) \leqslant f_i(\widehat{x})$ 且对某个 j,

$f_j(\widetilde{x}) < f_j(\widehat{x})$. 因此, $\widetilde{x}$ 是 (SOP)$_{\alpha\beta\gamma}$ 可行解. 此外, 令

$$\beta_k(I_\alpha^{-1}(f(\widetilde{x}) - f^*)^{\mathrm{T}})_k = \max_{1 \leqslant i \leqslant p} \beta_i(I_\alpha^{-1}(f(\widetilde{x}) - f^*)^{\mathrm{T}})_i,$$

$$\beta_l(I_\alpha^{-1}(f(\widehat{x}) - f^*)^{\mathrm{T}})_l = \max_{1 \leqslant i \leqslant p} \beta_i(I_\alpha^{-1}(f(\widehat{x}) - f^*)^{\mathrm{T}})_i.$$

则由引理 6.1.1 可得

$$\begin{aligned}
\|f(\widehat{x}) - f^*\|_\beta^\alpha &= \beta_l(I_\alpha^{-1}(f(\widehat{x}) - f^*)^{\mathrm{T}})_l \geqslant \beta_k(I_\alpha^{-1}(f(\widehat{x}) - f^*)^{\mathrm{T}})_k \\
&= \beta_k \sum_{j=1}^p (I_\alpha^{-1})_{kj} \left(f_j(\widehat{x}) - f_j^* \right) > \beta_k \sum_{j=1}^p (I_\alpha^{-1})_{kj} \left(f_j(\widetilde{x}) - f_j^* \right) \\
&= \beta_k(I_\alpha^{-1}(f(\widetilde{x}) - f^*)^{\mathrm{T}})_k = \|f(\widetilde{x}) - f^*\|_\beta^\alpha.
\end{aligned}$$

故 $\widetilde{x} \in D$ 是 (SOP)$_{\alpha\beta\gamma}$ 的可行解且其目标函数值小于 $\widehat{x}$ 对应的目标函数值. 这与 $\widehat{x}$ 是 (SOP)$_{\alpha\beta\gamma}$ 的最优解矛盾. □

注 6.1.3 定理 6.1.3 中关于参数 α 的假设条件不能减弱为 $-\dfrac{1}{2p} < \alpha \leqslant 0$.

例 6.1.1 考虑如下双目标优化问题:

$$\begin{aligned}
\min \quad & f(x) = (f_1(x), f_2(x)) = (x_1, x_2) \\
\text{s.t.} \quad & x \in D = \left\{ (x_1, x_2) \in \mathbb{R}^2 | x_1 = 2, 2 \leqslant x_2 \leqslant 3 \right\}.
\end{aligned}$$

可验证 (MOP) 的有效解集和弱有效解集分别为 $\{(2,2)\}$ 和 D. 令 $\delta = 0.1$, $\widehat{x} = (2,3)$, $\gamma = f(\widehat{x})$ 且

$$\alpha = 0, \quad \beta_i = \frac{1}{f_i(\widehat{x}) - f_i^*} > 0, \quad i = 1, 2.$$

则由定理 6.1.2 可知, $\widehat{x} \in D$ 是 (SOP)$_{\alpha\beta\gamma}$ 的最优解, 但 $\widehat{x} \in D$ 不是 (MOP) 的有效解.

定理 6.1.4 假定 $\widehat{x} \in D$, $\gamma = f(\widehat{x})$. 则 $\widehat{x}$ 是 (MOP) 的严有效解当且仅当存在 $-\dfrac{1}{2p} < \alpha \leqslant 0$ 和 $\beta \in \mathbb{R}_{++}^p$ 使得 $\widehat{x}$ 是 (SOP)$_{\alpha\beta\gamma}$ 的唯一最优解.

证明 先证必要性. 由 (SOP)$_{\alpha\beta\gamma}$ 的可行集的定义可知, $\widehat{x}$ 是 (SOP)$_{\alpha\beta\gamma}$ 的可行解. 此外, 令 $\widetilde{x}$ 是 (SOP)$_{\alpha\beta\gamma}$ 的可行解. 则由 $\widehat{x}$ 的严有效性可得 $\widetilde{x} = \widehat{x}$. 因此, (SOP)$_{\alpha\beta\gamma}$ 的可行集为 $\{\widehat{x}\}$. 故 $\widehat{x}$ 是 (SOP)$_{\alpha\beta\gamma}$ 唯一的最优解.

下证充分性. 假定 $\hat{x}$ 不是 (MOP) 的严有效解. 则由严有效解的定义可知, 存在 $\tilde{x} \in D$ 使得 $\tilde{x} \neq \hat{x}$ 且 $f(\tilde{x}) \leqq f(\hat{x})$. 因为 $\hat{x}$ 是 (SOP)$_{\alpha\beta\gamma}$ 的最优解, 所以

$$f_i(\tilde{x}) \leqslant f_i(\hat{x}) \leqslant \gamma_i, \quad i = 1, 2, \cdots, p.$$

这表明 $\tilde{x}$ 是 (SOP)$_{\alpha\beta\gamma}$ 的可行解. 由引理 6.1.1 可得

$$\|f(\tilde{x}) - f^*\|_\beta^\alpha \leqslant \|f(\hat{x}) - f^*\|_\beta^\alpha.$$

这与 $\hat{x} \in D$ 是 (SOP)$_{\alpha\beta\gamma}$ 的唯一最优解矛盾. □

令 $\hat{x} \in D$ 且

$$\gamma = (U_1, U_2, \cdots, U_p), \quad U_i = \sup_{x \in D} f_i(x)(i = 1, 2, \cdots, p).$$

则由注 6.1.2 和文献 [122] 中的定理 3.1 可以建立基于 (SOP)$_{\alpha\beta\gamma}$ 的多目标优化问题 Geoffrion-真有效解的等价标量化刻画结果.

定理 6.1.5　令 $\hat{x} \in D$ 且 $\gamma = (U_1, U_2, \cdots, U_p)$. 则 $\hat{x} \in D$ 是 (MOP) 的 Geoffrion-真有效解当且仅当存在 $-\dfrac{1}{2p} < \alpha < 0$ 和 $\beta \in \mathbb{R}_{++}^p$ 使得 $\hat{x}$ 是 (SOP)$_{\alpha\beta\gamma}$ 的最优解.

(MOP) 的弱有效解、有效解、严有效解和 Geoffrion-真有效解与 (SOP)$_{\alpha\beta\gamma}$ 最优解之间的关系可总结为表 6.1.

表 6.1　(MOP) 各类解和 (SOP)$_{\alpha\beta\gamma}$ 最优解的等价关系

γ	结论	相关定理
$\gamma \geqq f(\hat{x})$	弱有效解 $\Longleftrightarrow$ 最优解 $\exists -\dfrac{1}{2p} < \alpha \leqslant 0, \beta \in \mathbb{R}_{++}^p$	定理 6.1.2
$\gamma = f(\hat{x})$	有效解 $\Longleftrightarrow$ 最优解 $\exists -\dfrac{1}{2p} < \alpha < 0, \beta \in \mathbb{R}_{++}^p$	定理 6.1.3
$\gamma = f(\hat{x})$	严有效解 $\Longleftrightarrow$ 唯一最优解 $\exists -\dfrac{1}{2p} < \alpha \leqslant 0, \beta \in \mathbb{R}_{++}^p$	定理 6.1.4
$\gamma_i = U_i$	Geoffrion-真有效解 $\Longleftrightarrow$ 最优解 $\exists -\dfrac{1}{2p} < \alpha < 0, \beta \in \mathbb{R}_{++}^p$	定理 6.1.5

基于上述等价标量化结果, 我们可以验证给定的 (MOP) 的可行解是否是多目标优化问题的弱有效解、有效解、严有效解或者 Geoffrion-真有效解. 此时, 需要构造标量化问题并验证给定的 (MOP) 的可行解是否是该标量化问题的最优解即可.

例 6.1.2　考虑如下双目标优化问题:

$$(\text{MOP}) \quad \min \quad f(x) = (f_1(x), f_2(x))$$

$$\text{s.t.} \quad x \in D = [-3,5],$$

其中

$$f_1(x) = \begin{cases} x+1, & x \in [-3,1], \\ 2, & x \in (1,2), \\ 2x-2, & x \in [2,4], \\ 6, & x \in (4,5], \end{cases} \qquad f_2(x) = \begin{cases} -x+1, & x \in [-3,1), \\ 0, & x \in [1,4], \\ (1-x)^2, & x \in (4,5]. \end{cases}$$

由解的定义以及图 6.1 可知, (MOP) 的弱有效解集、有效解集、严有效解集和 Geoffrion-真有效解集分别为 $[-3,4]$, $[-3,2]$, $[-3,1)$ 和 $[-3,2]$. 此外

$$U_1 = 6, \quad U_2 = 16, \quad f_1^* = -2-\delta, \quad f_2^* = -\delta.$$

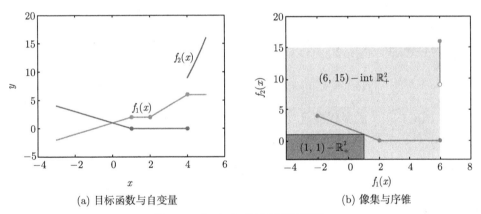

(a) 目标函数与自变量 (b) 像集与序锥

图 6.1　(MOP) 的目标函数图像

(i) 对任意的 $i = 1,2$, 令

$$\widehat{x} = 4, \quad \alpha = 0, \quad \beta_1 = \frac{1}{f_1(\widehat{x}) - f_1^*} = \frac{1}{8+\delta}, \quad \beta_2 = \frac{1}{f_2(\widehat{x}) - f_2^*} = \frac{1}{\delta}, \quad \gamma_i = f_i(\widehat{x}).$$

则 $[1,4]$ 是 $(\text{SOP})_{\alpha\beta\gamma}$ 的可行域. 下面验证 $\widehat{x} = 4$ 是 $(\text{SOP})_{\alpha\beta\gamma}$ 的最优解. 由 $\beta_1(f_1(\widehat{x}) - f_1^*) = \beta_2(f_2(\widehat{x}) - f_2^*) = 1$ 可得

$$\|f(\widehat{x}) - f^*\|_\beta^\alpha = 1.$$

此外, 对任意的 $x \in [1,4]$,

$$\beta_1(f_1(x) - f_1^*) \leqslant 1 = \beta_2(f_2(x) - f_2^*).$$

因此, 对任意的 $x \in [1, 4]$,

$$\|f(x) - f^*\|_\beta^\alpha = 1.$$

故 $\widehat{x}$ 为 $(\text{SOP})_{\alpha\beta\gamma}$ 的最优解且 $\widehat{x}$ 是 (MOP) 的弱有效解.

(ii) 对任意的 $i = 1, 2$, 令

$$\widehat{x} = 2, \quad \alpha = -\frac{1}{5}, \quad \beta_1 = \frac{1}{(I_\alpha^{-1}(f(\widehat{x}) - f^*)^{\mathrm{T}})_1},$$

$$\beta_2 = \frac{1}{(I_\alpha^{-1}(f(\widehat{x}) - f^*)^{\mathrm{T}})_2}, \quad \gamma_i = f_i(\widehat{x}).$$

则 $[1, 2]$ 是 $(\text{SOP})_{\alpha\beta\gamma}$ 的可行域. 进一步可验证 $\widehat{x} = 2$ 是 $(\text{SOP})_{\alpha\beta\gamma}$ 的最优解. 因

$$\beta_1(I_\alpha^{-1}(f(\widehat{x}) - f^*)^{\mathrm{T}})_1 = \beta_2(I_\alpha^{-1}(f(\widehat{x}) - f^*)^{\mathrm{T}})_2 = 1,$$

故

$$\|f(\widehat{x}) - f^*\|_\beta^\alpha = 1.$$

此外, 对任意的 $x \in [1, 2]$, $f_1(x) = f_1(\widehat{x}) = 2$ 且 $f_2(x) = f_2(\widehat{x}) = 0$, 则

$$\|f(x) - f^*\|_\beta^\alpha = \|f(\widehat{x}) - f^*\|_\beta^\alpha = 1, \quad \forall x \in [1, 2].$$

故 $\widehat{x}$ 是 $(\text{SOP})_{\alpha\beta\gamma}$ 的最优解且 $\widehat{x}$ 是 (MOP) 的有效解.

(iii) 对任意的 $i = 1, 2$, 令

$$\widehat{x} = 2, \quad \gamma_i = f_i(\widehat{x}).$$

则 $[1, 2]$ 是 $(\text{SOP})_{\alpha\beta\gamma}$ 的可行域. 进一步, 可验证对任意的 $\alpha \in \left(-\frac{1}{2p}, 0\right]$ 和 $\beta \in \mathbb{R}^2_{++}$, $\widehat{x} = 2$ 不是 $(\text{SOP})_{\alpha\beta\gamma}$ 唯一的最优解. 因为对任意的 $x \in [1, 2]$, $f_1(x) = f_1(\widehat{x}) = 2$ 且 $f_2(x) = f_2(\widehat{x}) = 0$, 所以

$$\|f(x) - f^*\|_\beta^\alpha = \|f(\widehat{x}) - f^*\|_\beta^\alpha, \quad \forall x \in [1, 2].$$

故 $\widehat{x}$ 不是 $(\text{SOP})_{\alpha\beta\gamma}$ 唯一的最优解且 $\widehat{x}$ 不是 (MOP) 的严有效解.

(iv) 对任意的 $i = 1, 2$, 令

$$\widehat{x} = 1, \quad \alpha = -\frac{1}{8}, \quad \beta_1 = \frac{1}{(I_\alpha^{-1}(f(\widehat{x}) - f^*)^{\mathrm{T}})_1},$$

$$\beta_2 = \frac{1}{(I_\alpha^{-1}(f(\widehat{x}) - f^*)^{\mathrm{T}})_2}, \quad \gamma_i = U_i.$$

则 $[-3, 5]$ 是 $(\text{SOP})_{\alpha\beta\gamma}$ 的可行域且

$$\gamma_1 = 6, \quad \gamma_2 = 16, \quad (I_\alpha^{-1})_{11} = (I_\alpha^{-1})_{22} = \frac{64}{63}, \quad (I_\alpha^{-1})_{12} = (I_\alpha^{-1})_{21} = \frac{8}{63},$$

$$\beta_1 = \frac{63}{8(9\delta + 32)}, \quad \beta_2 = \frac{63}{8(9\delta + 4)}.$$

接下来验证 $\widehat{x}$ 是 $(\text{SOP})_{\alpha\beta\gamma}$ 的最优解. 首先, 通过计算可得

$$\beta_i((I_\alpha^{-1})_{i1}(f_1(\widehat{x}) - f_1^*) + (I_\alpha^{-1})_{i2}(f_2(\widehat{x}) - f_2^*)) = 1, \quad i = 1, 2.$$

故 $\|f(\widehat{x}) - f^*\|_\beta^\alpha = 1$. 此外, 因为

$$\beta_1(I_\alpha^{-1}(f(x) - f^*)^{\mathrm{T}})_1 = \frac{8f_1(x) + f_2(x) + 16 + 9\delta}{9\delta + 32},$$

$$\beta_2(I_\alpha^{-1}(f(x) - f^*)^{\mathrm{T}})_2 = \frac{f_1(x) + 8f_2(x) + 2 + 9\delta}{9\delta + 4},$$

且

$$\frac{8f_1(x) + f_2(x) + 16 + 9\delta}{9\delta + 32} = \begin{cases} \dfrac{7x + 25 + 9\delta}{9\delta + 32}, & x \in [-3, 1], \\[2mm] 1, & x \in (1, 2), \\[2mm] \dfrac{16x + 9\delta}{9\delta + 32}, & x \in [2, 4], \\[2mm] \dfrac{x^2 - 2x + 65 + 9\delta}{9\delta + 32}, & x \in (4, 5], \end{cases}$$

$$\frac{f_1(x) + 8f_2(x) + 2 + 9\delta}{9\delta + 4} = \begin{cases} \dfrac{-7x + 11 + 9\delta}{9\delta + 4}, & x \in [-3, 1], \\[2mm] 1, & x \in (1, 2), \\[2mm] \dfrac{2x + 9\delta}{9\delta + 4}, & x \in [2, 4], \\[2mm] \dfrac{8(1 - x)^2 + 8 + 9\delta}{9\delta + 4}, & x \in (4, 5], \end{cases}$$

所以

$$\|f(x) - f^*\|_\beta^\alpha = \begin{cases} \dfrac{-7x + 11 + 9\delta}{9\delta + 4}, & x \in [-3, 1], \\[2mm] 1, & x \in (1, 2), \\[2mm] \dfrac{16x + 9\delta}{9\delta + 32}, & x \in [2, 4], \\[2mm] \dfrac{8(1 - x)^2 + 8 + 9\delta}{9\delta + 4}, & x \in (4, 5]. \end{cases}$$

这意味着对任意的 $x \in [-3,5]$, $\|f(x) - f^*\|_\beta^\alpha \geqslant 1$. 故

$$\|f(x) - f^*\|_\beta^\alpha \geqslant \|f(\widehat{x}) - f^*\|_\beta^\alpha, \quad \forall x \in [-3,5].$$

故 $\widehat{x}$ 为 $(\text{SOP})_{\alpha\beta\gamma}$ 的最优解且 $\widehat{x}$ 为 (MOP) 的 Geoffrion-真有效解.

6.1.3 具松弛变量约束广义 Tchebycheff 标量化

受 Choo 和 Atkins 在文献 [122] 中研究工作的启发, 本节首先通过引入松弛变量提出多目标优化问题一类新的非线性标量化问题, 进而通过调整标量化问题的系列参数范围建立 (MOP) 弱有效解、有效解和 Geoffrion-真有效解的等价标量化刻画结果.

考虑如下具松弛变量约束广义 Tchebycheff 标量化问题:

$$(\text{SOP})_{r\alpha\beta\varepsilon}^- \quad \min \quad \|f(x) - f^*\|_\beta^\alpha - \sum_{i=1}^p r_i s_i$$

$$\text{s.t.} \quad \begin{cases} f_i(x) + r_i s_i \leqslant \varepsilon_i, \\ x \in D, \quad s_i \geqslant 0, \quad \forall i = 1, 2, \cdots, p, \end{cases}$$

其中 $f^* = (f_1^*, f_2^*, \cdots, f_p^*)$ 满足对任意的 $i = 1, 2, \cdots, p, f_i^* = \min_{x \in X} f_i(x) - \delta$, δ 是给定的充分小正数且

$$\alpha \in \mathbb{R}, \beta > 0, \quad \varepsilon = (\varepsilon_1, \varepsilon_2, \cdots, \varepsilon_p) \in \mathbb{R}^p, \quad r = (r_1, r_2, \cdots, r_p) \geqq 0.$$

定理 6.1.6 假定 $\widehat{x} \in D$ 且 $\varepsilon = (U_1, U_2, \cdots, U_p)$. 则下面的结果等价:

(i) $\widehat{x}$ 是 (MOP) 的弱有效解.

(ii) 存在 $-\dfrac{1}{2p} < \alpha \leqslant 0, \beta > 0, r \geqq 0, \widehat{s} \geqq 0$ 使得 $(\widehat{x}, \widehat{s})$ 是 $(\text{SOP})_{r\alpha\beta\varepsilon}^-$ 的最优解.

(iii) 存在 $\beta > 0$ 使得 $(\widehat{x}, \widehat{s})$ 是 $(\text{SOP})_{r\alpha\beta\varepsilon}^-$ 的最优解, 其中 $r = 0, \alpha = 0$.

证明 首先证明 (i)$\Longleftrightarrow$(ii). 先证必要性. 令 $\widehat{x} \in D$ 是 (MOP) 的弱有效解. 则由 [43] 中的定理 4.24 可知, 存在 $\beta > 0$ 使得 $\widehat{x}$ 是如下标量化问题的最优解:

$$\min_{x \in D} \max_{1 \leqslant i \leqslant p} \beta_i (f_i(x) - f_i^*).$$

对任意的 $i = 1, 2, \cdots, p$, 令

$$\alpha = 0, \quad r_i = \widehat{s}_i = 0.$$

显然, $(\widehat{x}, \widehat{s})$ 是 $(\text{SOP})^-_{r\alpha\beta\varepsilon}$ 的最优解.

下证充分性. 令 $(\widehat{x}, \widehat{s})$ 是 $(\text{SOP})^-_{r\alpha\beta\varepsilon}$ 的最优解. 若 $\widehat{x} \in D$ 不是 (MOP) 的弱有效解, 则存在 $\widetilde{x} \in D$, 使得对任意的 $i = 1, 2, \cdots, p$, $f_i(\widetilde{x}) < f_i(\widehat{x})$. 因为 $(\widehat{x}, \widehat{s})$ 是可行解, 所以

$$f_i(\widetilde{x}) + r_i\widehat{s}_i < f_i(\widehat{x}) + r_i\widehat{s}_i \leqslant \varepsilon_i, \quad \forall i = 1, 2, \cdots, p,$$

即 $(\widetilde{x}, \widehat{s})$ 是 $(\text{SOP})^-_{r\alpha\beta\varepsilon}$ 的可行解. 因为 $-\dfrac{1}{2p} < \alpha \leqslant 0$, 所以由引理 6.1.1 可得, 对任意的 $i = 1, 2, \cdots, p$,

$$\sum_{j=1}^{p}(I_\alpha^{-1})_{ij}(f(\widetilde{x}) - f^*)_j < \sum_{j=1}^{p}(I_\alpha^{-1})_{ij}(f(\widehat{x}) - f^*)_j.$$

因此, 由 $\beta > 0$ 和 $f_i^* = \min\limits_{x \in X} f_i(x) - \delta$ 有

$$\max_{1 \leqslant i \leqslant p} \beta_i |(I_\alpha^{-1}(f(\widetilde{x}) - f^*)^{\mathrm{T}})_i| < \max_{1 \leqslant i \leqslant p} \beta_i |(I_\alpha^{-1}(f(\widehat{x}) - f^*)^{\mathrm{T}})_i|.$$

故

$$\|f(\widetilde{x}) - f^*\|_\beta^\alpha - \sum_{i=1}^{p} r_i\widehat{s}_i < \|f(\widehat{x}) - f^*\|_\beta^\alpha - \sum_{i=1}^{p} r_i\widehat{s}_i.$$

这与 $(\widehat{x}, \widehat{s})$ 的最优性矛盾.

(i)$\Longleftrightarrow$(iii). 由 (i) 与 (ii) 等价的证明过程易得结论成立. $\qquad\square$

定理 6.1.7 令 $\widehat{x} \in D$ 且 $\varepsilon = f(\widehat{x})$. 则 $\widehat{x} \in D$ 是 (MOP) 的有效解当且仅当存在 $-\dfrac{1}{2p} < \alpha \leqslant 0, \beta > 0, r > 0, \widehat{s} \geqq 0$ 使得 $(\widehat{x}, \widehat{s})$ 是 $(\text{SOP})^-_{r\alpha\beta\varepsilon}$ 的最优解.

证明 先证必要性. 令 $\widehat{x} \in D$ 是 (MOP) 的有效解. 对任意的 $i = 1, 2, \cdots, p$, 令

$$\alpha = 0, \quad \beta_i = r_i = \frac{1}{f_i(\widehat{x}) - f_i^*} > 0, \quad \widehat{s}_i = 0.$$

显然, $(\widehat{x}, \widehat{s})$ 是 $(\text{SOP})^-_{r\alpha\beta\varepsilon}$ 的可行解. 下面仅需证明 $(\widehat{x}, \widehat{s})$ 是 $(\text{SOP})^-_{r\alpha\beta\varepsilon}$ 的最优解. 假定存在 $(\widetilde{x}, \widetilde{s})$, 使得对任意的 $i = 1, 2, \cdots, p$,

$$f_i(\widetilde{x}) + r_i\widetilde{s}_i \leqslant \varepsilon_i = f_i(\widehat{x}), \quad \widetilde{s}_i \geqslant 0, \widetilde{x} \in D \qquad (6.1.5)$$

且

$$\|f(\widetilde{x}) - f^*\|_\beta^\alpha - \sum_{i=1}^{p} r_i\widetilde{s}_i < \|f(\widehat{x}) - f^*\|_\beta^\alpha. \qquad (6.1.6)$$

则由 (6.1.5) 和 $r_i > 0$ 可得 $f_i(\widetilde{x}) \leqslant f_i(\widehat{x})$, $\forall i = 1, 2, \cdots, p$. 因此, 从 $\widehat{x}$ 的有效性可知

$$f_i(\widetilde{x}) = f_i(\widehat{x}), \quad \forall i = 1, 2, \cdots, p.$$

故由 (6.1.5) 可得, 对任意的 $i = 1, 2, \cdots, p$, $r_i \widetilde{s}_i = 0$. 因此

$$\|f(\widetilde{x}) - f^*\|_\beta^\alpha - \sum_{i=1}^p r_i \widetilde{s}_i = \|f(\widehat{x}) - f^*\|_\beta^\alpha,$$

这与 (6.1.6) 矛盾. 故 $(\widehat{x}, \widehat{s})$ 是 $(\mathrm{SOP})_{r\alpha\beta\varepsilon}^-$ 的最优解.

下证充分性. 令 $(\widehat{x}, \widehat{s})$ 是 $(\mathrm{SOP})_{r\alpha\beta\varepsilon}^-$ 的最优解. 假定 $\widehat{x} \in D$ 不是 (MOP) 的有效解. 则存在 $\widetilde{x} \in D$, 使得对任意的 $i = 1, 2, \cdots, p$, $f_i(\widetilde{x}) \leqslant f_i(\widehat{x})$ 且存在 j 使得 $f_j(\widetilde{x}) < f_j(\widehat{x})$. 因为 $(\widehat{x}, \widehat{s})$ 是 $(\mathrm{SOP})_{r\alpha\beta\varepsilon}^-$ 的可行解, 所以

$$f_i(\widetilde{x}) + r_i \widehat{s}_i \leqslant f_i(\widehat{x}) + r_i \widehat{s}_i \leqslant \varepsilon_i, \quad \forall i \neq j,$$

$$f_j(\widetilde{x}) + r_j \widehat{s}_j < f_j(\widehat{x}) + r_j \widehat{s}_j \leqslant \varepsilon_j.$$

因此, 存在 $v > 0$ 使得

$$f_j(\widetilde{x}) + r_j \widehat{s}_j + r_j v \leqslant \varepsilon_j.$$

令

$$\widetilde{s}_i = \begin{cases} \widehat{s}_i + v, & i = j, \\ \widehat{s}_i, & i \neq j. \end{cases}$$

显然, $\widetilde{s}_j > \widehat{s}_j \geqslant 0$. 则 $(\widetilde{x}, \widetilde{s})$ 是 $(\mathrm{SOP})_{r\alpha\beta\varepsilon}^-$ 的可行解. 因为 $-\dfrac{1}{2p} < \alpha \leqslant 0$ 且 $\beta > 0$, 所以根据引理 6.1.1 有

$$\max_{1 \leqslant i \leqslant p} \beta_i |(I_\alpha^{-1}(f(\widetilde{x}) - f^*)^{\mathrm{T}})_i| \leqslant \max_{1 \leqslant i \leqslant p} \beta_i |(I_\alpha^{-1}(f(\widehat{x}) - f^*)^{\mathrm{T}})_i|.$$

因此, 由 $r > 0$ 可得

$$\|f(\widetilde{x}) - f^*\|_\beta^\alpha - \sum_{i=1}^p r_i \widetilde{s}_i < \|f(\widetilde{x}) - f^*\|_\beta^\alpha - \sum_{i=1}^p r_i \widehat{s}_i$$

$$\leqslant \|f(\widehat{x}) - f^*\|_\beta^\alpha - \sum_{i=1}^p r_i \widehat{s}_i.$$

这与假设条件矛盾. 故 $\widehat{x} \in D$ 是 (MOP) 的有效解.　　　　　　　　　$\square$

注 6.1.4 在定理 6.1.7 中, 参数 r 的范围不能放松至 $r \geqq 0$.

例 6.1.3 考虑如下多目标优化问题:

$$\min \quad f(x) = (f_1(x), f_2(x)) = (x_1, x_2)$$

$$\text{s.t.} \quad x \in D = \left\{ (x_1, x_2) \in \mathbb{R}^2 \,|\, 0 \leqslant x_1 \leqslant 2, 0 \leqslant x_2 \leqslant 2, x_2 \geqslant -(x_1 - 1) \right\}.$$

令 $\delta = 0.1, \widehat{x} = (2, 0), \varepsilon = f(\widehat{x}) = (2, 0)$ 且

$$\alpha = 0, \quad \beta_1 = \frac{1}{2 + \delta}, \quad \beta_2 = \frac{1}{\delta}, \quad r_1 = r_2 = 0, \quad \widehat{s}_1 = \widehat{s}_2 = 0.$$

则 $f_1^* = f_2^* = -0.1$ 且可将 $(\text{SOP})_{r\alpha\beta\varepsilon}^-$ 写为

$$\min_{(x,s) \in D_1} \|f(x) - f^*\|_\beta^\alpha = \min_{(x,s) \in D_1} \left\{ \max\left(\frac{1}{2 + \delta}(x_1 + \delta), \frac{1}{\delta}(x_2 + \delta) \right) \right\},$$

其中 $(\text{SOP})_{r\alpha\beta\varepsilon}^-$ 的可行集可描述为

$$D_1 = \left\{ (x, s) \mid 1 \leqslant x_1 \leqslant 2, x_2 = 0, s_1 \geqslant 0, s_2 \geqslant 0 \right\}.$$

因为 $(\widehat{x}, \widehat{s}) \in D_1$, $\|f(\widehat{x}) - f^*\|_\beta^\alpha = 1$ 且对所有的 $(x, s) \in D_1$,

$$\|f(x) - f^*\|_\beta^\alpha \geqslant \|f(\widehat{x}) - f^*\|_\beta^\alpha = 1,$$

所以 $(\widehat{x}, \widehat{s})$ 是 $(\text{SOP})_{r\alpha\beta\varepsilon}^-$ 的最优解. 然而, $\widehat{x}$ 不是多目标优化问题的有效解.

例 6.1.4 考虑例 6.1.3 中的多目标优化问题. 令

$$\delta = 0.1, \quad \widehat{x} = (2, 0), \quad \varepsilon = f(\widehat{x}) = (2, 0)$$

且

$$\alpha = 0, \quad \beta_1 = \frac{1}{2 + \delta}, \quad \beta_2 = \frac{1}{\delta}, \quad r_1 = 0, \quad r_2 = 1, \quad \widehat{s}_1 = \widehat{s}_2 = 0.$$

则可将 $(\text{SOP})_{r\alpha\beta\varepsilon}^-$ 表示为

$$\min_{(x,s) \in D_2} \left\{ \|f(x) - f^*\|_\beta^\alpha - s_2 \right\} = \min_{(x,s) \in D_2} \left\{ \max\left(\frac{1}{2 + \delta}(x_1 + \delta), \frac{1}{\delta}(x_2 + \delta) \right) - s_2 \right\},$$

其中, $(\text{SOP})_{r\alpha\beta\varepsilon}^-$ 的可行集为

$$D_2 = \left\{ (x, s) \mid 1 \leqslant x_1 \leqslant 2, x_2 = 0, s_1 \geqslant 0, s_2 = 0 \right\}.$$

可以验证, $(\widehat{x}, \widehat{s}) \in D_2$ 是 $(\text{SOP})_{r\alpha\beta\varepsilon}^-$ 的最优解且 $\widehat{x}$ 不是多目标优化问题的有效解.

定理 6.1.8　令 $\widehat{x} \in D$ 且 $\varepsilon = f(\widehat{x})$. 则 $\widehat{x} \in D$ 是 (MOP) 的有效解当且仅当存在 $-\dfrac{1}{2p} < \alpha < 0, \beta > 0, r \geqq 0, \widehat{s} \geqq 0$ 使得 $(\widehat{x}, \widehat{s})$ 是 $(\text{SOP})^-_{r\alpha\beta\varepsilon}$ 的最优解.

证明　先证必要性. 设 $\widehat{x} \in D$ 是 (MOP) 的有效解. 对任意的 $i = 1, 2, \cdots, p$, 令

$$\alpha = -\frac{1}{4p}, \quad \beta_i = \frac{1}{f_i(\widehat{x}) - f_i^*} > 0, \quad r_i = \widehat{s}_i = 0.$$

显然, $(\widehat{x}, \widehat{s})$ 是 $(\text{SOP})^-_{r\alpha\beta\varepsilon}$ 的可行解. 下面仅需证明 $(\widehat{x}, \widehat{s})$ 是 $(\text{SOP})^-_{r\alpha\beta\varepsilon}$ 的最优解. 若 $(\widehat{x}, \widehat{s})$ 不是 $(\text{SOP})^-_{r\alpha\beta\varepsilon}$ 的最优解, 则存在 $(\widetilde{x}, \widetilde{s})$, 使得对任意的 $i = 1, 2, \cdots, p$, $f_i(\widetilde{x}) \leqslant \varepsilon_i = f_i(\widehat{x})$ 且

$$\|f(\widetilde{x}) - f^*\|^\alpha_\beta < \|f(\widehat{x}) - f^*\|^\alpha_\beta. \tag{6.1.7}$$

故由 $\widehat{x}$ 的有效性可得 $f(\widetilde{x}) = f(\widehat{x})$. 因此

$$\|f(\widetilde{x}) - f^*\|^\alpha_\beta = \|f(\widehat{x}) - f^*\|^\alpha_\beta.$$

这与 (6.1.7) 矛盾. 因此, $(\widehat{x}, \widehat{s})$ 是 $(\text{SOP})^-_{r\alpha\beta\varepsilon}$ 的最优解.

下证充分性. 设 $(\widehat{x}, \widehat{s})$ 是 $(\text{SOP})^-_{r\alpha\beta\varepsilon}$ 的最优解. 假定 $\widehat{x}$ 不是 (MOP) 的有效解. 则存在 $\widetilde{x} \in D$, 使得对任意的 $i = 1, 2, \cdots, p$, $f_i(\widetilde{x}) \leqslant f_i(\widehat{x})$ 且存在 j 使得 $f_j(\widetilde{x}) < f_j(\widehat{x})$. 因此, $(\widetilde{x}, \widehat{s})$ 是 $(\text{SOP})^-_{r\alpha\beta\varepsilon}$ 的可行解. 由 f^* 的定义和引理 6.1.1 可得

$$\|f(\widetilde{x}) - f^*\|^\alpha_\beta = \max_{1 \leqslant i \leqslant p} \beta_i |(I_\alpha^{-1}(f(\widetilde{x}) - f^*)^{\mathrm{T}})_i| = \max_{1 \leqslant i \leqslant p} \beta_i \left(I_\alpha^{-1}(f(\widetilde{x}) - f^*)^{\mathrm{T}}\right)_i,$$

$$\|f(\widehat{x}) - f^*\|^\alpha_\beta = \max_{1 \leqslant i \leqslant p} \beta_i |(I_\alpha^{-1}(f(\widehat{x}) - f^*)^{\mathrm{T}})_i| = \max_{1 \leqslant i \leqslant p} \beta_i (I_\alpha^{-1}(f(\widehat{x}) - f^*)^{\mathrm{T}})_i.$$

令

$$\beta_k(I_\alpha^{-1}(f(\widetilde{x}) - f^*)^{\mathrm{T}})_k = \max_{1 \leqslant i \leqslant p} \beta_i(I_\alpha^{-1}(f(\widetilde{x}) - f^*)^{\mathrm{T}})_i,$$

$$\beta_l(I_\alpha^{-1}(f(\widehat{x}) - f^*)^{\mathrm{T}})_l = \max_{1 \leqslant i \leqslant p} \beta_i(I_\alpha^{-1}(f(\widehat{x}) - f^*)^{\mathrm{T}})_i.$$

此外, 由 f^* 的定义和引理 6.1.1 可得, 对任意的 i,

$$(I_\alpha^{-1})_{ki}(f_i(\widetilde{x}) - f_i^*) \leqslant (I_\alpha^{-1})_{ki}(f_i(\widehat{x}) - f_i^*), \quad \forall i \neq j,$$

$$(I_\alpha^{-1})_{kj}(f_j(\widetilde{x}) - f_j^*) < (I_\alpha^{-1})_{kj}(f_j(\widehat{x}) - f_j^*).$$

因此

$$\beta_l(I_\alpha^{-1}(f(\widehat{x}) - f^*)^{\mathrm{T}})_l \geqslant \beta_k(I_\alpha^{-1}(f(\widehat{x}) - f^*)^{\mathrm{T}})_k = \beta_k \sum_{i=1}^{p}(I_\alpha^{-1})_{ki}\,(f_i(\widehat{x}) - f_i^*)$$

$$> \beta_k \sum_{i=1}^{p}(I_\alpha^{-1})_{ki}\,(f_i(\widetilde{x}) - f_i^*) = \beta_k(I_\alpha^{-1}(f(\widetilde{x}) - f^*)^{\mathrm{T}})_k.$$

故 $\|f(\widetilde{x}) - f^*\|_\beta^\alpha < \|f(\widehat{x}) - f^*\|_\beta^\alpha$. 从而

$$\|f(\widetilde{x}) - f^*\|_\beta^\alpha - \sum_{i=1}^{p} r_i\widehat{s}_i < \|f(\widehat{x}) - f^*\|_\beta^\alpha - \sum_{i=1}^{p} r_i\widehat{s}_i.$$

这与假设条件矛盾. □

注 6.1.5 例 6.1.3 表明定理 6.1.8 中 α 的范围不能放松为 $-\dfrac{1}{2p} < \alpha \leqslant 0$; 例 6.1.4 说明即使将 r 的范围缩小至 $r \geqslant 0$, 定理 6.1.8 中 α 的范围也不能放宽为 $-\dfrac{1}{2p} < \alpha \leqslant 0$.

定理 6.1.9 令 $\widehat{x} \in D$ 且 $\varepsilon = (U_1, U_2, \cdots, U_p)$. 则 $\widehat{x} \in D$ 是 (MOP) 的 Geoffrion-真有效解当且仅当存在 $-\dfrac{1}{2p} < \alpha < 0, \beta > 0, r \geqq 0, \widehat{s} \geqq 0$ 满足 $r_i\widehat{s}_i = 0$ 使得 $(\widehat{x}, \widehat{s})$ 是 $(\mathrm{SOP})_{r\alpha\beta\varepsilon}^-$ 的最优解.

证明 先证必要性. 设 $\widehat{x} \in D$ 是 (MOP) 的 Geoffrion-真有效解且对任意的 $i = 1, 2, \cdots, p$, 令 $r_i = \widehat{s}_i = 0$. 则可将 $(\mathrm{SOP})_{r\alpha\beta\varepsilon}^-$ 写为

$$\min_{x \in X} \|f(x) - f^*\|_\beta^\alpha. \tag{6.1.8}$$

因为 $\widehat{x}$ 是 (MOP) 的 Geoffrion-真有效解, 所以由文献 [122] 中的定理 3.1 可知, 存在 $-\dfrac{1}{2p} < \alpha < 0$ 和 $\beta > 0$ 使得 $\widehat{x}$ 是 (6.1.8) 的最优解. 因此, $(\widehat{x}, \widehat{s})$ 是 $(\mathrm{SOP})_{r\alpha\beta\varepsilon}^-$ 的最优解.

下证充分性. 类似于定理 6.1.8 的充分性的证明易知, $\widehat{x} \in D$ 是 (MOP) 的有效解. 下证存在正数 $M > 0$ 使得对任意满足 $f_i(x) < f_i(\widehat{x})$ 的 i 和 $x \in D$, 至少存在一个 j 使得 $f_j(\widehat{x}) < f_j(x)$ 且

$$\frac{f_i(\widehat{x}) - f_i(x)}{f_j(x) - f_j(\widehat{x})} \leqslant M.$$

假定 $f_k(\bar{x}) < f_k(\hat{x})$. 令

$$\hat{\theta}_j - \overline{\theta}_j = \min_{1 \leqslant i \leqslant p} \left(\hat{\theta}_i - \overline{\theta}_i \right),$$

其中

$$\hat{\theta}_i = \left(I_\alpha^{-1}(f(\hat{x}) - f^*)^{\mathrm{T}} \right)_i, \quad \overline{\theta}_i = \left(I_\alpha^{-1}(f(\bar{x}) - f^*)^{\mathrm{T}} \right)_i, \quad i = 1, 2, \cdots, p.$$

则 $\hat{\theta}_j - \overline{\theta}_j \leqslant 0$. 若不然, 对任意的 $i = 1, 2, \cdots, p, \hat{\theta}_i - \overline{\theta}_i > 0$, 则

$$\|f(\hat{x}) - f^*\|_\alpha^\beta = \max_{1 \leqslant i \leqslant p} \beta_i \hat{\theta}_i > \max_{1 \leqslant i \leqslant p} \beta_i \overline{\theta}_i = \|f(\bar{x}) - f^*\|_\alpha^\beta.$$

从而

$$\|f(\hat{x}) - f^*\|_\alpha^\beta - \sum_{i=1}^{p} r_i \hat{s}_i > \|f(\bar{x}) - f^*\|_\alpha^\beta.$$

这与 $(\hat{x}, \hat{s})$ 的最优性矛盾. 故

$$\hat{\theta}_j - \overline{\theta}_j \leqslant 0, \quad f_j(\bar{x}) > f_j(\hat{x}).$$

余下的证明与文献 [122] 中的定理 3.1 类似. □

定理 6.1.10 令 $\hat{x} \in D$ 且 $\varepsilon = f(\hat{x})$. 若 $\hat{x} \in D$ 是 (MOP) 的 Geoffrion-真有效解, 则 $-\dfrac{1}{2p} < \alpha < 0, \beta > 0, r > 0, \hat{s} \geqq 0$ 使得 $(\hat{x}, \hat{s})$ 是 $(\mathrm{SOP})_{r\alpha\beta\varepsilon}^-$ 的最优解.

证明 设 $\hat{x} \in D$ 是 (MOP) 的 Geoffrion-真有效解. 对任意的 $i = 1, 2, \cdots, p$, 令

$$-\frac{1}{2p} < \alpha < 0, \quad \beta_i = \frac{1}{f_i(\hat{x}) - f_i^*} > 0, \quad r_i = 1, \quad \hat{s}_i = 0.$$

因为 $\hat{x} \in D$ 是 (MOP) Geoffrion-真有效解, 所以 $\hat{x} \in D$ 必是 (MOP) 的有效解. 显然, $(\hat{x}, \hat{s})$ 是 $(\mathrm{SOP})_{r\alpha\beta\varepsilon}^-$ 的可行解. 下面仅需证明 $(\hat{x}, \hat{s})$ 的最优性. 反证法. 假定存在 $(\tilde{x}, \tilde{s})$, 使得对所有的 $i = 1, 2, \cdots, p$,

$$f_i(\tilde{x}) + \tilde{s}_i \leqslant \varepsilon_i = f_i(\hat{x}), \quad \tilde{s}_i \geqslant 0, \quad \tilde{x} \in D$$

且

$$\|f(\tilde{x}) - f^*\|_\beta^\alpha - \sum_{i=1}^{p} \tilde{s}_i < \|f(\hat{x}) - f^*\|_\beta^\alpha. \tag{6.1.9}$$

则由 $\widetilde{s}_i \geqslant 0$ 可得 $f_i(\widetilde{x}) \leqslant f_i(\widehat{x})$. 因此, 由 $\widehat{x}$ 的有效性可知, 对任意的 $i = 1, 2, \cdots, p$,

$$f_i(\widetilde{x}) = f_i(\widehat{x}).$$

故对任意的 $i = 1, 2, \cdots, p$, $\widetilde{s}_i = 0$. 因而

$$\|f(\widetilde{x}) - f^*\|_\beta^\alpha - \sum_{i=1}^p \widetilde{s}_i = \|f(\widehat{x}) - f^*\|_\beta^\alpha.$$

这与 (6.1.9) 矛盾. 因此, $(\widehat{x}, \widehat{s})$ 是 $(\text{SOP})_{r\alpha\beta\varepsilon}^-$ 的最优解. $\qquad\square$

注 6.1.6 定理 6.1.10 的逆不一定成立.

例 6.1.5 考虑如下多目标优化问题:

$$\begin{aligned}(\text{MOP}) \quad &\min \quad f(x) = (f_1(x), f_2(x)) \\ &\text{s.t.} \quad x \in D = [-3, 4],\end{aligned}$$

其中

$$f_1(x) = \begin{cases} x, & x \in [-3, 1], \\ 1, & x \in (1, 2), \\ x - 1, & x \in [2, 3], \\ 2, & x \in (3, 4], \end{cases} \qquad f_2(x) = \begin{cases} (1-x)^2, & x \in [-3, 1) \cup (3, 4], \\ 0, & x \in [1, 3]. \end{cases}$$

由图 6.2 和解的定义可知, (MOP) 的弱有效解集、有效解集和 Geoffrion-真有效解集分别为 $[-3, 3]$, $[-3, 2]$ 和 $[-3, 1)$. 此外

$$U_1 = 2, \quad U_2 = 16, \quad f_1^* = -3 - \delta, \quad f_2^* = -\delta.$$

对任意的 $i = 1, 2$, 令 $\widehat{x} = 2, \varepsilon_i = f_i(\widehat{x}), \widehat{s}_i = 0, \alpha = 0$ 且

$$\beta_1 = r_1 = \frac{1}{f_1(\widehat{x}) - f_1^*} = \frac{1}{4 + \delta}, \quad \beta_2 = r_2 = \frac{1}{f_2(\widehat{x}) - f_2^*} = \frac{1}{\delta}.$$

则标量化问题可表示为

$$\begin{aligned}(\text{SOP})_{r\alpha\beta\varepsilon} \quad &\min \quad \|f(x) - f^*\|_\beta^\alpha - \frac{1}{4+\delta}s_1 - \frac{1}{\delta}s_2 \\ &\text{s.t.} \quad \begin{cases} f_1(x) + \dfrac{1}{4+\delta}s_1 \leqslant f_1(\widehat{x}) = 1, \\[2mm] f_2(x) + \dfrac{1}{\delta}s_2 \leqslant f_2(\widehat{x}) = 0, \\[2mm] x \in D, \quad s_i \geqslant 0, \quad 1 \leqslant i \leqslant 2. \end{cases}\end{aligned}$$

由 $f_1(x)$ 和 $f_2(x)$ 的定义可知, $s_1 = s_2 = 0$, $(\text{SOP})_{r\alpha\beta\varepsilon}$ 的可行域是 $[1,2]$ 且 $(\text{SOP})_{r\alpha\beta\varepsilon}$ 可等价地写成

$$(\text{SOP})_{r\alpha\beta\varepsilon} \qquad \min \quad \|f(x) - f^*\|_\beta^\alpha$$

$$\text{s.t.} \quad \begin{cases} f_1(x) \leqslant f_1(\widehat{x}) = 1, \\ f_2(x) \leqslant f_2(\widehat{x}) = 0, \\ x \in D, \quad s_i = 0 \geqslant 0, \quad 1 \leqslant i \leqslant 2. \end{cases}$$

下面验证 $(2, 0, 0)$ 是上述标量化问题的最优解. 因为

$$\beta_1(f_1(\widehat{x}) - f_1^*) = \beta_2(f_2(\widehat{x}) - f_2^*) = 1,$$

所以 $\|f(\widehat{x}) - f^*\|_\beta^\alpha = 1$. 此外, 对任意的 $x \in [1, 2]$,

$$f_1(x) = f_1(\widehat{x}) = 1, \quad f_2(x) = f_2(\widehat{x}) = 0.$$

故对任意的 $x \in [1, 2]$, $\|f(x) - f^*\|_\beta^\alpha = \|f(\widehat{x}) - f^*\|_\beta^\alpha = 1$. 故 $(\widehat{x}, \widehat{s}) = (2, 0, 0)$ 是 $(\text{SOP})_{r\alpha\beta\varepsilon}$ 的最优解, 但 $\widehat{x}$ 不是 (MOP) 的 Geoffrion-真有效解.

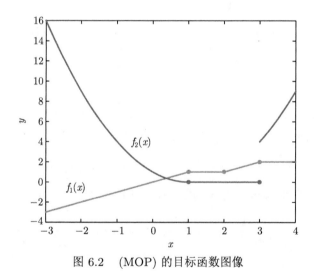

图 6.2　(MOP) 的目标函数图像

注 6.1.7　(i) 注意到定理 6.1.6 中参数 ε 的范围可以放松为 $\varepsilon \geqq f(\widehat{x})$. 一方面, 若 $\varepsilon \geqq f(\widehat{x})$, 则充分性显然成立. 另一方面, 由必要性的证明过程可知, 在其他参数不变的情形下, ε 的不同取值确定了 $(\text{SOP})_{r\alpha\beta\varepsilon}^-$ 的不同可行域.

(ii) 为了保证定理 6.1.7 $\sim$ 定理 6.1.9 中 $(\widehat{x}, \widehat{s})$ 是 $(\text{SOP})_{r\alpha\beta\varepsilon}^-$ 的可行解, ε 的范围至少可以放宽至 $\varepsilon \geqq f(\widehat{x})$. 但保证定理 6.1.7 $\sim$ 定理 6.1.9 成立的更精确的 ε 范围仍有待研究.

上面建立的标量化结果可用于判定给定 (MOP) 的可行解是否是弱有效解、有效解或 Geoffrion-真有效解.

例 6.1.6 考虑例 6.1.5 中的多目标优化问题.

(i) 对任意的 $i = 1, 2$, 令

$$\widehat{x} = 3, \quad \alpha = 0, \quad \beta_1 = \frac{\delta}{2(5 + \delta)}, \quad \beta_2 = 1, \quad \varepsilon_i = U_i, \quad r_i = \widehat{s}_i = 0.$$

则可将 $(\mathrm{SOP})_{r\alpha\beta\varepsilon}^-$ 表示为

$$(\mathrm{SOP})_{r\alpha\beta\varepsilon} \quad \min \quad \|f(x) - f^*\|_\beta^\alpha$$

$$\mathrm{s.t.} \quad \begin{cases} f_i(x) \leqslant U_i, \\ x \in D, \quad s_i \geqslant 0, \quad 1 \leqslant i \leqslant 2. \end{cases}$$

显然, $x \in [-3, 4]$. 下面验证 $(3, 0, 0)$ 是上述标量化问题的最优解. 因为 $\beta_1(f_1(\widehat{x}) - f_1^*) = \frac{\delta}{2}, \beta_2(f_2(\widehat{x}) - f_2^*) = \delta$, 所以 $\|f(\widehat{x}) - f^*\|_\beta^\alpha = \delta$. 此外, 因为

$$\beta_1(f_1(x) - f_1^*) = \begin{cases} \dfrac{\delta}{2(5 + \delta)}(x + 3 + \delta), & x \in [-3, 1], \\[2mm] \dfrac{\delta}{2(5 + \delta)}(1 + 3 + \delta), & x \in (1, 2), \\[2mm] \dfrac{\delta}{2(5 + \delta)}(x + 2 + \delta), & x \in [2, 3], \\[2mm] \dfrac{\delta}{2}, & x \in (3, 4], \end{cases}$$

$$\beta_2(f_2(x) - f_2^*) = \begin{cases} (1 - x)^2 + \delta, & x \in [-3, 1) \cup (3, 4], \\[2mm] \delta, & x \in [1, 3], \end{cases}$$

所以对任意的 $x \in [-3, 4]$,

$$\beta_1(f_1(x) - f_1^*) \leqslant \frac{\delta}{2} < \delta \leqslant \beta_2(f_2(x) - f_2^*)$$

且对任意的 $x \in [-3, 4]$,

$$\|f(x) - f^*\|_\beta^\alpha \geqslant \delta.$$

因此, $(\widehat{x}, \widehat{s}) = (3, 0, 0)$ 是 $(\mathrm{SOP})_{r\alpha\beta\varepsilon}$ 的最优解且 $\widehat{x}$ 是 (MOP) 的弱有效解.

(ii) 令 $\widehat{x} = 1.5$, $\varepsilon_i = f_i(\widehat{x})$, $\widehat{s}_i = 0$, $i = 1, 2$, $\alpha = 0$ 且

$$\beta_1 = r_1 = \frac{1}{f_1(\widehat{x}) - f_1^*} = \frac{1}{4 + \delta}, \quad \beta_2 = r_2 = \frac{1}{f_2(\widehat{x}) - f_2^*} = \frac{1}{\delta}.$$

则标量化问题可表示为

$$(\text{SOP})_{r\alpha\beta\varepsilon} \quad \min \quad \|f(x) - f^*\|_\beta^\alpha - \frac{1}{4+\delta}s_1 - \frac{1}{\delta}s_2$$

$$\text{s.t.} \quad \begin{cases} f_1(x) + \dfrac{1}{4+\delta}s_1 \leqslant f_1(\widehat{x}) = 1, \\[2mm] f_2(x) + \dfrac{1}{\delta}s_2 \leqslant f_2(\widehat{x}) = 0, \\[2mm] x \in D, \quad s_i \geqslant 0, \quad 1 \leqslant i \leqslant 2. \end{cases}$$

类似于例 6.1.5 的计算可知, $(\widehat{x}, \widehat{s}) = (1.5, 0, 0)$ 是 $(\text{SOP})_{r\alpha\beta\varepsilon}$ 的最优解且 $\widehat{x}$ 是 (MOP) 的有效解.

(iii) 令 $\widehat{x} = -3$, $\varepsilon_i = U_i$, $r_i = \widehat{s}_i = 0$, $i = 1, 2$ 且

$$\alpha = -\frac{1}{8}, \quad \beta_1 = \frac{63}{8(9\delta + 16)}, \quad \beta_2 = \frac{63}{8(9\delta + 128)}.$$

则

$$(I_\alpha^{-1})_{11} = (I_\alpha^{-1})_{22} = \frac{64}{63}, \quad (I_\alpha^{-1})_{12} = (I_\alpha^{-1})_{21} = \frac{8}{63}.$$

此外, 标量化问题可以表示为

$$(\text{SOP})_{r\alpha\beta\varepsilon} \quad \min \quad \|f(x) - f^*\|_\beta^\alpha$$

$$\text{s.t.} \quad \begin{cases} f_i(x) \leqslant U_i, \\ x \in D, \quad s_i \geqslant 0, \quad 1 \leqslant i \leqslant 2, \end{cases}$$

并且 $(\text{SOP})_{r\alpha\beta\varepsilon}$ 的可行域为 $[-3, 4]$. 下面验证 $(-3, 0, 0)$ 是 $(\text{SOP})_{r\alpha\beta\varepsilon}$ 的最优解. 因为

$$\beta_i((I_\alpha^{-1})_{i1}(f_1(\widehat{x}) - f_1^*) + (I_\alpha^{-1})_{i2}(f_2(\widehat{x}) - f_2^*)) = 1, \quad i = 1, 2,$$

所以 $\|f(\widehat{x}) - f^*\|_\beta^\alpha = 1$. 此外, 由

$$\beta_1(I_\alpha^{-1}(f(x) - f^*)^{\text{T}})_1 = \frac{8f_1(x) + f_2(x) + 24 + 9\delta}{9\delta + 16},$$

$$\beta_2(I_\alpha^{-1}(f(x) - f^*)^{\text{T}})_2 = \frac{f_1(x) + 8f_2(x) + 3 + 9\delta}{9\delta + 128}$$

和

$$\frac{8f_1(x) + f_2(x) + 24 + 9\delta}{9\delta + 16} = \begin{cases} \dfrac{x^2 + 6x + 25 + 9\delta}{9\delta + 16}, & x \in [-3, 1], \\[2mm] 1 + \dfrac{16}{9\delta + 16}, & x \in (1, 2), \\[2mm] 1 + \dfrac{8x}{9\delta + 16}, & x \in [2, 3], \\[2mm] \dfrac{x^2 - 2x + 41 + 9\delta}{9\delta + 16}, & x \in (3, 4], \end{cases}$$

$$\frac{f_1(x) + 8f_2(x) + 3 + 9\delta}{9\delta + 128} = \begin{cases} \dfrac{8x^2 - 15x + 11 + 9\delta}{9\delta + 128}, & x \in [-3, 1], \\[2mm] \dfrac{4 + 9\delta}{9\delta + 128}, & x \in (1, 2), \\[2mm] \dfrac{x + 2 + 9\delta}{9\delta + 128}, & x \in [2, 3], \\[2mm] \dfrac{8(1 - x)^2 + 5 + 9\delta}{9\delta + 128}, & x \in (3, 4], \end{cases}$$

可知

$$\beta_1 (I_\alpha^{-1} (f(x) - f^*)^{\mathrm{T}})_1 \geqslant 1 \geqslant \beta_2 (I_\alpha^{-1} (f(x) - f^*)^{\mathrm{T}})_2, \quad \forall x \in [-3, 4],$$

即

$$\|f(x) - f^*\|_\beta^\alpha \geqslant 1, \quad \forall x \in [-3, 4].$$

因此, $(\widehat{x}, \widehat{s}) = (-3, 0, 0)$ 是 $(\mathrm{SOP})_{r\alpha\beta\varepsilon}$ 的最优解且 $\widehat{x}$ 是 (MOP) 的 Geoffrion-真有效解.

6.1.4 具剩余变量约束广义 Tchebycheff 标量化

本节通过对目标函数和约束函数引入剩余变量, 并基于广义 Tchebycheff 范数提出多目标优化问题一类新的组合标量化方法——带剩余变量的广义 Tchebycheff 标量化方法. 进而通过调节标量化模型中的参数范围建立多目标优化问题弱有效解、有效解、严有效解和 Geoffrion-真有效解的一些等价标量化结果.

考虑如下具剩余变量约束广义 Tchebycheff 标量化问题:

$$(\mathrm{SOP})_{\alpha\beta\gamma\mu}^+ \quad \min \quad \|f(x) - f^*\|_\beta^\alpha + \sum_{i=1}^p \mu_i s_i$$

$$\text{s.t.} \quad \begin{cases} f_i(x) - \mu_i s_i \leqslant \gamma_i, & i = 1, 2, \cdots, p, \\ x \in D, \quad s_i \geqslant 0, & i = 1, 2, \cdots, p, \end{cases}$$

其中

$$\alpha \in \mathbb{R}, \quad \beta = (\beta_1, \beta_2, \cdots, \beta_p) \in \mathbb{R}_{++}^p,$$

$$\mu = (\mu_1, \mu_2, \cdots, \mu_p) \in \mathbb{R}_+^p, \quad \gamma = (\gamma_1, \gamma_2, \cdots, \gamma_p) \in \mathbb{R}^p.$$

下面基于 $(SOP)_{\alpha\beta\gamma\mu}^+$ 建立 (MOP) 弱有效解、有效解、严有效解、Geoffrion-真有效解的等价标量化结果.

定理 6.1.11　假定 $\widehat{x} \in D$, $\widehat{s} \geqq 0$, $-\dfrac{1}{2p} < \alpha \leqslant 0$, $\beta \in \mathbb{R}_{++}^p$, $\mu \in \mathbb{R}_+^p$ 且 $\gamma \in \mathbb{R}^p$. 若 $(\widehat{x}, \widehat{s})$ 是 $(SOP)_{\alpha\beta\gamma\mu}^+$ 的最优解, 则 $\widehat{x}$ 是 (MOP) 的弱有效解.

证明　反证法. 假定 $\widehat{x} \in D$ 不是 (MOP) 的弱有效解. 则由弱有效解的定义可知, 存在 $\widetilde{x} \in D$ 使得 $f(\widetilde{x}) < f(\widehat{x})$. 从而由 $(\widehat{x}, \widehat{s})$ 是 $(SOP)_{\alpha\beta\gamma\mu}^+$ 的最优解可得

$$f_i(\widetilde{x}) - \mu_i \widehat{s}_i < f_i(\widehat{x}) - \mu_i \widehat{s}_i \leqslant \gamma_i, \quad i = 1, 2, \cdots, p.$$

此外, 由 $\beta \in \mathbb{R}_{++}^p$ 和引理 6.1.1 可得

$$\|f(\widetilde{x}) - f^*\|_\beta^\alpha + \sum_{i=1}^p \mu_i \widehat{s}_i = \max_{1 \leqslant i \leqslant p} \beta_i (I_\alpha^{-1}(f(\widetilde{x}) - f^*)^\mathrm{T})_i + \sum_{i=1}^p \mu_i \widehat{s}_i$$

$$< \max_{1 \leqslant i \leqslant p} \beta_i (I_\alpha^{-1}(f(\widehat{x}) - f^*)^\mathrm{T})_i + \sum_{i=1}^p \mu_i \widehat{s}_i$$

$$= \|f(\widehat{x}) - f^*\|_\beta^\alpha + \sum_{i=1}^p \mu_i \widehat{s}_i.$$

故 $(\widetilde{x}, \widehat{s})$ 是 $(SOP)_{\alpha\beta\gamma\mu}^+$ 的可行解且目标函数值小于 $(\widehat{x}, \widehat{s})$ 对应的目标函数值. 这与 $(\widehat{x}, \widehat{s})$ 是 $(SOP)_{\alpha\beta\gamma\mu}^+$ 的最优解矛盾. □

定理 6.1.12　假设 $\widehat{x} \in D$, $\mu \in \mathbb{R}_+^p$ 且 $\gamma \geqq f(\widehat{x})$. 则 $\widehat{x}$ 是 (MOP) 的弱有效解当且仅当存在 $-\dfrac{1}{2p} < \alpha \leqslant 0$, $\beta \in \mathbb{R}_{++}^p$ 和 $\widehat{s} \geqq 0$ 使得 $(\widehat{x}, \widehat{s})$ 是 $(SOP)_{\alpha\beta\gamma\mu}^+$ 的最优解.

证明　先证必要性. 令

$$\alpha = 0, \quad \widehat{s}_i = 0, \quad \beta_i = \frac{1}{f_i(\widehat{x}) - f_i^*}, \quad i = 1, 2, \cdots, p.$$

反证法. 假设 $(\widehat{x}, \widehat{s})$ 不是 $(SOP)_{\alpha\beta\gamma\mu}^+$ 的最优解, 则存在 $\widetilde{x} \in D$ 和 $\widetilde{s} = (\widetilde{s}_1, \widetilde{s}_2, \cdots, \widetilde{s}_p) \geqq 0$ 使得

$$\|f(\widetilde{x}) - f^*\|_\beta^\alpha + \sum_{i=1}^p \mu_i \widetilde{s}_i < \|f(\widehat{x}) - f^*\|_\beta^\alpha.$$

从而有

$$\|f(\widetilde{x}) - f^*\|_\beta^\alpha < \|f(\widehat{x}) - f^*\|_\beta^\alpha.$$

故

$$f_i(\widetilde{x}) - f_i^* < f_i(\widehat{x}) - f_i^*, \quad i = 1, 2, \cdots, p,$$

这与 $\widehat{x}$ 的弱有效性矛盾. 因此, $(\widehat{x}, \widehat{s})$ 是 $(\mathrm{SOP})_{\alpha\beta\gamma\mu}^+$ 的最优解.

充分性. 由定理 6.1.11 易知充分性显然成立. □

注 6.1.8 若将定理 6.1.12 中的假设条件 $\gamma \geqq f(\widehat{x})$ 放松到 $\gamma \in \mathbb{R}^p$ 情形或将其替换为假设条件 $\gamma \leqslant f(\widehat{x})$, 则即使对于凸多目标优化问题, 结论也不一定正确.

例 6.1.7 考虑如下双目标优化问题:

$$\min \quad f(x) = (f_1(x), f_2(x)) = (x_1, x_2)$$
$$\mathrm{s.t.} \quad x \in D = \left\{ (x_1, x_2) \in \mathbb{R}^2 | x_1 = 1, 1 \leqslant x_2 \leqslant 2 \right\}.$$

显然, (MOP) 是凸多目标优化问题且其弱有效解集为 D. 令

$$\delta = 0.1, \quad \widehat{x} = (1, 2), \quad \widetilde{x} = (1, 1), \quad \gamma = (1, 1).$$

显然, $f(\widetilde{x}) \leqslant f(\widehat{x})$, $f_1^* = f_2^* = 0.9$. 故利用引理 6.1.1 可得, 对任意的

$$\alpha \in \left(-\frac{1}{2p}, 0 \right], \quad \beta \in \mathbb{R}_{++}^p,$$

有

$$\|f(\widetilde{x}) - f^*\|_\beta^\alpha \leqslant \|f(\widehat{x}) - f^*\|_\beta^\alpha.$$

此外, 令 $\mu \in \mathbb{R}_+^p$ 和

$$D(\widehat{x}) = \{ (\widehat{x}, s) \in \{\widehat{x}\} \times \mathbb{R}^2 | f_i(\widehat{x}) - \mu_i s_i \leqslant \gamma_i, s_i \geqslant 0, i = 1, 2 \},$$

即 $D(\widehat{x})$ 是 $(\mathrm{SOP})_{\alpha\beta\gamma\mu}^+$ 关于 $\widehat{x}$ 的可行集. 若 $\mu_2 = 0$, 则 $D(\widehat{x}) = \varnothing$, 且容易验证不存在 $\alpha \in \left(-\frac{1}{2p}, 0 \right]$, $\beta \in \mathbb{R}_{++}^p$ 和 $\widehat{s} \geqslant 0$ 使得 $(\widehat{x}, \widehat{s})$ 是 $(\mathrm{SOP})_{\alpha\beta\gamma\mu}^+$ 的最优解. 因此, 我们假设 $\mu_2 > 0$. 从而对任意的 $(\widehat{x}, \widehat{s}) \in S(\widehat{x})$ 均有 $\widehat{s}_2 > 0$. 故对任意的 $(\widehat{x}, \widehat{s}) \in S(\widehat{x})$,

$$\|f(\widetilde{x}) - f^*\|_\beta^\alpha < \|f(\widehat{x}) - f^*\|_\beta^\alpha + \mu_1 \widehat{s}_1 + \mu_2 \widehat{s}_2.$$

此外, $(\widetilde{x}, 0)$ 是 $(\mathrm{SOP})_{\alpha\beta\gamma\mu}^+$ 的可行解, 则 $(\widehat{x}, \widehat{s})$ 不是 $(\mathrm{SOP})_{\alpha\beta\gamma\mu}^+$ 的最优解. 进一步, 由 $(\widehat{x}, \widehat{s})$, α 和 β 的任意性可知, 不存在 $\alpha \in \left(-\frac{1}{2p}, 0 \right]$, $\beta \in \mathbb{R}_{++}^p$ 和 $(\widehat{x}, \widehat{s}) \in S(\widehat{x})$ 使得 $(\widehat{x}, \widehat{s})$ 是 $(\mathrm{SOP})_{\alpha\beta\gamma\mu}^+$ 关于 $\mu \in \mathbb{R}_+^p$ 的最优解.

注 6.1.9　即使对凸多目标优化问题, 定理 6.1.12 中的假设条件 $\gamma \geq f(\widehat{x})$ 也不能放松到以下情形: $\gamma \in \mathbb{R}^p$ 满足存在 i 使得 $\gamma_i < f_i(\widehat{x})$.

例 6.1.8　考虑如下双目标优化问题:

$$\min \quad f(x) = (f_1(x), f_2(x)) = (x_1, x_2)$$
$$\text{s.t.} \quad x \in D = \big\{(x_1, x_2) \in \mathbb{R}^2 | 1 \leqslant x_1 \leqslant 2, 1 \leqslant x_2 \leqslant 2\big\}.$$

显然, 该双目标优化问题是凸多目标优化模型且由弱有效解定义和图 6.3 可知, (MOP) 的弱有效解集为

$$\{(x_1, x_2) \in \mathbb{R}^2 | x_1 = 1, 1 \leqslant x_2 \leqslant 2\} \cup \{(x_1, x_2) \in \mathbb{R}^2 | 1 \leqslant x_1 \leqslant 2, x_2 = 1\}.$$

令

$$\delta = 0.1, \quad \widehat{x} = (1, 2), \quad \widetilde{x} = (1, 1), \quad \gamma = (2, 1).$$

类似于例 6.1.7 的分析可知, 不存在 $\alpha \in \left(-\dfrac{1}{2p}, 0\right]$, $\beta \in \mathbb{R}^p_{++}$ 和 $\widehat{s} \geqq 0$ 使得 $(\widehat{x}, \widehat{s})$ 是 $(\text{SOP})^+_{\alpha\beta\gamma\mu}$ 关于 $\mu \in \mathbb{R}^p_+$ 的最优解.

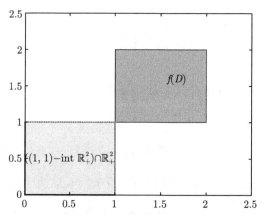

图 6.3　(MOP) 函数图像与序锥在非负象限的关系

注 6.1.10　由注 6.1.8、例 6.1.7、注 6.1.9 和例 6.1.8 可知, 假设条件 $\gamma \geq f(\widehat{x})$ 在定理 6.1.12 中非常重要. 然而, 这一假设条件对于定理 6.1.11 来说却不是必需的. 例如, 考虑例 6.1.8 中的多目标优化问题, 令

$$\delta = 0.1, \quad \widehat{x} = (2, 1), \quad \gamma = (2, 0.5), \quad \alpha = 0, \quad \beta_i = \frac{1}{f_i(\widehat{x}) - f_i^*},$$

$$\mu = (1, 1), \quad \widehat{s} = (0, 0.5).$$

则可以验证 $(\widehat{x}, \widehat{s})$ 是 $(\text{SOP})^+_{\alpha\beta\gamma\mu}$ 的最优解且 $\widehat{x}$ 是 (MOP) 的弱有效解.

事实上, 若 (MOP) 存在绝对最优解 $x^I \in D$, 则有 (MOP) 弱有效解的如下标量化结果.

定理 6.1.13 假设 $\widehat{x} \in D$. 若 (MOP) 在 D 中存在绝对最优解 x^I, 则 $\widehat{x}$ 是 (MOP) 的弱有效解当且仅当存在 $-\dfrac{1}{2p} < \alpha \leqslant 0, \beta \in \mathbb{R}^p_{++}, \mu \in \mathbb{R}^p_+ \backslash \{0\}, \gamma \leqq f(\widehat{x})$ 满足对某个 i, $\gamma_i < f_i(\widehat{x})$ 或 $\gamma_i = 0$ 以及 $\widehat{s} \geqslant 0$ 使得 $(\widehat{x}, \widehat{s})$ 是 $(\text{SOP})^+_{\alpha\beta\gamma\mu}$ 的最优解.

证明 先证必要性. 假定 $\widehat{x}$ 是 (MOP) 的弱有效解且令

$$I = \left\{ i \mid f_i(\widehat{x}) = f_i\left(x^I\right) \right\}.$$

则由 $\widehat{x}$ 是 (MOP) 的弱有效解可得 $I \neq \varnothing$. 对 $i = 1, 2, \cdots, p$, 取

$$\alpha = 0, \quad \beta_i = \frac{1}{f_i(\widehat{x}) - f_i^*}, \quad \mu_i = \rho_i,$$

$$\gamma_i = \begin{cases} \min\left\{ \dfrac{f_i(\widehat{x})}{2}, 2f_i(\widehat{x}) \right\}, & i \in I, \\ f_i(\widehat{x}), & i \notin I, \end{cases} \qquad \widehat{s}_i = \begin{cases} \dfrac{f_i(\widehat{x}) - \gamma_i}{\mu_i}, & i \in I, \\ 0, & i \notin I, \end{cases}$$

其中 $\rho = (\rho_1, \rho_2, \cdots, \rho_p) \in \mathbb{R}^p_+ \backslash \{0\}$ 且对所有的 $i \in I$, $\rho_i > 0$. 显然

$$-\frac{1}{2p} < \alpha \leqslant 0, \quad \beta \in \mathbb{R}^p_{++}, \quad \mu \in \mathbb{R}^p_+ \backslash \{0\}.$$

$\gamma \leqq f(\widehat{x})$ 满足对某个 i, $\gamma_i < f_i(\widehat{x})$ 或 $\gamma_i = 0$, $\widehat{s} \geqslant 0$ 且 $(\widehat{x}, \widehat{s})$ 是 $(\text{SOP})^+_{\alpha\beta\gamma\mu}$ 的可行解. 若 $(\widehat{x}, \widehat{s})$ 不是 $(\text{SOP})^+_{\alpha\beta\gamma\mu}$ 的最优解, 则存在 $\widetilde{x} \in D$ 和 $\widetilde{s} = (\widetilde{s}_1, \widetilde{s}_2, \cdots, \widetilde{s}_p) \geqq 0$ 使得 $(\widetilde{x}, \widetilde{s})$ 是可行的且

$$\|f(\widetilde{x}) - f^*\|^\alpha_\beta + \sum_{i=1}^p \mu_i \widetilde{s}_i < \|f(\widehat{x}) - f^*\|^\alpha_\beta + \sum_{i=1}^p \mu_i \widehat{s}_i$$

$$= \|f(\widehat{x}) - f^*\|^\alpha_\beta + \sum_{i \in I}(f_i(\widehat{x}) - \gamma_i).$$

因为 $(\widetilde{x}, \widetilde{s})$ 是可行的, 所以 $f_i(\widetilde{x}) - \mu_i \widetilde{s}_i \leqslant \gamma_i, i = 1, 2, \cdots, p$. 从而由 I 的定义可知

$$\mu_i \widetilde{s}_i \geqslant f_i(\widetilde{x}) - \gamma_i \geqslant f_i(\widehat{x}) - \gamma_i, \quad i \in I.$$

因此, 由 $\mu_i \geqslant 0$ 和 $\widetilde{s}_i \geqslant 0$ 可得

$$\sum_{i=1}^{p} \mu_i \widetilde{s}_i \geqslant \sum_{i \in I}(f_i(\widehat{x}) - \gamma_i).$$

故

$$\|f(\widetilde{x}) - f^*\|_\beta^\alpha + \sum_{i \in I}(f_i(\widehat{x}) - \gamma_i) \leqslant \|f(\widetilde{x}) - f^*\|_\beta^\alpha + \sum_{i=1}^{p} \mu_i \widetilde{s}_i$$

$$< \|f(\widehat{x}) - f^*\|_\beta^\alpha + \sum_{i \in I}(f_i(\widehat{x}) - \gamma_i).$$

所以

$$\|f(\widetilde{x}) - f^*\|_\beta^\alpha < \|f(\widehat{x}) - f^*\|_\beta^\alpha.$$

进而有

$$f_i(\widetilde{x}) - f_i^* < f_i(\widehat{x}) - f_i^*, \quad i = 1, 2, \cdots, p,$$

但这与 $\widehat{x}$ 的弱有效性矛盾. 因此, $(\widehat{x}, \widehat{s})$ 是 $(\text{SOP})_{\alpha\beta\gamma\mu}^+$ 的最优解.

下证充分性. 事实上, 由定理 6.1.11 易知充分性成立.　　　　　　□

注 6.1.11　由定理 6.1.13 的证明过程可获得如下更一般的结果:

令 $\widehat{x} \in D$. 假设 D 中存在绝对最优解 x^I, $I = \{i | f_i(\widehat{x}) = f_i(x^I)\}$, $\gamma \leqq f(\widehat{x})$ 满足 $\gamma_i = f_i(\widehat{x})(i \notin I)$, $\gamma_i < f_i(\widehat{x})$ 或 $\gamma_i = 0$ $(i \in I)$ 且 $\mu \in \mathbb{R}_+^p \backslash \{0\}$, 其中 $\mu_i > 0 (i \in I)$. 则 $\widehat{x}$ 是 (MOP) 的弱有效解当且仅当存在 $-\dfrac{1}{2p} < \alpha \leqslant 0, \beta \in \mathbb{R}_{++}^p$ 和 $\widehat{s} \geqslant 0$ 使得 $(\widehat{x}, \widehat{s})$ 是 $(\text{SOP})_{\alpha\beta\gamma\mu}^+$ 的最优解.

定理 6.1.14　假定 $\widehat{x} \in D$, $\widehat{s} \geqq 0$, $-\dfrac{1}{2p} < \alpha < 0$, $\beta \in \mathbb{R}_{++}^p$, $\mu \in \mathbb{R}_+^p$ 且 $\gamma \in \mathbb{R}^p$. 若 $(\widehat{x}, \widehat{s})$ 是 $(\text{SOP})_{\alpha\beta\gamma\mu}^+$ 的最优解, 则 $\widehat{x}$ 是 (MOP) 的有效解.

证明　用反证法, 假定 $\widehat{x}$ 不是 (MOP) 的有效解, 则由有效解的定义可知存在 $\widetilde{x} \in D$ 使得对任意的 $i = 1, 2, \cdots, p, f_i(\widetilde{x}) \leqslant f_i(\widehat{x})$ 且对某个 $j, f_j(\widetilde{x}) < f_j(\widehat{x})$. 从而由 $(\widehat{x}, \widehat{s})$ 是 $(\text{SOP})_{\alpha\beta\gamma\mu}^+$ 的最优解可得 $(\widetilde{x}, \widehat{s})$ 是 $(\text{SOP})_{\alpha\beta\gamma\mu}^+$ 可行解. 此外, 令

$$\beta_k(I_\alpha^{-1}(f(\widetilde{x}) - f^*)^{\mathrm{T}})_k = \max_{1 \leqslant i \leqslant p} \beta_i(I_\alpha^{-1}(f(\widetilde{x}) - f^*)^{\mathrm{T}})_i,$$

$$\beta_l(I_\alpha^{-1}(f(\widehat{x}) - f^*)^{\mathrm{T}})_l = \max_{1 \leqslant i \leqslant p} \beta_i(I_\alpha^{-1}(f(\widehat{x}) - f^*)^{\mathrm{T}})_i.$$

则由引理 6.1.1 可得

$$\|f(\widehat{x}) - f^*\|_\beta^\alpha = \beta_l(I_\alpha^{-1}(f(\widehat{x}) - f^*)^{\mathrm{T}})_l \geqslant \beta_k(I_\alpha^{-1}(f(\widehat{x}) - f^*)^{\mathrm{T}})_k$$

$$= \beta_k \sum_{j=1}^{p} (I_\alpha^{-1})_{kj} \left(f_j(\widehat{x}) - f_j^* \right) > \beta_k \sum_{j=1}^{p} (I_\alpha^{-1})_{kj} \left(f_j(\widetilde{x}) - f_j^* \right)$$

$$= \beta_k (I_\alpha^{-1}(f(\widetilde{x}) - f^*)^{\mathrm{T}})_k = \|f(\widetilde{x}) - f^*\|_\beta^\alpha.$$

因此, $\|f(\widehat{x}) - f^*\|_\beta^\alpha > \|f(\widetilde{x}) - f^*\|_\beta^\alpha$. 从而

$$\|f(\widetilde{x}) - f^*\|_\beta^\alpha + \sum_{i=1}^{p} \mu_i \widehat{s}_i < \|f(\widehat{x}) - f^*\|_\beta^\alpha + \sum_{i=1}^{p} \mu_i \widehat{s}_i.$$

故 $(\widetilde{x}, \widehat{s})$ 是 $(\mathrm{SOP})^+_{\alpha\beta\gamma\mu}$ 的可行解且目标函数值小于 $(\widehat{x}, \widehat{s})$ 的目标函数值. 这与 $(\widehat{x}, \widehat{s})$ 是 $(\mathrm{SOP})^+_{\alpha\beta\gamma\mu}$ 的最优解矛盾. □

注 6.1.12 定理 6.1.14 的假设条件中对 α 的限制不能放松到 $-\dfrac{1}{2p} < \alpha \leqslant 0$ 情形.

例 6.1.9 考虑如下双目标优化问题:

$$\min \quad f(x) = (f_1(x), f_2(x)) = (x_1, x_2)$$
$$\text{s.t.} \quad x \in D = \left\{ (x_1, x_2) \in \mathbb{R}^2 | x_1 = 2, 2 \leqslant x_2 \leqslant 4 \right\}.$$

由有效解和弱有效解的定义可得, 上述双目标优化问题的有效解集和弱有效解集分别为 $\{(2, 2)\}$ 和 S. 令

$$\delta = 0.1, \quad \widehat{x} = (2, 4), \quad \gamma = f(\widehat{x})$$

以及

$$\alpha = 0, \quad \beta_i = \frac{1}{f_i(\widehat{x}) - f_i^*} > 0, \quad \mu_i = \widehat{s}_i = 0, \quad i = 1, 2.$$

则利用定理 6.1.12 可知, $(\widehat{x}, \widehat{s})$ 是 $(\mathrm{SOP})^+_{\alpha\beta\gamma\mu}$ 的最优解但不是 (MOP) 的有效解.

定理 6.1.15 假定 $\widehat{x} \in D$, $\widehat{s} \geqq 0$, $-\dfrac{1}{2p} < \alpha \leqslant 0$, $\beta \in \mathbb{R}^p_{++}$, $\mu \in \mathbb{R}^p_+$, $\gamma \in \mathbb{R}^p$ 且 $\mu_i \widehat{s}_i \neq 0 (\forall i)$. 若 $(\widehat{x}, \widehat{s})$ 是 $(\mathrm{SOP})^+_{\alpha\beta\gamma\mu}$ 的最优解, 则 $\widehat{x}$ 是 (MOP) 的有效解.

证明 用反证法. 假定 $\widehat{x}$ 不是 (MOP) 的有效解. 则由有效解的定义可知, 存在 $\widetilde{x} \in D$ 使得对任意的 $i = 1, 2, \cdots, p$, $f_i(\widetilde{x}) \leqslant f_i(\widehat{x})$ 且对某个 j, $f_j(\widetilde{x}) < f_j(\widehat{x})$. 从而由 f^* 的定义和引理 6.1.1 可得

$$\|f(\widetilde{x}) - f^*\|_\beta^\alpha \leqslant \|f(\widehat{x}) - f^*\|_\beta^\alpha.$$

将 $\tilde{s} = (\tilde{s}_1, \tilde{s}_2, \cdots, \tilde{s}_p)$ 定义为如下形式:

$$\tilde{s}_i = \begin{cases} \max\left\{0, \hat{s}_i - \dfrac{f_i(\hat{x}) - f_i(\tilde{x})}{\mu_i}\right\}, & i = j, \\ \hat{s}_i, & i \neq j. \end{cases}$$

则 $\tilde{s} \geqq 0$ 且由 $\hat{s}_j > 0$ 和 $\dfrac{f_j(\hat{x}) - f_j(\tilde{x})}{\mu_j} > 0$ 可得 $\tilde{s}_j < \hat{s}_j$. 故 $0 \leqq \tilde{s} \leqq \hat{s}$. 从而

$$\|f(\tilde{x}) - f^*\|_\beta^\alpha + \sum_{i=1}^p \mu_i \tilde{s}_i < \|f(\hat{x}) - f^*\|_\beta^\alpha + \sum_{i=1}^p \mu_i \hat{s}_i.$$

此外, 由 $\tilde{s}$ 的定义可知, 对任意的 $i = 1, 2, \cdots, p$,

$$f_i(\tilde{x}) - \mu_i \tilde{s}_i \leqslant f_i(\hat{x}) - \mu_i \hat{s}_i \leqslant \gamma_i.$$

这表明 $(\tilde{x}, \tilde{s})$ 是 $(\text{SOP})_{\alpha\beta\gamma\mu}^+$ 的可行解且目标函数在该点的函数值小于在 $(\hat{x}, \hat{s})$ 处的函数值. 但这与 $(\hat{x}, \hat{s})$ 是 $(\text{SOP})_{\alpha\beta\gamma\mu}^+$ 的最优解矛盾. 故假设不成立, 即 $\hat{x}$ 是 (MOP) 的有效解. □

定理 6.1.16 假定 $\hat{x} \in D$, $-\dfrac{1}{2p} < \alpha < 0$ 且 $\beta \in \mathbb{R}_{++}^p$. 则 $\hat{x} \in D$ 是 (MOP) 的有效解当且仅当存在 $\mu \in \mathbb{R}_+^p$, $\gamma \in \mathbb{R}^p$ 和 $\hat{s} \geqq 0$ 使得 $(\hat{x}, \hat{s})$ 是 $(\text{SOP})_{\alpha\beta\gamma\mu}^+$ 的最优解.

证明 先证必要性. 令

$$\gamma_i = f_i(\hat{x}), \quad \mu_i = \hat{s}_i = 0, \quad i = 1, 2, \cdots, p.$$

则 $(\hat{x}, \hat{s})$ 显然是 $(\text{SOP})_{\alpha\beta\gamma\mu}^+$ 可行解. 此外, 令 $(\tilde{x}, \tilde{s})$ 是 $(\text{SOP})_{\alpha\beta\gamma\mu}^+$ 的任一可行解. 则

$$f_i(\tilde{x}) \leqslant \gamma_i = f_i(\hat{x}), \quad i = 1, 2, \cdots, p.$$

从而由 $\hat{x}$ 的有效性可得 $f(\tilde{x}) = f(\hat{x})$. 因此, 对任意的 $\alpha \in \left(-\dfrac{1}{2p}, 0\right)$ 和 $\beta \in \mathbb{R}_{++}^p$, 均有

$$\|f(\tilde{x}) - f^*\|_\beta^\alpha = \|f(\hat{x}) - f^*\|_\beta^\alpha.$$

故 $(\hat{x}, \hat{s})$ 是 $(\text{SOP})_{\alpha\beta\gamma\mu}^+$ 的最优解.

充分性. 由定理 6.1.14 易知充分性结果显然成立. □

定理6.1.17 令 $\widehat{x} \in D$. 若 $\widehat{x} \in D$ 是 (MOP) 的有效解, 则存在 $-\dfrac{1}{2p} < \alpha \leqslant 0$, $\beta \in \mathbb{R}^p_{++}$, $\mu \in \mathbb{R}^p_+$, $\gamma \in \mathbb{R}^p$ 和 $\widehat{s} \geqq 0$ 满足对某个 i, $\mu_i \widehat{s}_i \neq 0$ 使得 $(\widehat{x}, \widehat{s})$ 是 $(\text{SOP})^+_{\alpha\beta\gamma\mu}$ 的最优解.

证明 令

$$\alpha = 0, \quad \beta_i = \frac{1}{f_i(\widehat{x}) - f_i^*} \quad (i = 1, 2, \cdots, p)$$

且

$$\gamma_i = \begin{cases} f_i(\widehat{x}) - 1, & i = 1, \\ f_i(\widehat{x}), & i \neq 1, \end{cases} \quad \mu_i = \begin{cases} 1, & i = 1, \\ 0, & i \neq 1, \end{cases} \quad \widehat{s}_i = \begin{cases} 1, & i = 1, \\ 0, & i \neq 1. \end{cases}$$

则 $(\widehat{x}, \widehat{s})$ 显然是 $(\text{SOP})^+_{\alpha\beta\gamma\mu}$ 的可行解. 此外, 令 $(\widetilde{x}, \widetilde{s})$ 是 $(\text{SOP})^+_{\alpha\beta\gamma\mu}$ 的任一可行解, 其中 $\widetilde{s} = (\widetilde{s}_1, \widetilde{s}_2, \cdots, \widetilde{s}_p)$. 则 $f_i(\widetilde{x}) \leqslant f_i(\widehat{x})(\forall i \neq 1)$ 且

$$f_1(\widetilde{x}) - \widetilde{s}_1 \leqslant f_1(\widehat{x}) - 1.$$

从而由 $\widehat{x}$ 的有效性可得 $f_1(\widetilde{x}) \geqslant f_1(\widehat{x})$ 且 $\widetilde{s}_1 \geqslant 1$. 因此

$$\|f(\widetilde{x}) - f^*\|^\alpha_\beta = \frac{f_1(\widetilde{x}) - f_1^*}{f_1(\widehat{x}) - f_1^*} \geqslant 1 = \|f(\widehat{x}) - f^*\|^\alpha_\beta.$$

故 $(\widehat{x}, \widehat{s})$ 是 $(\text{SOP})^+_{\alpha\beta\gamma\mu}$ 的最优解. □

定理 6.1.18 假定 $\widehat{x} \in D$, $\widehat{s} \geqq 0$, $\gamma \in \mathbb{R}^p$, $-\dfrac{1}{2p} < \alpha \leqslant 0$, $\beta \in \mathbb{R}^p_{++}$ 且 $\mu \in \mathbb{R}^p_+$. 若 $(\widehat{x}, \widehat{s})$ 是 $(\text{SOP})^+_{\alpha\beta\gamma\mu}$ 的唯一最优解, 则 $\widehat{x}$ 是 (MOP) 的严有效解.

证明 反证法. 假定 $\widehat{x}$ 不是 (MOP) 的严有效解. 则由严有效解的定义可知, 存在 $\widetilde{x} \in D$ 使得 $\widetilde{x} \neq \widehat{x}$ 且对所有的 i, $f_i(\widetilde{x}) \leqslant f_i(\widehat{x})$. 由于 $(\widehat{x}, \widehat{s})$ 是 $(\text{SOP})^+_{\alpha\beta\gamma\mu}$ 的最优解, 则

$$f_i(\widetilde{x}) - \mu_i \widehat{s}_i \leqslant f_i(\widehat{x}) - \mu_i \widehat{s}_i \leqslant \gamma_i, \quad i = 1, 2, \cdots, p,$$

这意味着 $(\widetilde{x}, \widehat{s})$ 是 $(\text{SOP})^+_{\alpha\beta\gamma\mu}$ 的可行解. 此外, 由引理 6.1.1 可得

$$\|f(\widetilde{x}) - f^*\|^\alpha_\beta + \sum_{i=1}^p \mu_i \widehat{s}_i \leqslant \|f(\widehat{x}) - f^*\|^\alpha_\beta + \sum_{i=1}^p \mu_i \widehat{s}_i.$$

这与 $(\widehat{x}, \widehat{s})$ 是 $(\text{SOP})^+_{\alpha\beta\gamma\mu}$ 的唯一最优解矛盾. □

注 6.1.13　由定理 6.1.18 的证明过程可知, $(\widehat{x}, \widehat{s})$ 是 $(\text{SOP})^+_{\alpha\beta\gamma\mu}$ 的唯一最优解这一假设条件可以放松为: $(\widehat{x}, \widehat{s})$ 是 $(\text{SOP})^+_{\alpha\beta\gamma\mu}$ 的最优解且 $\widehat{x}$ 对 $(\text{SOP})^+_{\alpha\beta\gamma\mu}$ 的最优值来说是唯一的.

定理 6.1.19　假定 $\widehat{x} \in D$, $-\dfrac{1}{2p} < \alpha \leqslant 0$ 和 $\beta \in \mathbb{R}^p_{++}$. 则 $\widehat{x}$ 是 (MOP) 的严有效解当且仅当存在 $\mu \in \mathbb{R}^p_+$, $\gamma \in \mathbb{R}^p$ 和 $\widehat{s} \geqq 0$ 使得 $(\widehat{x}, \widehat{s})$ 是 $(\text{SOP})^+_{\alpha\beta\gamma\mu}$ 的最优解且 $\widehat{x}$ 对 $(\text{SOP})^+_{\alpha\beta\gamma\mu}$ 的最优值来说是唯一的.

证明　先证必要性. 令

$$\gamma_i = f_i(\widehat{x}), \quad \mu_i = \widehat{s}_i = 0, \quad i = 1, 2, \cdots, p.$$

则 $(\widehat{x}, \widehat{s})$ 显然是 $(\text{SOP})^+_{\alpha\beta\gamma\mu}$ 的可行解. 此外, 令 $(\widetilde{x}, \widetilde{s})$ 是 $(\text{SOP})^+_{\alpha\beta\gamma\mu}$ 的任一可行解. 则由 $\widehat{x}$ 的严有效性可得 $\widetilde{x} = \widehat{x}$. 因此, $(\widehat{x}, \widehat{s})$ 是 $(\text{SOP})^+_{\alpha\beta\gamma\mu}$ 的最优解且 $\widehat{x}$ 对于 $(\text{SOP})^+_{\alpha\beta\gamma\mu}$ 的最优值是唯一的.

充分性. 由定理 6.1.18 和注 6.1.13 易知充分性显然成立.　　　　　　　□

定理 6.1.20　假定 $\widehat{x} \in D$.

(i) 若 $\widehat{x} \in D$ 是 (MOP) 的 Geoffrion-真有效解, 则存在 $-\dfrac{1}{2p} < \alpha < 0$, $\beta \in \mathbb{R}^p_{++}$, $\mu \in \mathbb{R}^p_+$, $\gamma \in \mathbb{R}^p$ 和 $\widehat{s} \geqq 0$ 满足对某些 i, $\mu_i \widehat{s}_i \neq 0$ 使得 $(\widehat{x}, \widehat{s})$ 是 $(\text{SOP})^+_{\alpha\beta\gamma\mu}$ 的最优解.

(ii) 令 $\gamma = (U_1, U_2, \cdots, U_p)$. 则 $\widehat{x} \in D$ 是 (MOP) 的 Geoffrion-真有效解当且仅当存在 $-\dfrac{1}{2p} < \alpha < 0$, $\beta \in \mathbb{R}^p_{++}$, $\mu \in \mathbb{R}^p_+$ 和 $\widehat{s} \geqq 0$ 使得 $(\widehat{x}, \widehat{s})$ 是 $(\text{SOP})^+_{\alpha\beta\gamma\mu}$ 的最优解.

证明　先证 (i). 令

$$\widehat{\eta}_i = (I_\alpha^{-1}(f(\widehat{x}) - f^*)^{\mathrm{T}})_i, \quad \beta_i = \frac{1}{\widehat{\eta}_i} \quad (i = 1, 2, \cdots, p)$$

且

$$\gamma_i = \begin{cases} f_i(\widehat{x}) - 1, & i = 1, \\ f_i(\widehat{x}), & i \neq 1, \end{cases} \quad \mu_i = \begin{cases} 1, & i = 1, \\ 0, & i \neq 1, \end{cases} \quad \widehat{s}_i = \begin{cases} 1, & i = 1, \\ 0, & i \neq 1. \end{cases}$$

则

$$I_\alpha \widehat{\eta}^{\mathrm{T}} = (f(\widehat{x}) - f^*)^{\mathrm{T}}, \quad \|f(\widehat{x}) - f^*\|^\alpha_\beta = 1.$$

因为 $\widehat{x}$ 是 (MOP) 的 Geoffrion-真有效解, 所以存在常数 $M > 0$ 使得对所有满足 $f_k(x) < f_k(\widehat{x})$ 的 k 和 $x \in D$, 均存在满足 $f_j(\widehat{x}) < f_j(x)$ 的 j 使得

$$f_k(\widehat{x}) - f_k(x) < M(f_j(x) - f_j(\widehat{x})).$$

令 α 是充分趋于零的负数且满足

$$M + 1 < (1 - \alpha)/(-\alpha p). \tag{6.1.10}$$

此外, 由 $f(\widehat{x}) - f^* > 0$ 和引理 6.1.1 可得

$$I_\alpha^{-1}(f(\widehat{x}) - f^*)^{\mathrm{T}} > 0.$$

接下来证明 $(\widehat{x}, \widehat{s})$ 是 $(\mathrm{SOP})_{\alpha\beta\gamma\mu}^+$ 的最优解. 反证法. 假定存在 $\widetilde{x}$ 和 $\widetilde{s} = (\widetilde{s}_1, \widetilde{s}_2, \cdots, \widetilde{s}_p)$ 使得

$$\|f(\widetilde{x}) - f^*\|_\beta^\alpha + \widetilde{s}_1 < 2.$$

令

$$\widetilde{\eta}_i = (I_\alpha^{-1}(f(\widetilde{x}) - f^*)^{\mathrm{T}})_i, \quad i = 1, 2, \cdots, p.$$

则

$$I_\alpha \widetilde{\eta}^{\mathrm{T}} = (f(\widetilde{x}) - f^*)^{\mathrm{T}}, \quad \max_{1 \leqslant i \leqslant p} \beta_i \widetilde{\eta}_i + \widetilde{s}_1 < 2$$

且

$$f_i(\widetilde{x}) \leqslant f_i(\widehat{x}), \, \forall i \neq 1; \quad f_1(\widetilde{x}) - \widetilde{s}_1 \leqslant f_1(\widehat{x}) - 1. \tag{6.1.11}$$

从而由 $\widehat{x}$ 的有效性可得 $f_1(\widetilde{x}) \geqslant f_1(\widehat{x})$ 且 $\widetilde{s}_1 \geqslant 1$. 因此, $\max\limits_{1 \leqslant i \leqslant p} \beta_i \widetilde{\eta}_i < 1$. 故

$$\widetilde{\eta}_i < \widehat{\eta}_i, \quad i = 1, 2, \cdots, p. \tag{6.1.12}$$

若 $f_1(\widetilde{x}) = f_1(\widehat{x})$, 则由 $\widehat{x}$ 的有效性和 (6.1.11) 可得 $f(\widetilde{x}) = f(\widehat{x})$. 于是有

$$\widehat{\eta}_i - \widetilde{\eta}_i = (I_\alpha^{-1}(f(\widehat{x}) - f(\widetilde{x}))^{\mathrm{T}})_i = 0.$$

这与 (6.1.12) 矛盾. 因此, $f_1(\widetilde{x}) > f_1(\widehat{x})$. 进一步, 若不存在 i 使得 $f_i(\widetilde{x}) < f_i(\widehat{x})$, 则 $f(\widetilde{x}) \geqslant f(\widehat{x})$. 于是

$$\widehat{\eta}_i - \widetilde{\eta}_i = (I_\alpha^{-1}(f(\widehat{x}) - f(\widetilde{x}))^{\mathrm{T}})_i \leqslant 0.$$

这与 (6.1.12) 矛盾. 因此, 对任意的 $i = 2, \cdots, p$, $f_i(\widetilde{x}) \leqslant f_i(\widehat{x})$ 且存在 k 使得 $f_k(\widetilde{x}) < f_k(\widehat{x})$. 进一步, 令

$$q = \widehat{\eta}_1 - \widetilde{\eta}_1 + \cdots + \widehat{\eta}_p - \widetilde{\eta}_p.$$

则对任意的 $i = 1, 2, \cdots, p$,

$$f_i(\widehat{x}) - f_i(\widetilde{x}) = (I_\alpha(\widehat{\eta} - \widetilde{\eta})^{\mathrm{T}})_i = \alpha q + (1 - \alpha)(\widehat{\eta}_i - \widetilde{\eta}_i).$$

进一步, 令

$$\widehat{\eta}_k - \widetilde{\eta}_k = \max_{1 \leqslant i \leqslant p} (\widehat{\eta}_i - \widetilde{\eta}_i).$$

则

$$k \neq 1, \quad f_k(\widehat{x}) > f_k(\widetilde{x}), \quad \widehat{\eta}_k - \widetilde{\eta}_k \geqslant \frac{q}{p}.$$

此外, 由 (6.1.10) 式可得

$$\frac{f_k(\widehat{x}) - f_k(\widetilde{x})}{f_1(\widetilde{x}) - f_1(\widehat{x})} = \frac{\alpha q + (1-\alpha)(\widehat{\eta}_k - \widetilde{\eta}_k)}{-\alpha q - (1-\alpha)(\widehat{\eta}_1 - \widetilde{\eta}_1)} = \frac{\alpha q/(1-\alpha) + \widehat{\eta}_k - \widetilde{\eta}_k}{-\alpha q/(1-\alpha) - (\widehat{\eta}_1 - \widetilde{\eta}_1)}$$

$$\geqslant \frac{\alpha q/(1-\alpha) + q/p}{-\alpha q/(1-\alpha)} = -1 + \frac{1-\alpha}{-\alpha p} > M,$$

这与 $\widehat{x} \in D$ 是 (MOP) 的 Geoffrion-真有效解矛盾. 故 $(\widehat{x}, \widehat{s})$ 是 $(\text{SOP})^+_{\alpha\beta\gamma\mu}$ 的最优解.

下证 (ii). 先证必要性. 由文献 [122] 中的定理 3.1 和 $(\text{SOP})^+_{\alpha\beta\gamma\mu}$ 在 $\mu = 0$ 时与 Choo 和 Atkins[122] 提出的标量化模型的等价性可得结论成立.

下证充分性. 由定理 6.1.14 可知 $\widehat{x} \in D$ 是 (MOP) 的有效解. 进一步证明: 存在常数 $M > 0$ 使得对所有满足 $f_i(x) < f_i(\widehat{x})$ 的 i 和 $x \in D$, 均存在满足 $f_j(\widehat{x}) < f_j(x)$ 的 j 使得

$$f_i(\widehat{x}) - f_i(x) < M(f_j(x) - f_j(\widehat{x})).$$

事实上, 假定 $f_k(\overline{x}) < f_k(\widehat{x})$. 对任意的 i, 令

$$\widehat{\eta}_i = \left(I_\alpha^{-1}(f(\widehat{x}) - f^*)^{\mathrm{T}} \right)_i, \quad \overline{\eta}_i = \left(I_\alpha^{-1}(f(\overline{x}) - f^*)^{\mathrm{T}} \right)_i$$

且

$$\widehat{\eta}_j - \overline{\eta}_j = \min_{1 \leqslant i \leqslant p} (\widehat{\eta}_i - \overline{\eta}_i).$$

则 $\widehat{\eta}_j - \overline{\eta}_j \leqslant 0$. 若不然, 假设对任意的 i, $\widehat{\eta}_i - \overline{\eta}_i > 0$, 则

$$\max_{1 \leqslant i \leqslant p} \beta_i \widehat{\eta}_i > \max_{1 \leqslant i \leqslant p} \beta_i \overline{\eta}_i.$$

故

$$\|f(\widehat{x}) - f^*\|_\beta^\alpha > \|f(\overline{x}) - f^*\|_\beta^\alpha.$$

从而由 μ 和 $\widehat{s}$ 的非负性可得

$$\|f(\widehat{x}) - f^*\|_\beta^\alpha + \sum_{i=1}^p \mu_i \widehat{s}_i > \|f(\overline{x}) - f^*\|_\beta^\alpha.$$

这与 $(\widehat{x}, \widehat{s})$ 的最优性矛盾. 故

$$\widehat{\eta}_j - \overline{\eta}_j \leqslant 0, \quad f_j(\overline{x}) > f_j(\widehat{x}).$$

余下的证明与 Choo 和 Atkins 在文献 [122] 中所建立的定理 3.1 类似. □

注 6.1.14 定理 6.1.20(i) 的逆命题不一定成立.

例 6.1.10 考虑如下双目标优化问题:

$$\text{(MOP)} \quad \min \quad f(x) = (f_1(x), f_2(x))$$
$$\text{s.t.} \quad x \in D = [-3, 5],$$

其中

$$f_1(x) = \begin{cases} x+1, & x \in [-3, 1], \\ -\dfrac{4}{9} \cdot (x-4)^2 + 6, & x \in (1, 5], \end{cases}$$

$$f_2(x) = \begin{cases} (1-x)^2, & x \in [-3, 1) \cup (4, 5], \\ 0, & x \in [1, 4]. \end{cases}$$

由解的定义以及图 6.4 可得, (MOP) 的 Geoffrion-真有效解集为 $[-3, 1)$. 此外

$$f_1^* = -2 - \delta, \quad f_2^* = -\delta.$$

令

$$\widehat{x} = 1, \quad \alpha = -\frac{1}{5}, \quad \beta_1 = \frac{1}{(I_\alpha^{-1}(f(\widehat{x}) - f^*)^{\mathrm{T}})_1}, \quad \beta_2 = \frac{1}{(I_\alpha^{-1}(f(\widehat{x}) - f^*)^{\mathrm{T}})_2},$$
$$\mu_1 = 1, \quad \mu_2 = 0, \quad \widehat{s}_1 = 1, \quad \widehat{s}_2 = 0, \quad \gamma_1 = f_1(\widehat{x}) - 1, \quad \gamma_2 = f_2(\widehat{x}).$$

则 $(\text{SOP})^+_{\alpha\beta\gamma\mu}$ 的可行域为

$$\left\{ (x, s) \in S \times \mathbb{R}^2 \,|\, f_1(x) - s_1 \leqslant f_1(\widehat{x}) - 1, x \in [1, 4], s \geqq 0 \right\}.$$

进一步可验证 $(\widehat{x}, \widehat{s})$ 是 $(\text{SOP})^+_{\alpha\beta\gamma\mu}$ 的最优解. 显然, $(\widehat{x}, \widehat{s})$ 是 $(\text{SOP})^+_{\alpha\beta\gamma\mu}$ 的可行解. 此外, 由 $f_1(x)$ 和 $f_2(x)$ 的定义以及引理 6.1.1 可知, 对任意的 $x \in [1, 4]$,

$$\beta_1 \left(I_\alpha^{-1}(f(x) - f^*)^{\mathrm{T}} \right)_1 \geqslant \beta_1 \left(I_\alpha^{-1}(f(\widehat{x}) - f^*)^{\mathrm{T}} \right)_1 = 1,$$
$$\beta_2 \left(I_\alpha^{-1}(f(x) - f^*)^{\mathrm{T}} \right)_2 \geqslant \beta_2 \left(I_\alpha^{-1}(f(\widehat{x}) - f^*)^{\mathrm{T}} \right)_2 = 1.$$

这表明 $\|f(x) - f^*\|_\beta^\alpha \geqslant 1, \forall x \in [1, 4]$. 故对 $(\text{SOP})^+_{\alpha\beta\gamma\mu}$ 的任意可行点, 均有

$$\|f(x) - f^*\|_\beta^\alpha + \mu_1 s_1 + \mu_2 s_2 \geqslant 2 = \beta_1 \left(I_\alpha^{-1}(f(\widehat{x}) - f^*)^{\mathrm{T}}\right)_1 + 1$$

$$= \beta_1 \left(I_\alpha^{-1}(f(\widehat{x}) - f^*)^{\mathrm{T}}\right)_1 + \mu_1 \widehat{s}_1 + \mu_2 \widehat{s}_2.$$

故 $(\widehat{x}, \widehat{s})$ 是 $(\mathrm{SOP})_{\alpha\beta\gamma\mu}^+$ 的最优解. 但 $\widehat{x}$ 不是 (MOP) 的 Geoffrion-真有效解.

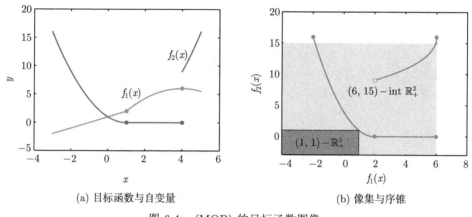

(a) 目标函数与自变量　　　　　　　　(b) 像集与序锥

图 6.4　(MOP) 的目标函数图像

(MOP) 的弱有效解、有效解、严有效解和 Geoffrion-真有效解与 $(\mathrm{SOP})_{\alpha\beta\gamma\mu}^+$ 最优解之间的关系可总结如表 6.2 和表 6.3.

表 6.2　不同参数取值下 $(\mathrm{SOP})_{\alpha\beta\gamma\mu}^+$ 最优解蕴含 (MOP) 相应解

参数取值	结论	相关定理
$\widehat{s} \geqq 0,\ -\dfrac{1}{2p} < \alpha \leqslant 0,\ \beta \in \mathbb{R}_{++}^p,\ \mu \in \mathbb{R}_+^p,\ \gamma \in \mathbb{R}^p$	最优解 $\Longrightarrow$ 弱有效解	定理 6.1.11
$\widehat{s} \geqq 0,\ -\dfrac{1}{2p} < \alpha < 0,\ \beta \in \mathbb{R}_{++}^p,\ \mu \in \mathbb{R}_+^p,\ \gamma \in \mathbb{R}^p$	最优解 $\Longrightarrow$ 有效解	定理 6.1.14
$\widehat{s} \geqq 0,\ -\dfrac{1}{2p} < \alpha \leqslant 0,\ \beta \in \mathbb{R}_{++}^p,\ \mu \in \mathbb{R}_+^p,\ \gamma \in \mathbb{R}^p,\ \forall i,\ \mu_i \widehat{s}_i \neq 0$	最优解 $\Longrightarrow$ 有效解	定理 6.1.15
$\widehat{s} \geqq 0,\ \gamma \in \mathbb{R}^p,\ -\dfrac{1}{2p} < \alpha \leqslant 0,\ \beta \in \mathbb{R}_{++}^p,\ \mu \in \mathbb{R}_+^p$	最优解 $\Longrightarrow$ 严有效解	定理 6.1.18

注 6.1.15　关于多目标优化标量化方法的很多研究只是基于某种标量化模型建立了各类解的一些充分条件或者必要条件或者给出某一类解的充要条件[122, 129, 178, 181], 通过一类标量化模型实现对多目标优化问题几类经典解的等价刻画研究还不多. 例如, 考虑如下双目标优化问题:

$$\min\quad f(x) = x$$

$$\text{s.t.}\quad x \in D = \{(x_1, x_2) \mid 1 \leqslant x_1 \leqslant 2, x_2 = 1\}.$$

容易验证其有效解集为 $\{(1,1)\}$. 令

$$\mu = (0,1), \quad \widehat{x} = (2,1), \quad a = f(\widehat{x}) = (2,1), \quad r = (1,1).$$

则 $(\widehat{x}, 0, 0)$ 是文献 [178] 中的标量化问题 $\mathrm{FPS}(a, r, \mu)$ (将其记为 $(\mathrm{FPSSOP})_{ar\mu}$) 的最优解. 但 $\widehat{x}$ 不是上述多目标优化问题的有效解. 这表明文献 [178] 中的定理 3.4 的逆不一定成立. 本节提出的标量化方法可通过对模型参数范围的调节实现有效解、弱有效解、严有效解和 Geoffrion-真有效解的等价刻画. 因此, 基于 $(\mathrm{SOP})_{\alpha\beta\gamma\mu}^{+}$ 及相应的标量化结果是对目前已有一些标量化研究的重要改进.

表 6.3   (MOP) 各类解和 $(\mathrm{SOP})_{\alpha\beta\gamma\mu}^{+}$ 最优解的关系

参数取值	结论	相关定理
$\mu \in \mathbb{R}_{+}^{p}, \gamma \geqq f(\widehat{x})$	弱有效解 $\Longleftrightarrow$ 最优解 $\exists -\dfrac{1}{2p} < \alpha \leqslant 0, \beta \in \mathbb{R}_{++}^{p}, \widehat{s} \geqq 0$	定理 6.1.12
$\exists\, x^{I}$	弱有效解 $\Longleftrightarrow$ 最优解 $\exists -\dfrac{1}{2p} < \alpha \leqslant 0, \beta \in \mathbb{R}_{++}^{p}, \mu \in \mathbb{R}_{+}^{p} \setminus \{0\}$ $\gamma \leqq f(\widehat{x}), \gamma_i < f_i(\widehat{x})$ 或 $\gamma_i = 0, \widehat{s} \geqq 0$	定理 6.1.13
$-\dfrac{1}{2p} < \alpha < 0, \beta \in \mathbb{R}_{++}^{p}$	有效解 $\Longleftrightarrow$ 最优解 $\exists\, \mu \in \mathbb{R}_{+}^{p}, \gamma \in \mathbb{R}^{p}, \widehat{s} \geqq 0$	定理 6.1.16
—	有效解 $\Longrightarrow$ 最优解 $\exists -\dfrac{1}{2p} < \alpha \leqslant 0, \beta \in \mathbb{R}_{++}^{p}, \mu \in \mathbb{R}_{+}^{p},$ $\gamma \in \mathbb{R}^{p}, \widehat{s} \geqq 0$ 且 $\exists\, i, \mu_i \widehat{s}_i \neq 0$	定理 6.1.17
$-\dfrac{1}{2p} < \alpha \leqslant 0, \beta \in \mathbb{R}_{++}^{p}$	严有效解 $\Longleftrightarrow$ 最优解 $\exists\, \mu \in \mathbb{R}_{+}^{p}, \gamma \in \mathbb{R}^{p}, \widehat{s} \geqq 0, \widehat{x}$ 唯一	定理 6.1.19
$\gamma = U$	Geoffrion-真有效解 $\Longrightarrow$ 最优解 $\exists -\dfrac{1}{2p} < \alpha < 0, \beta \in \mathbb{R}_{++}^{p}, \mu \in \mathbb{R}_{+}^{p}$ $\gamma \in \mathbb{R}^{p}, \widehat{s} \geqq 0$ 且 $\exists\, i, \mu_i \widehat{s}_i \neq 0$ Geoffrion-真有效解 $\Longleftrightarrow$ 最优解 $\exists -\dfrac{1}{2p} < \alpha < 0, \beta \in \mathbb{R}_{++}^{p}, \mu \in \mathbb{R}_{+}^{p}$ $\widehat{s} \geqq 0$	定理 6.1.20

例 6.1.11 考虑例 6.1.10 中的双目标优化问题. 由解的定义以及图 6.4 可得, (MOP) 的弱有效解集、有效解集、严有效解集和 Geoffrion-真有效解集分别为 $[-3, 4], [-3, 1], [-3, 1]$ 和 $[-3, 1)$. 此外, $U_1 = 6, U_2 = 16, f_1^* = -2 - \delta, f_2^* = -\delta$.

(i) 令

$$\widehat{x} = 2, \quad \alpha = 0, \quad \beta_1 = \frac{1}{f_1(\widehat{x}) - f_1^*} = \frac{9}{56 + 9\delta}, \quad \beta_2 = \frac{1}{f_2(\widehat{x}) - f_2^*} = \frac{1}{\delta},$$

$$\mu_1 = 1, \quad \mu_2 = 0, \quad \widehat{s}_i = 0, \quad \gamma_i = f_i(\widehat{x}), \quad i = 1, 2.$$

则 $(\mathrm{SOP})_{\alpha\beta\gamma\mu}^{+}$ 的可行域为

$$\big\{(x, s) \in D \times \mathbb{R}^2 \,\big|\, f_1(x) - s_1 \leqslant f_1(\widehat{x}), x \in [1, 4], s \geqq 0 \big\}.$$

下面验证 $(\widehat{x},\widehat{s})$ 是 $(\text{SOP})^+_{\alpha\beta\gamma\mu}$ 的最优解. 显然, $(\widehat{x},\widehat{s})$ 是 $(\text{SOP})^+_{\alpha\beta\gamma\mu}$ 的可行解. 此外, 由例 6.1.2 的分析过程可知

$$\|f(x)-f^*\|_\beta^\alpha = \begin{cases} 1, & x\in[1,2], \\ \beta_1(f_1(x)-f_1^*), & x\in(2,4]. \end{cases}$$

又由 $f_1(x), f_1^*$ 和 β_1 的定义可知, $\beta_1(f_1(x)-f_1^*)>1$, 即

$$\|f(x)-f^*\|_\beta^\alpha > 1, \quad \forall x\in(2,4].$$

又对任意的 $s_i \geq 0$ $(i=1,2)$ 和 $x\in[1,4]$, 均有

$$\|f(x)-f^*\|_\beta^\alpha + \mu_1 s_1 + \mu_2 s_2 \geq \|f(x)-f^*\|_\beta^\alpha \geq 1 = \|f(\widehat{x})-f^*\|_\beta^\alpha + \mu_1\widehat{s}_1 + \mu_2\widehat{s}_2.$$

因此, $(\widehat{x},\widehat{s})$ 是 $(\text{SOP})^+_{\alpha\beta\gamma\mu}$ 的最优解且 $\widehat{x}$ 是 (MOP) 的弱有效解.

(ii) 令

$$\widehat{x}=\frac{1}{2}, \quad \alpha=0, \quad \beta_1=\frac{1}{f_1(\widehat{x})-f_1^*}=\frac{2}{7+2\delta}, \quad \beta_2=\frac{1}{f_2(\widehat{x})-f_2^*}=\frac{4}{4\delta+1},$$

$$\mu_1=\mu_2=1, \quad \widehat{s}_1=\widehat{s}_2=1, \quad \gamma_1=f_1(\widehat{x})-1=\frac{1}{2}, \quad \gamma_2=f_2(\widehat{x})-1=-\frac{3}{4}.$$

则 $(\text{SOP})^+_{\alpha\beta\gamma\mu}$ 的可行域为

$$D(\widehat{x})=\left\{(x,s)\in D\times\mathbb{R}^2 | f_i(x)-s_i\leq f_i(\widehat{x})-1, i=1,2, x\in[-3,5], s\geq 0\right\}.$$

进一步, 可验证 $(\widehat{x},\widehat{s})$ 是 $(\text{SOP})^+_{\alpha\beta\gamma\mu}$ 的最优解. 显然, $(\widehat{x},\widehat{s})$ 是 $(\text{SOP})^+_{\alpha\beta\gamma\mu}$ 的可行解. 此外, 由 $f(x)$ 的定义可得

$$\beta_1|f_1(x)-f_1^*| = \begin{cases} \dfrac{2(x+3+\delta)}{7+2\delta}, & x\in[-3,1], \\[3mm] \dfrac{2\left(-\dfrac{4}{9}(x-4)^2+8+\delta\right)}{7+2\delta}, & x\in(1,5], \end{cases}$$

$$\beta_2|f_2(x)-f_2^*| = \begin{cases} \dfrac{4((1-x)^2+\delta)}{1+4\delta}, & x\in[-3,1)\cup(4,5], \\[3mm] \dfrac{4\delta}{1+4\delta}, & x\in(1,4]. \end{cases}$$

故

$$\beta_1|f_1(x)-f_1^*|\geq 1,\ \forall x\in\left[\frac{1}{2},5\right]; \quad \beta_2|f_2(x)-f_2^*|\geq 1,\ \forall x\in\left[-3,\frac{1}{2}\right).$$

从而

$$\|f(x) - f^*\|_\beta^\alpha \geqslant 1 = \|f(\widehat{x}) - f^*\|_\beta^\alpha, \quad \forall x \in [-3, 5].$$

又对任意的 $(x, s) \in D(\widehat{x})$,

$$s_1 \geqslant f_1(x) - \frac{1}{2}, \quad s_2 \geqslant f_2(x) + \frac{3}{4},$$

且

$$f_1(x) + f_2(x) = \begin{cases} \left(x - \dfrac{1}{2}\right)^2 + \dfrac{7}{4}, & x \in [-3, 1), \\[2mm] -\dfrac{4}{9}(x - 4)^2 + 6, & x \in [1, 4], \\[2mm] -\dfrac{4}{9}(x - 4)^2 + 6 + (1 - x)^2, & x \in (4, 5], \end{cases}$$

所以

$$s_1 + s_2 \geqslant f_1(x) + f_2(x) + \frac{1}{4} \geqslant 2.$$

从而对任意的 $(x, s) \in D(\widehat{x})$,

$$\|f(x) - f^*\|_\beta^\alpha + \mu_1 s_1 + \mu_2 s_2 \geqslant 3 = \|f(\widehat{x}) - f^*\|_\beta^\alpha + \mu_1 \widehat{s}_1 + \mu_2 \widehat{s}_2.$$

故 $(\widehat{x}, \widehat{s})$ 是 $(\mathrm{SOP})_{\alpha\beta\gamma\mu}^+$ 的最优解且 $\widehat{x}$ 是 (MOP) 的有效解.

(iii) 对任意的 $i = 1, 2$, 令

$$\widehat{x} = 1, \quad \alpha = 0, \quad \beta_1 = \frac{1}{f_1(\widehat{x}) - f_1^*} = \frac{1}{4 + \delta}, \quad \beta_2 = \frac{1}{f_2(\widehat{x}) - f_2^*} = \frac{1}{\delta},$$

$$\mu_1 = 2, \quad \mu_2 = 0, \quad \widehat{s}_i = 1, \quad \gamma_1 = f_1(\widehat{x}) - 2, \quad \gamma_2 = f_2(\widehat{x}).$$

则 $(\mathrm{SOP})_{\alpha\beta\gamma\mu}^+$ 的可行域为

$$\left\{ (x, s) \in D \times \mathbb{R}^2 \mid f_1(x) - 2s_1 \leqslant f_1(\widehat{x}) - 2, x \in [1, 4], s \geqslant 0 \right\}.$$

进一步, 可验证 $(\widehat{x}, \widehat{s})$ 是 $(\mathrm{SOP})_{\alpha\beta\gamma\mu}^+$ 的最优解. 显然, $(\widehat{x}, \widehat{s})$ 是 $(\mathrm{SOP})_{\alpha\beta\gamma\mu}^+$ 的可行解. 此外, 由 (ii) 的分析过程以及目标函数 $f_1(x)$ 在闭区间 $[1,4]$ 上单调递增可知, 对 $(\mathrm{SOP})_{\alpha\beta\gamma\mu}^+$ 的任意可行点满足 $x > 1$, 均有

$$\|f(x) - f^*\|_\beta^\alpha + \mu_1 s_1 + \mu_2 s_2 = \beta_1(f_1(x) - f_1^*) + \mu_1 s_1 + \mu_2 s_2$$

$$> \beta_1(f_1(\widehat{x}) - f_1^*) + 2$$

$$= \beta_1(f_1(\widehat{x}) - f_1^*) + \mu_1 \widehat{s}_1 + \mu_2 \widehat{s}_2.$$

故 $(\widehat{x}, \widehat{s})$ 是 $(\text{SOP})^+_{\alpha\beta\gamma\mu}$ 的最优解且 $\widehat{x}$ 对 $(\text{SOP})^+_{\alpha\beta\gamma\mu}$ 的最优值来说是唯一的. 此外, 显然 $\widehat{x}$ 是 (MOP) 的严有效解.

(iv) 对任意的 $i = 1, 2$, 令

$$\widehat{x} = 0, \quad \alpha = -\frac{1}{8}, \quad \beta_1 = \frac{1}{(I_\alpha^{-1}(f(\widehat{x}) - f^*)^{\mathrm{T}})_1}, \quad \beta_2 = \frac{1}{(I_\alpha^{-1}(f(\widehat{x}) - f^*)^{\mathrm{T}})_2},$$

$$\mu_1 = 1, \quad \mu_2 = 1, \quad \widehat{s}_i = 0, \quad \gamma_i = U_i.$$

则 $(\text{SOP})^+_{\alpha\beta\gamma\mu}$ 的可行域为 $\{(x, s) \mid x \in [-3, 5], s \geq 0\}$ 且

$$\gamma_1 = 6, \quad \gamma_2 = 16, \quad (I_\alpha^{-1})_{11} = (I_\alpha^{-1})_{22} = \frac{64}{63}, \quad (I_\alpha^{-1})_{12} = (I_\alpha^{-1})_{21} = \frac{8}{63},$$

$$\beta_1 = \frac{63}{8(9\delta + 25)}, \quad \beta_2 = \frac{63}{8(9\delta + 11)}.$$

下面验证 $(\widehat{x}, \widehat{s})$ 是 $(\text{SOP})^+_{\alpha\beta\gamma\mu}$ 的最优解. 由

$$\beta_i((I_\alpha^{-1})_{i1}(f_1(\widehat{x}) - f_1^*) + (I_\alpha^{-1})_{i2}(f_2(\widehat{x}) - f_2^*)) = 1, \quad i = 1, 2$$

可得 $\|f(\widehat{x}) - f^*\|_\beta^\alpha = 1$. 此外

$$\beta_1(I_\alpha^{-1}(f(x) - f^*)^{\mathrm{T}})_1 = \frac{8f_1(x) + f_2(x) + 16 + 9\delta}{9\delta + 25},$$

$$\beta_2(I_\alpha^{-1}(f(x) - f^*)^{\mathrm{T}})_2 = \frac{f_1(x) + 8f_2(x) + 2 + 9\delta}{9\delta + 11},$$

且

$$\frac{8f_1(x) + f_2(x) + 16 + 9\delta}{9\delta + 25} = \begin{cases} \dfrac{x^2 + 6x + 25 + 9\delta}{9\delta + 25}, & x \in [-3, 1), \\[3mm] \dfrac{-\dfrac{32}{9}(x - 4)^2 + 64 + 9\delta}{9\delta + 25}, & x \in [1, 4], \\[3mm] \dfrac{-\dfrac{32}{9}(x - 4)^2 + (1 - x)^2 + 64 + 9\delta}{9\delta + 25}, & x \in (4, 5], \end{cases}$$

$$\frac{f_1(x) + 8f_2(x) + 2 + 9\delta}{9\delta + 11} = \begin{cases} \dfrac{8x^2 - 15x + 11 + 9\delta}{9\delta + 11}, & x \in [-3, 1), \\[3mm] \dfrac{-\dfrac{4}{9}(x-4)^2 + 8 + 9\delta}{9\delta + 11}, & x \in [1, 4], \\[3mm] \dfrac{-\dfrac{4}{9}(x-4)^2 + 8(1-x)^2 + 8 + 9\delta}{9\delta + 11}, & x \in (4, 5], \end{cases}$$

则

$$\|f(x) - f^*\|_\beta^\alpha = \begin{cases} \dfrac{8x^2 - 15x + 11 + 9\delta}{9\delta + 11}, & x \in [-3, 0], \\[3mm] \dfrac{x^2 + 6x + 25 + 9\delta}{9\delta + 25}, & x \in (0, 1), \\[3mm] \dfrac{-\dfrac{32}{9}(x-4)^2 + 64 + 9\delta}{9\delta + 25}, & x \in [1, 4], \\[3mm] \dfrac{-\dfrac{4}{9}(x-4)^2 + 8(1-x)^2 + 8 + 9\delta}{9\delta + 11}, & x \in (4, 5]. \end{cases}$$

通过计算可知, 对任意的 $x \in [-3, 5]$, $\|f(x) - f^*\|_\beta^\alpha \geqslant 1$. 从而由 μ 的定义可知, 对任意的 $s_1 \geqslant 0$, $s_2 \geqslant 0$ 以及任意的 $x \in [1, 4]$, 均有

$$\|f(x) - f^*\|_\beta^\alpha + \mu_1 s_1 + \mu_2 s_2 \geqslant 1 + \mu_1 s_1 + \mu_2 s_2$$

$$\geqslant 1 = \|f(\widehat{x}) - f^*\|_\beta^\alpha + \mu_1 \widehat{s_1} + \mu_2 \widehat{s_2}.$$

因此, $(\widehat{x}, \widehat{s})$ 是 $(\text{SOP})_{\alpha\beta\gamma\mu}^+$ 的最优解且 $\widehat{x}$ 是 (MOP) 的 Geoffrion-真有效解.

6.2　近似解的广义 Tchebycheff 标量化

本节主要介绍多目标优化问题近似解的广义 Tchebycheff 标量化. 分别利用带剩余变量的广义 Tchebycheff 标量化模型、带松弛与剩余变量的广义 Tchebycheff 标量化模型建立 ε-弱有效解、ε-有效解和 ε-真有效解的一些非线性标量化结果.

6.2.1　具剩余变量约束广义 Tchebycheff 标量化

考虑具剩余变量约束广义 Tchebycheff 标量化问题:

$$(\text{SOP})_{\alpha\beta\gamma\mu}^+ \quad \min \quad \|f(x) - f^*\|_\beta^\alpha + \sum_{i=1}^p \mu_i s_i$$

$$\text{s.t.} \quad \begin{cases} f_i(x) - \mu_i s_i \leqslant \gamma_i, & i = 1, 2, \cdots, p, \\ x \in D, \quad s_i \geqslant 0, & i = 1, 2, \cdots, p, \end{cases}$$

其中

$$\alpha \in \mathbb{R}, \quad \beta = (\beta_1, \beta_2, \cdots, \beta_p) \in \mathbb{R}^p_{++}, \quad \mu = (\mu_1, \mu_2, \cdots, \mu_p) \in \mathbb{R}^p_+,$$

$$\gamma = (\gamma_1, \gamma_2, \cdots, \gamma_p) \in \mathbb{R}^p.$$

下面基于 $(\text{SOP})^+_{\alpha\beta\gamma\mu}$ 建立多目标优化问题 ε-弱有效解、ε-有效解和 ε-真有效解三类近似解的非线性标量化结果[182].

定理 6.2.1　令 $\widehat{x} \in D$, $\widehat{s} \geqq 0$, $-\dfrac{1}{2p} < \alpha \leqslant 0$, $\beta \in \mathbb{R}^p_{++}$, $\mu \in \mathbb{R}^p_+$, $\gamma \in \mathbb{R}^p$, $\varepsilon \in \mathbb{R}^p_+$ 且 $0 \leqslant \epsilon \leqslant \min\limits_{1 \leqslant i \leqslant p} \beta_i (I_\alpha^{-1} \varepsilon)_i$. 若 $(\widehat{x}, \widehat{s})$ 是 $(\text{SOP})^+_{\alpha\beta\gamma\mu}$ 的 ϵ-最优解, 则 $\widehat{x}$ 是 (MOP) 的 ε-弱有效解.

证明　若 $\varepsilon = 0$, 则由定理 6.1.11 可知结论成立. 下面仅证当 $\varepsilon \in \mathbb{R}^p_+$ 时, 结论成立. 用反证法, 若 $\widehat{x} \in D$ 不是 (MOP) 的 ε-弱有效解, 则由 ε-弱有效解的定义可知, 存在 $\widetilde{x} \in D$ 使得 $f(\widetilde{x}) < f(\widehat{x}) - \varepsilon$. 因为 $(\widehat{x}, \widehat{s})$ 是 $(\text{SOP})^+_{\alpha\beta\gamma\mu}$ 的可行解, 所以

$$f_i(\widetilde{x}) - \mu_i \widehat{s}_i < f_i(\widehat{x}) - \mu_i \widehat{s}_i - \varepsilon_i \leqslant f_i(\widehat{x}) - \mu_i \widehat{s}_i \leqslant \gamma_i, \quad i = 1, 2, \cdots, p,$$

这表明 $(\widetilde{x}, \widehat{s})$ 是可行解. 此外, 利用 $\epsilon \leqslant \min\limits_{1 \leqslant i \leqslant p} \beta_i (I_\alpha^{-1} \varepsilon^{\mathrm{T}})_i$, $\beta \in \mathbb{R}^p_{++}$, $f_i^* = \min\limits_{x \in D} f_i(x) - \delta$ 和引理 6.1.1 可得

$$\|f(\widetilde{x}) - f^*\|^\alpha_\beta + \sum_{i=1}^p \mu_i \widehat{s}_i + \epsilon = \max_{1 \leqslant i \leqslant p} \beta_i (I_\alpha^{-1} (f(\widetilde{x}) - f^*)^{\mathrm{T}})_i + \sum_{i=1}^p \mu_i \widehat{s}_i + \epsilon$$

$$\leqslant \max_{1 \leqslant i \leqslant p} \beta_i (I_\alpha^{-1} (f(\widetilde{x}) - f^* + \varepsilon)^{\mathrm{T}})_i + \sum_{i=1}^p \mu_i \widehat{s}_i.$$

又由不等式 $f(\widetilde{x}) < f(\widehat{x}) - \varepsilon$ 和引理 6.1.1 可得

$$\max_{1 \leqslant i \leqslant p} \beta_i (I_\alpha^{-1} (f(\widetilde{x}) - f^* + \varepsilon)^{\mathrm{T}})_i < \max_{1 \leqslant i \leqslant p} \beta_i (I_\alpha^{-1} (f(\widehat{x}) - f^*)^{\mathrm{T}})_i.$$

因此

$$\|f(\widetilde{x}) - f^*\|^\alpha_\beta + \sum_{i=1}^p \mu_i \widehat{s}_i + \epsilon < \max_{1 \leqslant i \leqslant p} \beta_i (I_\alpha^{-1} (f(\widehat{x}) - f^*)^{\mathrm{T}})_i + \sum_{i=1}^p \mu_i \widehat{s}_i$$

$$= \|f(\widehat{x}) - f^*\|_{\boldsymbol{\beta}}^{\alpha} + \sum_{i=1}^{p} \mu_i \widehat{s}_i.$$

这与 $(\widehat{x}, \widehat{s})$ 是 $(\text{SOP})_{\alpha\beta\gamma}^{+}$ 的 ϵ-最优解矛盾.　　　　　　　□

定理 6.2.2　令 $\widehat{x} \in D$, $\mu \in \mathbb{R}_+^p$, $\gamma \geqq f(\widehat{x})$ 且 $\varepsilon \in \mathbb{R}_+^p$. 若 $\widehat{x}$ 是 (MOP) 的 ε-弱有效解, 则存在 $-\dfrac{1}{2p} < \alpha \leqslant 0$, $\beta \in \mathbb{R}_{++}^p$ 和 $\widehat{s} \geqq 0$ 使得 $(\widehat{x}, \widehat{s})$ 是 $(\text{SOP})_{\alpha\beta\gamma\mu}^{+}$ 的 ϵ-最优解, 其中

$$\epsilon = \max_{1 \leqslant i \leqslant p} \beta_i \left(I_\alpha^{-1} \varepsilon^{\mathrm{T}} \right)_i.$$

证明　对任意的 $i = 1, 2, \cdots, p$, 令

$$\alpha = 0, \quad \widehat{s}_i = 0, \quad \beta_i = \frac{1}{f_i(\widehat{x}) - f_i^*}.$$

显然, $(\widehat{x}, \widehat{s})$ 是 $(\text{SOP})_{\alpha\beta\gamma\mu}^{+}$ 的可行解. 假定 $(\widehat{x}, \widehat{s})$ 不是 $(\text{SOP})_{\alpha\beta\gamma\mu}^{+}$ 的 ϵ-最优解. 则存在 $\widetilde{x} \in D$ 和 $\widetilde{s} = (\widetilde{s}_1, \widetilde{s}_2, \cdots, \widetilde{s}_p)$ 使得

$$\|f(\widetilde{x}) - f^*\|_{\boldsymbol{\beta}}^{\alpha} + \sum_{i=1}^{p} \mu_i \widetilde{s}_i < \|f(\widehat{x}) - f^*\|_{\boldsymbol{\beta}}^{\alpha} + \sum_{i=1}^{p} \mu_i \widehat{s}_i - \epsilon = \|f(\widehat{x}) - f^*\|_{\boldsymbol{\beta}}^{\alpha} - \epsilon.$$

从而

$$\|f(\widetilde{x}) - f^*\|_{\boldsymbol{\beta}}^{\alpha} < 1 - \epsilon \leqslant 1 - \beta_i \varepsilon_i, \quad i = 1, 2, \cdots, p.$$

因此

$$f_i(\widetilde{x}) - f_i^* < f_i(\widehat{x}) - f_i^* - \varepsilon_i, \quad i = 1, 2, \cdots, p.$$

这与 $\widehat{x}$ 是 (MOP) 的 ε-弱有效解矛盾. 因此, $(\widehat{x}, \widehat{s})$ 是 $(\text{SOP})_{\alpha\beta\gamma\mu}^{+}$ 的 ϵ-最优解.　□

定理 6.2.3　令 $\widehat{x} \in D$, $\varepsilon \in \mathbb{R}_+^p$ 且 $\mu \in \mathbb{R}_+^p$ 满足 $\mu_i > 0, i \in I = \{i | \varepsilon_i > 0\}$. 若 $\widehat{x}$ 是 (MOP) 的 ε-弱有效解, 则存在 $-\dfrac{1}{2p} < \alpha \leqslant 0$, $\beta \in \mathbb{R}_{++}^p$, $\gamma \in \mathbb{R}^p$ 和 $\widehat{s} \geqq 0$ 使得 $(\widehat{x}, \widehat{s})$ 是 $(\text{SOP})_{\alpha\beta\gamma\mu}^{+}$ 的 ϵ-最优解, 其中

$$\epsilon = \max_{1 \leqslant i \leqslant p} \beta_i \left(I_\alpha^{-1} \varepsilon^{\mathrm{T}} \right)_i + e\varepsilon^{\mathrm{T}}.$$

证明　对任意的 $i = 1, 2, \cdots, p$, 令

$$\alpha = 0, \quad \widehat{s}_i = \rho_i \varepsilon_i, \quad \gamma_i = f_i(\widehat{x}) - \varepsilon_i, \quad \beta_i = \frac{1}{f_i(\widehat{x}) - f_i^*},$$

其中 $\rho \in \mathbb{R}_+^p$ 满足 $\rho_i = \dfrac{1}{\mu_i}, i \in I = \{i | \varepsilon_i > 0\}$. 显然, $(\widehat{x}, \widehat{s})$ 是 $(\mathrm{SOP})_{\alpha\beta\gamma\mu}^+$ 的可行解. 假定 $(\widehat{x}, \widehat{s})$ 不是 $(\mathrm{SOP})_{\alpha\beta\gamma\mu}^+$ 的 ϵ-最优解. 则存在 $\widetilde{x}$ 和 $\widetilde{s} = (\widetilde{s}_1, \widetilde{s}_2, \cdots, \widetilde{s}_p)$ 使得对任意的 $i = 1, 2, \cdots, p$,

$$\|f(\widetilde{x}) - f^*\|_\beta^\alpha + \sum_{i=1}^p \mu_i \widetilde{s}_i < \|f(\widehat{x}) - f^*\|_\beta^\alpha + \sum_{i=1}^p \mu_i \widehat{s}_i - \epsilon$$

$$= \|f(\widehat{x}) - f^*\|_\beta^\alpha - \max_{1 \leqslant i \leqslant p} \beta_i \varepsilon_i \leqslant 1 - \beta_i \varepsilon_i.$$

从而对任意的 $i = 1, 2, \cdots, p$,

$$f_i(\widetilde{x}) - f_i^* < f_i(\widehat{x}) - f_i^* - \varepsilon_i.$$

这与 $\widehat{x} \in D$ 是 (MOP) 的 ε-弱有效解矛盾. 因此, $(\widehat{x}, \widehat{s})$ 是 $(\mathrm{SOP})_{\alpha\beta\gamma\mu}^+$ 的 ϵ-最优解. $\qquad\square$

定理 6.2.4　令 $\widehat{x} \in D$, $\widehat{s} \geqq 0$, $-\dfrac{1}{2p} < \alpha < 0$, $\beta \in \mathbb{R}_{++}^p$, $\mu \in \mathbb{R}_+^p$, $\gamma \in \mathbb{R}^p$, $\varepsilon \in \mathbb{R}_+^p$ 且 $0 \leqslant \epsilon \leqslant \min\limits_{1 \leqslant i \leqslant p} \beta_i \left(I_\alpha^{-1} \varepsilon^\mathrm{T} \right)_i$. 若 $(\widehat{x}, \widehat{s})$ 是 $(\mathrm{SOP})_{\alpha\beta\gamma\mu}^+$ 的 ϵ-最优解, 则 $\widehat{x}$ 是 (MOP) 的 ε-有效解.

证明　反证法. 假定 $\widehat{x} \in D$ 不是 (MOP) 的 ε-有效解. 则存在 $\widetilde{x} \in D$, 使得对任意的 $i = 1, 2, \cdots, p$, $f_i(\widetilde{x}) \leqslant f_i(\widehat{x}) - \varepsilon_i$ 且存在 j 使得 $f_j(\widetilde{x}) < f_j(\widehat{x}) - \varepsilon_j$. 因此, $(\widetilde{x}, \widehat{s})$ 是 $(\mathrm{SOP})_{\alpha\beta\gamma\mu}^+$ 的可行解. 此外, 因为

$$\epsilon \leqslant \min_{1 \leqslant i \leqslant p} \beta_i \left(I_\alpha^{-1} \varepsilon^\mathrm{T} \right)_i, \quad -\frac{1}{2p} < \alpha < 0, \quad \beta > 0, \quad f_i^* = \min_{x \in D} f_i(x) - \delta,$$

则由引理 6.1.1 和定理 6.1.14 的证明过程可得

$$\|f(\widetilde{x}) - f^*\|_\beta^\alpha + \sum_{i=1}^p \mu_i \widehat{s}_i + \epsilon \leqslant \max_{1 \leqslant i \leqslant p} \beta_i (I_\alpha^{-1}(f(\widetilde{x}) - f^* + \varepsilon)^\mathrm{T})_i + \sum_{i=1}^p \mu_i \widehat{s}_i$$

$$< \max_{1 \leqslant i \leqslant p} \beta_i (I_\alpha^{-1}(f(\widehat{x}) - f^*)^\mathrm{T})_i + \sum_{i=1}^p \mu_i \widehat{s}_i$$

$$= \|f(\widehat{x}) - f^*\|_\beta^\alpha + \sum_{i=1}^p \mu_i \widehat{s}_i,$$

这与 $(\widehat{x}, \widehat{s})$ 是 $(\mathrm{SOP})_{\alpha\beta\gamma\mu}^+$ 的 ϵ-最优解矛盾. 故 $\widehat{x} \in D$ 是 (MOP) 的 ε-有效解. $\quad\square$

定理 6.2.5　令 $\widehat{x} \in D$, $\widehat{s} \geqq 0$, $-\dfrac{1}{2p} < \alpha < 0$, $\beta \in \mathbb{R}_{++}^p$, $\mu \in \mathbb{R}_+^p$, $\gamma = U = (U_1, U_2, \cdots, U_p)$, $\varepsilon \in \mathbb{R}_+^p$ 且

$$0 \leqslant \epsilon \leqslant \min_{1 \leqslant i \leqslant p} \left\{ \frac{\beta_i \varepsilon_i}{1-\alpha}, \beta_i \left(I_\alpha^{-1} \varepsilon^{\mathrm{T}} \right)_i \right\}.$$

若 $(\widehat{x}, \widehat{s})$ 是 $(\mathrm{SOP})_{\alpha\beta\gamma\mu}^+$ 的 ϵ-最优解, 则 $\widehat{x}$ 是 (MOP) 的 ε-真有效解.

证明 因为

$$0 \leqslant \epsilon \leqslant \min_{1 \leqslant i \leqslant p} \left\{ \frac{\beta_i \varepsilon_i}{1-\alpha}, \beta_i \left(I_\alpha^{-1} \varepsilon^{\mathrm{T}} \right)_i \right\},$$

所以

$$0 \leqslant \epsilon \leqslant \min_{1 \leqslant i \leqslant p} \beta_i \left(I_\alpha^{-1} \varepsilon^{\mathrm{T}} \right)_i.$$

故由定理 6.2.4 可知, $\widehat{x} \in D$ 是 (MOP) 的 ε-有效解. 进一步证明存在常数 $M > 0$, 使得对所有满足 $f_i(x) < f_i(\widehat{x}) - \varepsilon_i$ 的 i 和 $x \in D$, 均存在满足 $f_j(\widehat{x}) - \varepsilon_j < f_j(x)$ 的 j 使得

$$f_i(\widehat{x}) - f_i(x) - \varepsilon_i \leqslant M(f_j(x) - f_j(\widehat{x}) + \varepsilon_j).$$

事实上, 假设 $f_k(\overline{x}) < f_k(\widehat{x}) - \varepsilon_k$. 令

$$\widehat{\eta}_i = \left(I_\alpha^{-1}(f(\widehat{x}) - f^*)^{\mathrm{T}} \right)_i, \ \forall i; \quad \overline{\eta}_i = \left(I_\alpha^{-1}(f(\overline{x}) - f^*)^{\mathrm{T}} \right)_i, \ \forall i,$$

且

$$\widehat{\eta}_j - \overline{\eta}_j - \frac{\varepsilon_j}{1-\alpha} = \min_{1 \leqslant i \leqslant p} \left\{ \widehat{\eta}_i - \overline{\eta}_i - \frac{\varepsilon_i}{1-\alpha} \right\}.$$

则 $\widehat{\eta}_j - \overline{\eta}_j - \dfrac{\varepsilon_j}{1-\alpha} \leqslant 0$. 若不然, 假设对任意的 $i = 1, 2, \cdots, p$,

$$\widehat{\eta}_i - \overline{\eta}_i - \frac{\varepsilon_i}{1-\alpha} > 0.$$

则由 $\beta \in \mathbb{R}_{++}^p$ 可得

$$\beta_i \widehat{\eta}_i - \beta_i \overline{\eta}_i - \frac{\beta_i \varepsilon_i}{1-\alpha} > 0.$$

从而由 $0 \leqslant \epsilon \leqslant \min\limits_{1 \leqslant i \leqslant p} \dfrac{\beta_i \varepsilon_i}{1-\alpha}$ 可得

$$\beta_i \widehat{\eta}_i - \beta_i \overline{\eta}_i - \epsilon \geqslant \beta_i \widehat{\eta}_i - \beta_i \overline{\eta}_i - \frac{\beta_i \varepsilon_i}{1-\alpha} > 0.$$

故 $\max\limits_{1 \leqslant i \leqslant p} \beta_i \widehat{\eta}_i - \epsilon > \max\limits_{1 \leqslant i \leqslant p} \beta_i \overline{\eta}_i$. 从而有

$$\|f(\widehat{x}) - f^*\|_\beta^\alpha + \sum_{i=1}^p \mu_i \widehat{s}_i - \epsilon > \|f(\overline{x}) - f^*\|_\beta^\alpha + \sum_{i=1}^p \mu_i \widehat{s}_i.$$

这与 $(\widehat{x}, \widehat{s})$ 是 $(\mathrm{SOP})^+_{\alpha\beta\gamma\mu}$ 的 ϵ-最优解矛盾. 故

$$\widehat{\eta}_j - \overline{\eta}_j - \frac{\varepsilon_j}{1-\alpha} \leqslant 0, \quad f_j(\overline{x}) > f_j(\widehat{x}) - \varepsilon_j.$$

事实上, 若 $f_j(\overline{x}) \leqslant f_j(\widehat{x}) - \varepsilon_j$. 则对任意的 $i = 1, 2, \cdots, p, i \neq k$,

$$
\begin{aligned}
0 \leqslant f_j(\widehat{x}) - f_j(\overline{x}) - \varepsilon_j &= (1-\alpha)(\widehat{\eta}_j - \overline{\eta}_j) + \sum_{i=1}^{p} \alpha(\widehat{\eta}_i - \overline{\eta}_i) - \varepsilon_j \\
&= (1-\alpha)\left(\widehat{\eta}_j - \overline{\eta}_j - \frac{\varepsilon_j}{1-\alpha}\right) + \sum_{i=1}^{p} \alpha(\widehat{\eta}_i - \overline{\eta}_i) \\
&\leqslant (1-\alpha)\left(\widehat{\eta}_i - \overline{\eta}_i - \frac{\varepsilon_i}{1-\alpha}\right) + \sum_{i=1}^{p} \alpha(\widehat{\eta}_i - \overline{\eta}_i) \\
&= f_i(\widehat{x}) - f_i(\overline{x}) - \varepsilon_i.
\end{aligned}
$$

但这与 $\widehat{x}$ 的 ε-有效性矛盾. 故 $f_j(\overline{x}) > f_j(\widehat{x}) - \varepsilon_j$. 此外

$$
\begin{aligned}
\frac{f_k(\widehat{x}) - f_k(\overline{x}) - \varepsilon_k}{f_j(\overline{x}) - f_j(\widehat{x}) + \varepsilon_j} &= \frac{(\widehat{\eta}_k - \overline{\eta}_k) + \alpha(\widehat{\eta}_j - \overline{\eta}_j) + \alpha \sum_{i \neq k,j}(\widehat{\eta}_i - \overline{\eta}_i) - \varepsilon_k}{-(\widehat{\eta}_j - \overline{\eta}_j) - \alpha(\widehat{\eta}_k - \overline{\eta}_k) - \alpha \sum_{i \neq k,j}(\widehat{\eta}_i - \overline{\eta}_i) + \varepsilon_j} \\
&= -\frac{1}{\alpha} + \frac{\left(\alpha - \dfrac{1}{\alpha}\right)(\widehat{\eta}_j - \overline{\eta}_j) + (\alpha - 1)s - \varepsilon_k + \dfrac{1}{\alpha}\varepsilon_j}{-(\widehat{\eta}_j - \overline{\eta}_j) - \alpha(\widehat{\eta}_k - \overline{\eta}_k) - \alpha s + \varepsilon_j},
\end{aligned}
$$

其中 $s = \sum\limits_{i \neq k,j}(\widehat{\eta}_i - \overline{\eta}_i)$. 下证

$$\left(\alpha - \frac{1}{\alpha}\right)(\widehat{\eta}_j - \overline{\eta}_j) + (\alpha - 1)s - \varepsilon_k + \frac{1}{\alpha}\varepsilon_j \leqslant 0.$$

由 $\dfrac{-1}{p+1} < \alpha < 0$ 可得 $\dfrac{1+\alpha}{-\alpha} > p - 2$. 从而

$$\left(\widehat{\eta}_j - \overline{\eta}_j - \frac{\varepsilon_j}{1-\alpha}\right)\frac{1+\alpha}{-\alpha} \leqslant \left(\widehat{\eta}_j - \overline{\eta}_j - \frac{\varepsilon_j}{1-\alpha}\right)(p-2) \leqslant s.$$

两端同乘 $1 - \alpha$ 可得

$$\left(\alpha - \frac{1}{\alpha}\right)(\widehat{\eta}_j - \overline{\eta}_j) + \frac{1+\alpha}{\alpha}\varepsilon_j \leqslant (1-\alpha)s.$$

从而

$$\left(\alpha - \frac{1}{\alpha}\right)(\widehat{\eta}_j - \overline{\eta}_j) + (\alpha - 1)s + \left(1 + \frac{1}{\alpha}\right)\varepsilon_j \leqslant 0.$$

故有

$$\left(\alpha - \frac{1}{\alpha}\right)(\widehat{\eta}_j - \overline{\eta}_j) + (\alpha - 1)s - \varepsilon_k + \frac{1}{\alpha}\varepsilon_j$$

$$\leqslant \left(\alpha - \frac{1}{\alpha}\right)(\widehat{\eta}_j - \overline{\eta}_j) + (\alpha - 1)s + \left(1 + \frac{1}{\alpha}\right)\varepsilon_j$$

$$\leqslant 0.$$

取 $M = -\dfrac{1}{\alpha}$. 则由定义可知 $\widehat{x}$ 是 (MOP) 的 ε-真有效解.   □

定理 6.2.6   令 $\mu \in \mathbb{R}_+^p$. 若 $\widehat{x} \in D$ 是 (MOP) 的 ε-真有效解, 则存在 $-\dfrac{1}{2p} <$
$\alpha < 0, \beta \in \mathbb{R}_{++}^p, \gamma \in \mathbb{R}^p$ 和 $\widehat{s} \geqq 0$ 使得 $(\widehat{x}, \widehat{s})$ 是 $(\mathrm{SOP})_{\alpha\beta\gamma\mu}^+$ 的 ϵ-最优解, 其中

$$\epsilon = \max_{1 \leqslant i \leqslant p} \beta_i \left(I_\alpha^{-1}\varepsilon^{\mathrm{T}}\right)_i.$$

证明   对任意的 $i = 1, 2, \cdots, p$, 令 $\widehat{\eta}_i = (I_\alpha^{-1}(f(\widehat{x}) - f^*)^{\mathrm{T}})_i, \beta_i = \dfrac{1}{\widehat{\eta}_i}$ 且

$$\gamma_i = f_i(\widehat{x}), \quad \widehat{s}_i = 0.$$

则 $I_\alpha\widehat{\eta} = f(\widehat{x}) - f^*$ 且 $\|f(\widehat{x}) - f^*\|_\beta^\alpha = 1$. 因为 $\widehat{x} \in D$ 是 (MOP) 的 ε-真有效解,
所以存在常数 $M > 0$, 使得对所有满足 $f_k(x) < f_k(\widehat{x}) - \varepsilon_k$ 的 k 和 $x \in D$, 均存
在满足 $f_j(\widehat{x}) - \varepsilon_j < f_j(x)$ 的 j 使得

$$f_k(\widehat{x}) - f_k(x) - \varepsilon_k < M(f_j(x) - f_j(\widehat{x}) + \varepsilon_j).$$

令 α 是充分趋于零的负数且满足

$$M + 1 < (1 - \alpha)/(-\alpha p). \tag{6.2.1}$$

则由 $f(\widehat{x}) - f^* > 0$ 和引理 6.1.1 可得 $I_\alpha^{-1}(f(\widehat{x}) - f^*)^{\mathrm{T}} > 0$.

下面证明 $(\widehat{x}, \widehat{s})$ 是 $(\mathrm{SOP})_{\alpha\beta\gamma\mu}^+$ 的 ϵ-最优解. 反证法. 假定存在 $\widetilde{x}$ 和 $\widetilde{s}$ 使得

$$\|f(\widetilde{x}) - f^*\|_\beta^\alpha + \sum_{i=1}^p \mu_i \widetilde{s}_i < 1 - \epsilon.$$

故 $\|f(\widetilde{x}) - f^*\|_\beta^\alpha < 1 - \epsilon$. 对任意的 $i = 1, 2, \cdots, p$, 令

$$\widetilde{\eta}_i = (I_\alpha^{-1}(f(\widetilde{x}) - f^*)^{\mathrm{T}})_i.$$

则 $I_\alpha \widetilde{\eta}^{\mathrm{T}} = (f(\widetilde{x}) - f^*)^{\mathrm{T}}$, $\max\limits_{1 \leqslant i \leqslant p} \beta_i \widetilde{\eta}_i < 1 - \epsilon$. 从而

$$\widetilde{\eta}_i < \widehat{\eta}_i - \widehat{\eta}_i \epsilon, \quad i = 1, 2, \cdots, p. \tag{6.2.2}$$

若对任意的 $i = 1, 2, \cdots, p$, $f_i(\widetilde{x}) \geqslant f_i(\widehat{x}) - \varepsilon_i$. 则

$$\widetilde{\eta}_i \geqslant \widehat{\eta}_i - \left(I_\alpha^{-1}\varepsilon^{\mathrm{T}}\right)_i = \widehat{\eta}_i - \widehat{\eta}_i \cdot \beta_i \left(I_\alpha^{-1}\varepsilon^{\mathrm{T}}\right)_i \geqslant \widehat{\eta}_i - \widehat{\eta}_i \epsilon.$$

这与 (6.2.2) 矛盾. 则存在 j 使得 $f_j(\widetilde{x}) < f_j(\widehat{x}) - \varepsilon_j$. 令

$$q = \widehat{\eta}_1 - \widetilde{\eta}_1 - \left(I_\alpha^{-1}\varepsilon^{\mathrm{T}}\right)_1 + \cdots + \widehat{\eta}_p - \widetilde{\eta}_p - \left(I_\alpha^{-1}\varepsilon^{\mathrm{T}}\right)_p.$$

则对任意的 $i = 1, 2, \cdots, p$,

$$f_i(\widehat{x}) - f_i(\widetilde{x}) - \varepsilon_i = \left(I_\alpha\left(\widehat{\eta}^{\mathrm{T}} - \widetilde{\eta}^{\mathrm{T}} - \left(I_\alpha^{-1}\varepsilon^{\mathrm{T}}\right)\right)\right)_i = \alpha q + (1 - \alpha)\left(\widehat{\eta}_i - \widetilde{\eta}_i - \left(I_\alpha^{-1}\varepsilon^{\mathrm{T}}\right)_i\right).$$

进一步, 令

$$\widehat{\eta}_k - \widetilde{\eta}_k - \left(I_\alpha^{-1}\varepsilon^{\mathrm{T}}\right)_k = \max_{1 \leqslant i \leqslant p}\left(\widehat{\eta}_i - \widetilde{\eta}_i - \left(I_\alpha^{-1}\varepsilon^{\mathrm{T}}\right)_i\right).$$

则 $f_k(\widehat{x}) > f_k(\widetilde{x}) + \varepsilon_k$ 且由 (6.2.2) 可得

$$\widehat{\eta}_k - \widetilde{\eta}_k - \left(I_\alpha^{-1}\varepsilon^{\mathrm{T}}\right)_k \geqslant \frac{q}{p} > 0.$$

从而对任意满足 $f_j(\widehat{x}) < f_j(\widetilde{x}) + \varepsilon_j$ 的 j, 由 (6.2.1) 和 (6.2.2) 可知

$$
\begin{aligned}
\frac{f_k(\widehat{x}) - f_k(\widetilde{x}) - \varepsilon_k}{f_j(\widetilde{x}) - f_j(\widehat{x}) + \varepsilon_j} &= \frac{\alpha q + (1 - \alpha)\left(\widehat{\eta}_k - \widetilde{\eta}_k - \left(I_\alpha^{-1}\varepsilon^{\mathrm{T}}\right)_k\right)}{-\alpha q - (1 - \alpha)\left(\widehat{\eta}_j - \widetilde{\eta}_j - \left(I_\alpha^{-1}\varepsilon^{\mathrm{T}}\right)_j\right)} \\
&= \frac{\alpha q/(1 - \alpha) + \widehat{\eta}_k - \widetilde{\eta}_k - \left(I_\alpha^{-1}\varepsilon^{\mathrm{T}}\right)_k}{-\alpha q/(1 - \alpha) - \left(\widehat{\eta}_j - \widetilde{\eta}_j - \left(I_\alpha^{-1}\varepsilon^{\mathrm{T}}\right)_j\right)} \\
&\geqslant \frac{\alpha q/(1 - \alpha) + q/p}{-\alpha q/(1 - \alpha)} = -1 + \frac{1 - \alpha}{-\alpha p} > M,
\end{aligned}
$$

这与 $\widehat{x} \in D$ 是 (MOP) 的 ε-真有效解矛盾. 因此, $(\widehat{x}, \widehat{s})$ 是 $(\mathrm{SOP})_{\alpha\beta\gamma\mu}^+$ 的 ϵ-最优解.　$\square$

6.2.2　具松弛与剩余变量约束广义 Tchebycheff 标量化

本节基于具松弛变量与剩余变量的广义 Tchebycheff 标量化问题, 建立多目标优化问题 ε-弱有效解、ε-有效解和 ε-真有效解的非线性标量化结果.

考虑具松弛与剩余变量约束广义 Tchebycheff 标量化问题:

$$(\text{RSOP})_{\alpha\beta\gamma\mu\nu} \quad \min \quad \|f(x) - f^*\|_\beta^\alpha + \sum_{i=1}^p \mu_i s_i^- - \sum_{i=1}^p \nu_i s_i^+$$

$$\text{s.t.} \quad \begin{cases} f_i(x) - \mu_i s_i^- + \nu_i s_i^+ \leqslant \gamma_i, & i = 1, 2, \cdots, p, \\ x \in D, s_i^+ \geqslant 0, s_i^- \geqslant 0, & i = 1, 2, \cdots, p, \end{cases}$$

其中

$$\alpha \in \mathbb{R}, \quad \beta = (\beta_1, \beta_2, \cdots, \beta_p) \in \mathbb{R}_{++}^p, \quad \mu = (\mu_1, \mu_2, \cdots, \mu_p) \in \mathbb{R}_+^p,$$

$$\nu = (\nu_1, \nu_2, \cdots, \nu_p) \in \mathbb{R}_+^p, \quad \gamma = (\gamma_1, \gamma_2, \cdots, \gamma_p) \in \mathbb{R}^p.$$

定理 6.2.7　假定 $\widehat{x} \in D$, $\widehat{s}^+ \geqq 0$, $\widehat{s}^- \geqq 0$, $-\dfrac{1}{2p} < \alpha \leqslant 0$, $\beta \in \mathbb{R}_{++}^p$, $\mu \in \mathbb{R}_+^p$, $\nu \in \mathbb{R}_+^p$, $\gamma \in \mathbb{R}^p$, $\varepsilon \in \mathbb{R}_+^p$ 且

$$0 \leqslant \epsilon \leqslant \min_{1 \leqslant i \leqslant p} \beta_i \left(I_\alpha^{-1} \varepsilon^{\mathrm{T}} \right)_i.$$

若 $(\widehat{x}, \widehat{s}^+, \widehat{s}^-)$ 是 $(\text{RSOP})_{\alpha\beta\gamma\mu\nu}^+$ 的 ϵ-最优解, 则 $\widehat{x}$ 是 (MOP) 的 ε-弱有效解.

证明　证明过程类似于定理 6.2.1.　　　　　　　　　　　　　　□

定理 6.2.8　假定 $\widehat{x} \in D$, $\mu \in \mathbb{R}_+^p$, $\nu = 0$, $\gamma \geqq f(\widehat{x})$ 且 $\varepsilon \in \mathbb{R}_+^p$. 若 $\widehat{x}$ 是 (MOP) 的 ε-弱有效解, 则存在 $-\dfrac{1}{2p} < \alpha \leqslant 0$, $\beta \in \mathbb{R}_{++}^p$, $\widehat{s}^+ \geqq 0$ 和 $\widehat{s}^- \geqq 0$ 使得 $(\widehat{x}, \widehat{s}^+, \widehat{s}^-)$ 是 $(\text{RSOP})_{\alpha\beta\gamma\mu\nu}$ 的 ϵ-最优解, 其中

$$\epsilon = \max_{1 \leqslant i \leqslant p} \beta_i \left(I_\alpha^{-1} \varepsilon^{\mathrm{T}} \right)_i.$$

证明　当 $\nu = 0$ 时, $(\text{RSOP})_{\alpha\beta\gamma\mu\nu}$ 与 $(\text{SOP})_{\alpha\beta\gamma\mu}^+$ 等价. 因此, 利用定理 6.2.2 可知结论成立.　　　　　　　　　　　　　　□

定理 6.2.9　假定 $\widehat{x} \in D$, $\varepsilon \in \mathbb{R}_+^p$ 且 $\mu \in \mathbb{R}_+^p$ 满足 $\mu_i > 0, i \in I = \{i | \varepsilon_i > 0\}$, $\nu = 0$. 若 $\widehat{x}$ 是 (MOP) 的 ε-弱有效解, 则存在 $-\dfrac{1}{2p} < \alpha \leqslant 0$, $\beta \in \mathbb{R}_{++}^p$, $\gamma \in \mathbb{R}^p$, $\widehat{s}^+ \geqq 0$ 和 $\widehat{s}^- \geqq 0$ 使得 $(\widehat{x}, \widehat{s}^+, \widehat{s}^-)$ 是 $(\text{RSOP})_{\alpha\beta\gamma\mu\nu}$ 的 ϵ-最优解, 其中

$$\epsilon = \max_{1 \leqslant i \leqslant p} \beta_i \left(I_\alpha^{-1} \varepsilon^{\mathrm{T}} \right)_i + e\varepsilon^{\mathrm{T}}.$$

证明　当 $\nu = 0$ 时, $(\text{RSOP})_{\alpha\beta\gamma\mu\nu}$ 与 $(\text{SOP})^+_{\alpha\beta\gamma\mu}$ 等价. 因此, 由定理 6.2.3 可知结论成立. □

定理 6.2.10　假定 $\widehat{x} \in D$, $\widehat{s}^+ \geqq 0$, $\widehat{s}^- \geqq 0$, $-\dfrac{1}{2p} < \alpha < 0$, $\beta \in \mathbb{R}^p_{++}$, $\mu \in \mathbb{R}^p_+$, $\nu \in \mathbb{R}^p_+$, $\gamma \in \mathbb{R}^p$, $\varepsilon \in \mathbb{R}^p_+$ 且

$$0 \leqslant \epsilon \leqslant \min_{1 \leqslant i \leqslant p} \beta_i \left(I_\alpha^{-1} \varepsilon^{\mathrm{T}} \right)_i.$$

若 $(\widehat{x}, \widehat{s}^+, \widehat{s}^-)$ 是 $(\text{RSOP})_{\alpha\beta\gamma\mu\nu}$ 的 ϵ-最优解, 则 $\widehat{x}$ 是 (MOP) 的 ε-有效解.

证明　证明过程类似于定理 6.2.4. □

定理 6.2.11　假定 $\widehat{x} \in D$, $\widehat{s}^+ \geqq 0$, $\widehat{s}^- \geqq 0$, $-\dfrac{1}{2p} < \alpha < 0$, $\beta \in \mathbb{R}^p_{++}$, $\mu \in \mathbb{R}^p_+$, $\nu = 0$, $\gamma = U = (U_1, U_2, \cdots, U_p)$, $\varepsilon \in \mathbb{R}^p_+$ 且

$$0 \leqslant \epsilon \leqslant \min_{1 \leqslant i \leqslant p} \left\{ \frac{\beta_i \varepsilon_i}{1 - \alpha}, \beta_i \left(I_\alpha^{-1} \varepsilon^{\mathrm{T}} \right)_i \right\}.$$

若 $(\widehat{x}, \widehat{s}^+, \widehat{s}^-)$ 是 $(\text{RSOP})_{\alpha\beta\gamma\mu\nu}$ 的 ϵ-最优解, 则 $\widehat{x}$ 是 (MOP) 的 ε-真有效解.

证明　注意到当 $\nu = 0$ 时, $(\text{RSOP})_{\alpha\beta\gamma\mu\nu}$ 与 $(\text{SOP})^+_{\alpha\beta\gamma\mu}$ 等价. 故由定理 6.2.5 可知结论成立. □

定理 6.2.12　假定 $\mu \in \mathbb{R}^p_+$. 若 $\widehat{x} \in D$ 是 (MOP) 的 ε-真有效解, 则存在 $-\dfrac{1}{2p} < \alpha < 0$, $\beta \in \mathbb{R}^p_{++}$, $\nu \in \mathbb{R}^p_+$, $\gamma \in \mathbb{R}^p$, $\widehat{s}^+ \geqq 0$ 和 $\widehat{s}^- \geqq 0$ 使得 $(\widehat{x}, \widehat{s}^+, \widehat{s}^-)$ 是 $(\text{RSOP})^+_{\alpha\beta\gamma\mu\nu}$ 的 ϵ-最优解, 其中

$$\epsilon = \max_{1 \leqslant i \leqslant p} \beta_i \left(I_\alpha^{-1} \varepsilon^{\mathrm{T}} \right)_i.$$

证明　对任意的 $i = 1, 2, \cdots, p$, 令

$$\widehat{\eta}_i = (I_\alpha^{-1}(f(\widehat{x}) - f^*)^{\mathrm{T}})_i, \quad \beta_i = \frac{1}{\widehat{\eta}_i},$$

$$\gamma_i = f_i(\widehat{x}), \quad \nu_i = 0, \quad \widehat{s_i^+} = \widehat{s_i^-} = 0.$$

余下的证明类似于定理 6.2.6. □

参 考 文 献

[1] Marler R T, Arora J S. Survey of multi-objective optimization methods for engineering. Structural and Multidisciplinary Optimization, 2004, 26(6): 369-395.

[2] Sarigiannis D A, Saisana M. Multi-objective optimization of air quality monitoring. Environmental Monitoring and Assessment, 2008, 136(3): 87-99.

[3] Lin G H, Zhang D, Liang Y C. Stochastic multiobjective problems with complementarity constraints and applications in healthcare management. European Journal of Operational Research, 2013, 226(3): 461-470.

[4] Lucidi S, Maurici M, Paulon L, et al. A simulation-based multiobjective optimization approach for health care service management. IEEE Transactions on Automation Science and Engineering, 2016, 13(4): 1480-1491.

[5] Fliege J, Werner R. Robust multiobjective optimization & applications in portfolio optimization. European Journal of Operational Research, 2014, 234(2): 422-433.

[6] 王寅, 王道波, 王建宏. 基于凸优化理论的无人机编队自主重构算法研究. 中国科学: 技术科学, 2017, 47(3): 249-258.

[7] Rodriguez-Roman D, Ritchie S G. Surrogate-based optimization for multi-objective toll design problems. Transportation Research Part A: Policy and Practice, 2020, 137: 485-503.

[8] Chow A H, Li S, Zhong R. Multi-objective optimal control formulations for bus service reliability with traffic signals. Transportation Research Part B: Methodological, 2017, 103: 248-268.

[9] Nguyen T H, Nong D, Paustian K. Surrogate-based multi-objective optimization of management options for agricultural landscapes using artificial neural networks. Ecological Modelling, 2019, 400: 1-13.

[10] Tamssaouet K, Dauzère-Pérès S, Knopp S, et al. Multiobjective optimization for complex flexible job-shop scheduling problems. European Journal of Operational Research, 2022, 296(1): 87-100.

[11] Li X, Sun J Q. Signal multiobjective optimization for urban traffic network. IEEE Transactions on Intelligent Transportation Systems, 2018, 19(11): 3529-3537.

[12] 唐明慧. 基于多目标模型的电子商务网站结构优化研究. 沈阳: 沈阳大学, 2013.

[13] 张子辉. 多目标协同进化方法及其在多舱段卫星设备布局应用. 大连: 大连理工大学, 2017.

[14] Teng H F, Sun S L, Li D Q, et al. Layout optimization for the objects located within a rotating vessel——a three-dimensional packing problem with behavioral constraints. Computers & Operations Research, 2001, 28(6): 521-535.

[15] Liu J F, Hao L, Li G, et al. Multi-objective layout optimization of a satellite module using the Wang-Landau sampling method with local search. Frontiers of Information Technology & Electronic Engineering, 2016, 17(6): 527-542.

[16] 柴天佑. 复杂工业过程运行优化与反馈控制. 自动化学报, 2013, 39(11): 1744-1757.

[17] 周昳鸣. 基于代理模型的多样性可竞争结构优化设计. 大连: 大连理工大学, 2016.

[18] Markowitz H M. Portfolio selection. The Journal of Finance, 1952, 7(1): 77-91.

[19] Markowitz H M. Portfolio Selection-Efficient Diversification of Investments. New York: Wiley, 1959.

[20] Liu Y F, Hong M, Song E. Sample approximation-based deflation approaches for chance SINR constrained joint power and admission control. IEEE Transactions on Wireless Communications, 2016, 15(7): 4535-4547.

[21] 李横, 苏永东. 联合战役野战油库部署多目标优化模拟模型. 军事运筹与系统工程, 2014, 28(2): 41-44.

[22] 谯露, 舒勤, 赵克全. 油库选址问题的多目标优化方法. 重庆师范大学学报 (自然科学版), 2023, 40(1): 82-87.

[23] Willcox W B. The Papers of Benjamin Franklin, Volume 19. New Haven: Yale University Press, 1975.

[24] Smith A. An Inquiry into the Nature and Causes of the Wealth of Nations, Volume 1. London: W. Strahan and T. Cadell, 1776.

[25] Edgeworth F Y. Mathematical Psychics: An Essay on the Application of Mathematics to the Moral Sciences. London: Kegan Paul, 1881.

[26] Pareto V. Cours d'Economie Politique. Lausanne: Librairie Droz, 1896.

[27] Koopmans T C. Analysis of Production as an Efficient Combination of Activities. Activity Analysis of Production and Allocation. New York: John Wiley & Sons, 1951.

[28] Kuhn H W, Tucker A W. Nonlinear programming//Proceedings of the Second Berkeley Symposium on Mathematical Statistics and Probability. Berkeley: University of California Press, 1951: 481-492.

[29] Debreu G. Valuation equilibrium and Pareto optimum. Proceedings of the National Academy of Sciences, 1954, 40: 588-592.

[30] Johnsen E. Studies in Multiobjective Decision Models. Lund: Studentlitteratur, 1968.

[31] Stadler W. A survey of multicriteria optimization or the vector maximum problem, Part I: 1776-1960. Journal of Optimization Theory and Applications, 1979, 29: 1-52.

[32] Yu P L, Lee Y R, Stam A. Multiple-Criteria Decision Making: Concepts, Techniques, and Extensions. New York: Plenum Press, 1985.

[33] Luc D T. Theory of Vector Optimization. Lecture Notes in Economics and Mathematical Sciences, 319. Berlin: Springer, 1989.

[34] 顾基发, 魏权龄. 最优化方法及其应用——多目标决策问题. 北京: 中国科学院数学研究所运筹室, 1978.

[35] 林锉云, 董加礼. 多目标优化的方法与理论. 长春: 吉林教育出版社, 1992.

[36] 胡毓达. 多目标规划有效性理论. 上海: 上海科学技术出版社, 1994.

[37] Miettinen K. Nonlinear Multiobjective Optimization. Boston: Kluwer Academic Publishers, 1999.

[38] Göpfert A, Riahi H, Tammer C, et al. Variational Methods in Partially Ordered Spaces. New York: Springer, 2003.

[39] 冯英浚, 张杰. 大系统多目标规划的理论及应用. 北京: 科学出版社, 2004.

[40] Jahn J. Vector Optimization: Theory, Applications, and Extensions. Berlin: Springer, 2004.

[41] Chen G Y, Huang X X, Yang X Q. Vector Optimization. Lecture Notes in Economics and Mathematical Sciences, 541. Berlin: Springer, 2005.

[42] 徐玖平, 李军. 多目标决策的理论与方法. 北京: 清华大学出版社, 2005.

[43] Ehrgott M. Multicriteria Optimization. Berlin: Springer, 2005.

[44] Jin Y C. Multi-objective Machine Learning. Berlin: Springer, 2006.

[45] 杨自厚, 许宝栋, 董颖. 多目标决策方法. 沈阳: 东北大学出版社, 2006.

[46] 杨保安, 张科静. 多目标决策分析理论、方法与应用研究. 上海: 东华大学出版社, 2008.

[47] Mishra S K, Wang S Y, Lai K K. Generalized Convexity and Vector Optimization. Berlin: Springer, 2009.

[48] 焦李成, 尚荣华, 马文萍, 等. 多目标优化免疫算法、理论和应用. 北京: 科学出版社, 2010.

[49] Zopounidis C, Pardalos P M. Handbook of Multicriteria Analysis. Berlin: Springer, 2010.

[50] 方国华, 黄显峰. 多目标决策理论、方法及其应用. 北京: 科学出版社, 2011.

[51] Ansari Q H, Yao J C. Recent Developments in Vector Optimization. Berlin: Springer, 2012.

[52] 潘峰, 李位星, 高琪, 等. 粒子群优化算法与多目标优化. 北京: 北京理工大学出版社, 2013.

[53] 蒋敏, 孟志青. 多目标条件风险值理论. 北京: 科学出版社, 2014.

[54] 杨新民, 戎卫东. 广义凸性及其应用. 北京: 科学出版社, 2016.

[55] Luc D T. Multiobjective Linear Programming. Switzerland: Springer, 2016.

[56] 焦李成, 尚荣华, 刘芳, 等. 认知计算与多目标优化. 北京: 科学出版社, 2017.

[57] Yang X M. Generalized Preinvexity and Second Order Duality in Multiobjective Programming. Singapore: Springer, 2018.

[58] Guerraggio A, Molho E, Zaffaroni A. On the notion of proper efficiency in vector optimization. Journal of Optimization Theory and Applications, 1994, 82: 1-21.

[59] Loridan P. ε-solutions in vector minimization problems. Journal of Optimization Theory and Applications, 1984, 43(2): 265-276.

[60] Li Z F, Wang S Y. ε-approximate solutions in multiobjective optimization. Optimization, 1998, 44(2): 161-174.

[61] Rong W D, Ma Y. ε-Properly efficient solutions of vector optimization problems with set-valued maps. OR Transactions, 2000, 4(4): 21-32.

[62] Liu J C. ε-Properly efficient solutions to nondifferentiable multiobjective programming problems. Applied Mathematics Letters, 1999, 12(6): 109-113.

[63] Gutiérrez C, Jiménez B, Novo V. A unified approach and optimality conditions for approximate solutions of vector optimization problems. SIAM Journal on Optimization, 2006, 17(3): 688-710.

[64] Gutiérrez C, Jiménez B, Novo V. On approximate efficiency in multiobjective programming. Mathematical Methods of Operations Research, 2006, 64(1): 165-185.

[65] Chicco M, Mignanego F, Pusillo L, et al. Vector optimization problems via improvement sets. Journal of Optimization Theory and Applications, 2011, 150(3): 516-529.

[66] Gutiérrez C, Jiménez B, Novo V. Improvement sets and vector optimization. European Journal of Operational Research, 2012, 223(2): 304-311.

[67] Gutiérrez C, Jiménez B, Novo V. ε-Pareto optimality conditions for convex multiobjective programming via max function. Numerical Functional Analysis and Optimization, 2006, 27(1): 57-70.

[68] Ling C. ε-Super efficient solutions of vector optimization problems with set-valued maps. OR Transactions, 2001, 5(3): 51-56.

[69] Borwein J M. On the existence of Pareto efficient points. Mathematics of Operations Research, 1983, 8: 64-73.

[70] Bao T Q, Mordukhovich B S. Relative Pareto minimizers for multiobjective problems: Existence and optimality conditions. Mathematical Programming, 2010, 122(2): 301-347.

[71] Zhou L W, Huang N J. Existence of solutions for vector optimization on Hadamard manifolds. Journal of Optimization Theory and Applications, 2013, 157: 44-53.

[72] Kim D S, Phạm T S, Tuyen N V. On the existence of Pareto solutions for polynomial vector optimization problems. Mathematical Programming, 2019, 177: 321-341.

[73] Oppezzi P, Rossi A. Existence and convergence of optimal points with respect to improvement sets. SIAM Journal on Optimization, 2016, 26: 1293-1311.

[74] Fu W T. On the density of proper efficient points. Proceedings of the American Mathematical Society, 1996, 124(4): 1213-1217.

[75] Song W. Generalization of the Arrow-Barankin-Blackwell theorem in a dual space setting. Journal of Optimization Theory and Applications, 1997, 95: 225-230.

[76] Sun E J. On the connectedness of the efficient set for strictly quasiconvex vector minimization problems. Journal of Optimization Theory and Applications, 1996, 89: 475-481.

[77] Gong X H. Connectedness of the solution sets and scalarization for vector equilibrium problems. Journal of Optimization Theory and Applications, 2007, 133: 151-161.

[78] Gong X H. Continuity of the solution set to parametric weak vector equilibrium problems. Journal of Optimization Theory and Applications, 2008, 139: 35-46.

[79] Chen C R, Li S J, Teo K L. Solution semicontinuity of parametric generalized vector equilibrium problems. Journal of Global Optimization, 2009, 45: 309-318.

[80] Chen B, Huang N J. Continuity of the solution mapping to parametric generalized vector equilibrium problems. Journal of Global Optimization, 2013, 56: 1515-1528.

[81] Peng Z Y, Yang X M. On the Hölder continuity of approximate solution mappings to parametric weak generalized Ky Fan Inequality. Journal of Industrial and Management Optimization, 2015, 11: 549-562.

[82] Xiang S W, Yin W S. Stability results for efficient solutions of vector optimization problems. Journal of Optimization Theory and Applications, 2007, 134: 385-398.

[83] Xiao G, Xiao H, Liu S Y. Scalarization and pointwise well-posedness in vector optimization problems. Journal of Global Optimization, 2011, 49: 561-574.

[84] Luo H L, Huang X X, Peng J W. Generalized well-posedness in convex vector optimization. Pacific Journal of Optimization, 2011, 7: 353-367.

[85] Lalitha C S, Chatterjee P. Stability and scalarization in vector optimization using improvement sets. Journal of Optimization Theory and Applications, 2015, 166: 825-843.

[86] Liu S M, Feng E M. Optimality conditions and duality for a class of nondifferentiable multi-objective fractional programming problems. Journal of Global Optimization, 2007, 38(4): 653-666.

[87] Long X J, Huang N J. Lipschitz B-preinvex functions and nonsmooth multiobjective programming. Pacific Journal of Optimization, 2011, 7(1): 97-107.

[88] Feng M, Li S J. Second-order strong Karush/Kuhn-Tucker conditions for proper efficiencies in multiobjective optimization. Journal of Optimization Theory and Applications, 2019, 181(3): 766-786.

[89] Zhou Z A, Yang X M. Optimality conditions of generalized subconvexlike set-valued optimization problems based on the quasi-relative interior. Journal of Optimization Theory and Applications, 2011, 150: 327-340.

[90] Preda V. On efficiency and duality for multiobjective programs. Journal of Mathematical Analysis and Applications, 1992, 166(2): 365-377.

[91] Scovel C, Hush D, Steinwart I. Approximate duality. Journal of Optimization Theory and Applications, 2007, 135(3): 429-443.

[92] Zheng X Y, Yang X Q. The structure of weak Pareto solution sets in piecewise linear multiobjective optimization in normed spaces. Science in China Series A: Mathematics, 2008, 51(7): 1243-1256.

[93] Fang Y P, Meng K W, Yang X Q. Piecewise linear multicriteria programs: The continuous case and its discontinuous generalization. Operations Research, 2012, 60(2): 398-409.

[94] Gutjahr W J, Pichler A. Stochastic multi-objective optimization: A survey on non-scalarizing methods. Annals of Operations Research, 2016, 236(2): 475-499.

[95] 陈光亚. 向量优化问题某些基础理论及其发展. 重庆师范大学学报 (自然科学版), 2005, 22: 1-4.

[96] 戎卫东, 杨新民. 向量优化及其若干进展. 运筹学学报, 2014, 18: 9-38.

[97] Zhao K Q, Yang X M, Chen G Y. Approximate proper efficiency in vector optimization. Optimization, 2015, 64(8): 1777-1793.

[98] 杨新民, 赵克全. 向量优化问题的近似解研究. 运筹学学报, 2017, 21(4): 1-18.

[99] Fu X G, Sun J Y. Reference-inspired many-objective evolutionary algorithm based on decomposition. The Computer Journal, 2018, 61(7): 1015-1037.

[100] Sun J Y, Zhang H, Zhou A, et al. Learning from a stream of nonstationary and dependent data in multiobjective evolutionary optimization. IEEE Transactions on Evolutionary Computation, 2019, 23(4): 541-555.

[101] Zhang Q F, Li H. MOEA/D: A multiobjective evolutionary algorithm based on decomposition. IEEE Transactions on Evolutionary Computation, 2007, 11(6): 712-731.

[102] Branke J, Deb K, Miettinen K, et al. Multiobjective Optimization: Interactive and Evolutionary Approaches. Berlin: Springer, 2008.

[103] Qu S, Liu C, Goh M, et al. Nonsmooth multiobjective programming with quasi-Newton methods. European Journal of Operational Research, 2014, 235(3): 503-510.

[104] Vieira D A, Lisboa A C. A cutting-plane method to nonsmooth multiobjective optimization problems. European Journal of Operational Research, 2019, 275(3): 822-829.

[105] Fliege J, Svaiter B F. Steepest descent methods for multicriteria optimization. Mathematical Methods of Operations Research, 2000, 51(3): 479-494.

[106] Qu S, Goh M, Liang B. Trust region methods for solving multiobjective optimisation. Optimization Methods and Software, 2013, 28(4): 796-811.

[107] Brito A S, Neto J X C, Santos P S M, et al. A relaxed projection method for solving multiobjective optimization problems. European Journal of Operational Research, 2017, 256(1): 17-23.

[108] Chen Z, Huang H Q, Zhao K Q. Approximate generalized proximal-type method for convex vector optimization problem in Banach spaces. Computers and Mathematics with Applications, 2009, 57(7): 1196-1203.

[109] Chen W, Yang X M, Zhao Y. Memory gradient method for multiobjective optimization. Applied Mathematics and Computation, 2023, doi: https://doi.org/10.1016/j.amc.2022.127791.

[110] Chen J, Tang L P, Yang X M. A Barzilai-Borwein descent method for multiobjective optimization problems. European Journal of Operational Research, 2023, doi: https://doi.org/10.1016/j.ejor.2023.04.022.

[111] Geoffrion A M. Proper efficiency and the theory of vector maximization. Journal of Mathematical Analysis and Applications, 1968, 22(3): 618-630.

[112] Yang X M, Yang X Q, Chen G Y. Theorems of the alternative and optimization with set-valued maps. Journal of Optimization Theory and Applications, 2000, 107(3): 627-640.

[113] Hu J, Mehrotra S. Robust and stochastically weighted multi-objective optimization models and reformulations. Operations Research, 2012, 60: 936-953.

[114] Qiu J H. Dual characterization and scalarization for Benson proper efficiency. SIAM Journal on Optimization, 2008, 19: 144-162.

[115] Li Z F. Benson proper efficiency in the vector optimization of set-valued maps. Journal of Optimization Theory and Applications, 1998, 98(3): 623-649.

[116] Chen G Y, Rong W D. Characterizations of the Benson proper efficiency for non-convex vector optimization. Journal of Optimization Theory and Applications, 1998, 98(2): 365-384.

[117] Yang X M, Li D, Wang S Y. Near-subconvexlikeness in vector optimization with set-valued functions. Journal of Optimization Theory and Applications, 2001, 110(2): 413-427.

[118] Rong W D, Wu Y N. ε-Weak minimal solutions of vector optimization problems with set-valued maps. Journal of Optimization Theory and Applications, 2000, 106(3): 569-579.

[119] Song W, Zhu J J. Three-reference-point decision-making method with incomplete weight information considering independent and interactive characteristics. Information Sciences, 2019, 503: 148-169.

[120] 杨新民, 陈光亚. 向量优化问题的线性标量化方法和 Lagrange 乘子研究. 中国科学: 数学, 2020(2): 253-268.

[121] Zaffaroni A. Degrees of efficiency and degrees of minimality . SIAM Journal on Control and Optimization, 2003, 42(3): 1071-1086.

[122] Choo E U, Atkins D R. Proper efficiency in nonconvex multicriteria programming. Mathematics of Operations Research, 1983, 8(3): 467-470.

[123] Luc D T, Phong T Q, Volle M. Scalarizing functions for generating the weakly efficient solution set in convex multiobjective problems. SIAM Journal on Optimization, 2005, 15(4): 987-1001.

[124] Eichfelder G. An adaptive scalarization method in multiobjective optimization. SIAM Journal on Optimization, 2008, 19: 1694-1718.

[125] Rastegar N, Khorram E. A combined scalarizing method for multiobjective programming problems. European Journal of Operations Research, 2014, 236(1): 229-237.

[126] Ghane-Kanafi A, Khorram E. A new scalarization method for finding the efficient frontier in non-convex multi-objective problems. Applied Mathematical Modelling, 2015, 39(23-24): 7483-7498.

[127] Ghaznavi-ghosoni B A, Khorram E, Soleimani-damaneh M. Scalarization for characterization of approximate strong/weak/proper efficiency in multi-objective optimization. Optimization, 2013, 62(6): 703-720.

[128] Burachik R S, Kaya C Y, Rizvi M M. A new scalarization technique and new algorithms to generate Pareto fronts. SIAM Journal on Optimization, 2017, 27(2): 1010-1034.

[129] Burachik R S, Kaya C Y, Rizvi M M. A new scalarization technique to approximate Pareto fronts of problems with disconnected feasible sets. Journal of Optimization Theory and Applications, 2014, 162(2): 428-446.

[130] Kasimbeyli R, Ozturk Z K, Kasimbeyli N, et al. Comparison of some scalarization methods in multiobjective optimization. Bulletin of the Malaysian Mathematical Sciences Society, 2019, 42(5): 1875-1905.

[131] Isermann H. Proper efficiency and the linear vector maximum problem. Operations Research, 1974, 22: 189-191.

[132] Benson H P. An improved definition of proper efficiency for vector maximization with respect to cones. Journal of Mathematical Analysis and Applications. 1979, 71: 232-241.

[133] Kutateladze S S. Convex ε-programming. Soviet Mathematics Doklady, 1979, 20: 391-393.

[134] Gao Y, Yang X M, Teo K L. Optimality conditions for approximate solutions of vector optimization problems. Journal of Industrial and Management Optimization, 2011, 7(2): 483-496.

[135] Gutiérrez C, Huerga L, Novo V. Scalarization and saddle points of approximate proper solutions in nearly subconvexlike vector optimization problems. Journal of Mathematical Analysis and Applications, 2012, 389: 1046-1058.

[136] Zhao K Q, Yang X M. E-Benson proper efficiency in vector optimization. Optimization, 2015, 64(4): 739-752.

[137] Amahroq T, Taa A. On Lagrange-Kuhn-Tucker multipliers for multiobjective optimization problems. Optimization, 1997, 41(2): 159-172.

[138] Gupta D, Mehra A. Two types of approximate saddle points. Numerical Functional Analysis and Optimization, 2008, 29(5): 532-550.

[139] Burachik R S, Rizvi M M. On weak and strong Kuhn-Tucker conditions for smooth multiobjective optimization. Joural of Optimization Theory and Applcaiotns, 2012, 155(2): 477-491.

[140] Bigi G, Pappalardo M. Regularity conditions in vector optimization. Joural of Optimization Theory and Applcaiotns, 1999, 102(1): 83-96.

[141] Li X F. Constraint qualifications in nonsmooth multiobjective optimization. Joural of Optimization Theory and Applcaiotns, 2000, 106(2): 373-398.

[142] Jiménez B, Novo V. Alternative theorems and necessary optimality conditions for directionally differentiable multiobjective programs. Journal of Convex Analysis, 2002, 9(1): 97-116.

[143] Jiménez B, Novo V. Optimality conditions in directionally differentiable Pareto problems with a set constraint via tangent cones. Numerical Functional Analysis and Optimization, 2003, 24(5-6): 557-574.

[144] Giorgi G, Jiménez B, Novo V. On constraint qualifications in directionally differentiable multiobjective optimization problems. RAIRO Operations Research, 2004, 38(3): 255-274.

[145] Li X F, Zhang J Z. Strong Kuhn-Tucker type conditions in nonsmooth multiobjective optimization: Locally lipschitz case. Journal of Optimization Theory and Applications, 2005, 127(2): 367-388.

[146] Giorgi G, Jiménez B, Novo V. Strong Kuhn-Tucker conditions and constraint qualifications in locally Lipschitz multiobjective optimization problems. Top, 2009, 17(2): 288-304.

[147] Asadi M B, Soleimani-damaneh M. Infinite alternative theorems and nonsmooth constraint qualification conditions. Set-Valued and Variational Analysis, 2012, 20(4): 551-566.

[148] Golestani M, Nobakhtian S. Nonsmooth multiobjective programming and constraint qualifications. Optimization, 2013, 62(6): 783-795.

[149] Golestani M, Nobakhtian S. Convexificators and strong Kuhn-Tucker conditions. Computers and Mathematics with Applications, 2012, 64(4): 550-557.

[150] Maeda T. Constraint qualifications in multiobjective optimization problems: Differentiable case. Journal of Optimization Theory and Applcations. 1994, 80(3): 483-500.

[151] Guignard M. Generalized Kuhn-Tucker conditions for mathematical programming problems in a Banach space. SIAM Journal on Control and Optimization, 1969, 7(2): 232-241.

[152] Mangasarian O L. Nonlinear Programming. New York: McGraw-Hill, 1969.

[153] Chew K L, Choo E U. Pseudolinearity and efficiency. Mathematical Programming, 1984, 28(2): 226-239.

[154] Weir T, Jeyakumar V. A class of nonconvex functions and mathematical programming. Bulletin of Australian Mathematical Society, 1988, 38: 177-189.

[155] Ansari Q H, Schaible S, Yao J C. η-Pseudolinearity. Riviste di Matematice per le Scienze Economiche e Sociali, 1999, 22(1-2): 31-39.

[156] 赵克全, 杨新民. 一类多目标优化问题的有效性. 运筹学学报, 2011, 15(3): 1-8.

[157] Pini R. Invexity and generalized convexity. Optimization, 1991, 22(4): 513-525.

[158] Mohan S R, Neogy S K. On invex sets and preinvex functions. Journal of Mathematical Analysis and Applications, 1995, 189(3): 901-908.

[159] Dinh N, Jeyakumar V, Lee G M. Lagrange multiplier characterizations of solution sets of constrained pseudolinear optimization problems. Optimization, 2006, 55(3): 241-250.

[160] Clarke F H. Optimization and Nonsmooth Analysis. New York: Society for Industrial and Applied Mathematics, 1983.

[161] Mäkelaä M M, Neittaanmäki P. Nonsmooth Optimization Analysis and Algorithms with Applications to Optimal Control. Singapore: Word Scientific Publishing, 1992.

[162] Bazaraa M S, Sherali H D, Shetty C M. Nonlinear Programming, Theory and Algorithms. New York: Wiley, 2006.

[163] Zhao K Q, Yang X M. Characterizations of efficient and weakly efficient points in nonconvex vector optimization. Journal of Global Optimization, 2015, 61(3): 575-590.

[164] Rockafellar R T. Convex Analysis. Princeton: Princeton University Press, 1971.

[165] Liu J J, Zhao K Q, Yang X M. Optimality and regularity conditions using Mordukhovich's subdifferential. Journal of Nonlinear and Convex Analysis, 2016, 17(4): 827-839.

[166] Mordukhovich B S. Variational Analysis and Generalized Differentiation I: Basic Theory. Berlin: Springer, 2006.

[167] Rockafellar R T, Wets R J-B. Variational Analysis. Berlin: Springer, 1998.

[168] Zhao K Q. Strong Kuhn-Tucker optimality in nonsmooth multiobjective optimization problems. Pacific Journal of Optimization, 2015, 11(3): 483-494.

[169] Goberna M A, López M A. Linear Semi-Infinite Optimization. Chichester UK: John Wiley & Sons, 1998.

[170] Luc D T, Lucchetti R, Maliverti C. Convergence of the efficient sets. Set-Valued Analysis, 1994, 2(1-2): 207-218.

[171] Hiriart-Urruty J B. Tangent cones, generalized gradients and mathematical programming in Banach spaces. Mathematics of Operations Research, 1979, 4(1): 79-97.

[172] 夏远梅, 张万里, 赵克全. ε-真有效解的非线性标量化. 重庆师范大学学报 (自然科学版), 2015, 32(1): 12-15.

[173] Pascoletti A, Serafini P. Scalarizing vector optimization problems. Journal of Optimization Theory and Applications, 1984, 42(4): 499-524 .

[174] 夏远梅, 赵克全. 向量优化中 ε-真有效解的非线性标量化性质. 运筹学学报, 2014, 18(4): 58-64.

[175] 夏远梅, 林安, 赵克全. 向量优化中 (C, ε)-真解的一个非线性标量化特征. 纯粹数学与应用数学, 2015, 31(5): 503-508.

[176] Zhao K Q, Xia Y M, Yang X M. Nonlinear scalarization characterizations of E-efficiency in vector optimization. 中国台湾数学杂志, 2015, 19(2): 455-466.

[177] Chiang Y. Characterizations for solidness of dual cones with applications. Journal of Global Optimization, 2012, 52(1): 79-94.

[178] Akbari F, Ghaznavi M, Khorram E. A revised Pascoletti–Serafini scalarization method for multiobjective optimization problems. Journal of Optimization Theory and Applications, 2018, 178(2): 560-590.

[179] Bowman V J. On the relationship of the Tchebycheff norm and the efficient frontier of multiple-criteria objectives//Thiriez H, Zionts S, ed. Multiple Criteria Decision Making. Lecture Notes in Economics and Mathematical Systems. Berlin: Springer, 1976: 76-86.

[180] 赵克全, 杨新民, 夏远梅. 多目标优化问题的完全标量化. 中国科学: 数学, 2021, 51(2): 411-424.

[181] Ehrgott M, Ruzika S. Improved ε-constraint method for multiobjective programming. Journal of Optimization Theory and Applications, 2008, 138(3): 375-396.

[182] Xia Y M, Yang X M, Zhao K Q. A combined scalarization method for multi-objective optimization problems. Journal of Industrial and Management Optimization, 2021, 17(5): 2669-2683.